普通高等教育农业农村部"十四五"规划教材（审定编号：NY-1-0161）
普通高等教育土木与交通类"十四五"新形态教材

建设工程造价管理

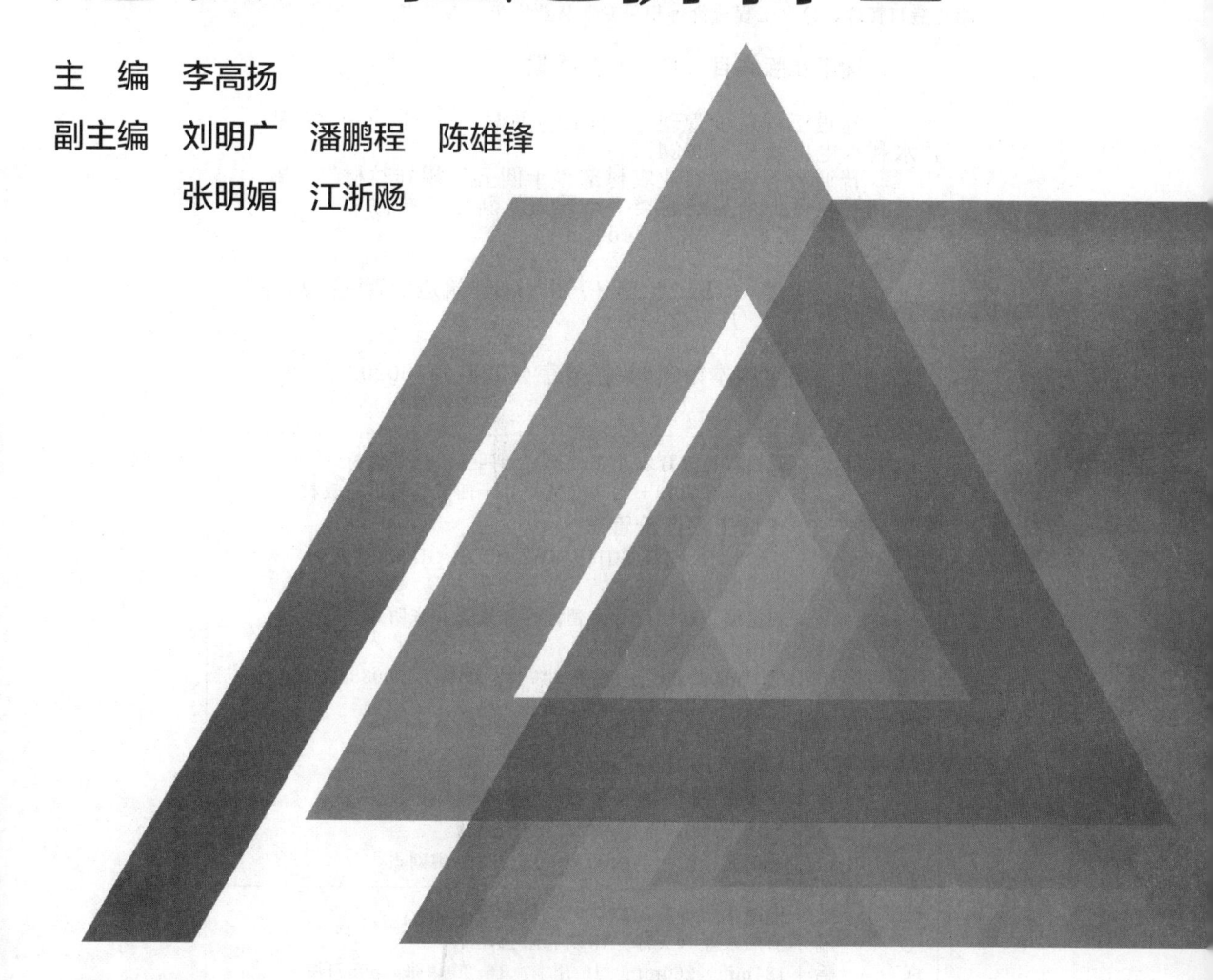

主　编　李高扬
副主编　刘明广　潘鹏程　陈雄锋
　　　　张明媚　江浙飏

中国水利水电出版社
www.waterpub.com.cn
·北京·

内 容 提 要

本教材为普通高等教育土木与交通类"十四五"新形态教材系列之一，并入选农业农村部"十四五"规划教材，内容新颖、结构完整、实用性强。全书共7章，包括绪论、建设工程造价的构成、决策阶段建设工程造价管理、设计阶段建设工程造价管理、发承包阶段建设工程造价管理、施工阶段建设工程造价管理、竣工阶段建设工程造价管理等。教材理论与实践相结合，除配有大量的实践案例外，还配有丰富的教学视频、课件、思考题与习题，扫描书中二维码即可切换为线上学习。

本教材既可作为高等院校土木工程、工程管理、工程造价等专业的教材，也可作为智能建造与管理、建设工程造价等相关专业从业人员的参考书。

图书在版编目（CIP）数据

建设工程造价管理 / 李高扬主编. -- 北京 : 中国水利水电出版社, 2024.7
普通高等教育农业农村部"十四五"规划教材" 普通高等教育土木与交通类"十四五"新形态教材
ISBN 978-7-5226-2464-8

Ⅰ. ①建… Ⅱ. ①李… Ⅲ. ①建筑造价管理－高等学校－教材 Ⅳ. ①TU723.31

中国国家版本馆CIP数据核字(2024)第100202号

书　　名	普通高等教育农业农村部"十四五"规划教材 普通高等教育土木与交通类"十四五"新形态教材 **建设工程造价管理** JIANSHE GONGCHENG ZAOJIA GUANLI
作　　者	主　编　李高扬 副主编　刘明广　潘鹏程　陈雄锋　张明媚　江浙飏
出版发行	中国水利水电出版社 （北京市海淀区玉渊潭南路1号D座　100038） 网址：www.waterpub.com.cn E-mail：sales@mwr.gov.cn 电话：（010）68545888（营销中心）
经　　售	北京科水图书销售有限公司 电话：（010）68545874、63202643 全国各地新华书店和相关出版物销售网点
排　　版	中国水利水电出版社微机排版中心
印　　刷	清淞永业（天津）印刷有限公司
规　　格	184mm×260mm　16开本　16.25印张　395千字
版　　次	2024年7月第1版　2024年7月第1次印刷
印　　数	0001—2000册
定　　价	58.00元

凡购买我社图书，如有缺页、倒页、脱页的，本社营销中心负责调换

版权所有·侵权必究

"行水云课"数字教材使用说明

  "行水云课"水利职业教育服务平台是中国水利水电出版社立足水电、整合行业优质资源全力打造的"内容"＋"平台"的一体化数字教学产品。平台包含高等教育、职业教育、职工教育、专题培训、行水讲堂五大版块，旨在提供一套与传统教学紧密衔接、可扩展、智能化的学习教育解决方案。

  本套教材是整合传统纸质教材内容和富媒体数字资源的新型教材，它将大量图片、音频、视频、3D动画等教学素材与纸质教材内容相结合，用以辅助教学。读者可通过扫描纸质教材二维码查看与纸质内容相对应的知识点多媒体资源，完整数字教材及其配套数字资源可通过移动终端App、"行水云课"微信公众号或中国水利水电出版社"行水云课"平台查看。

  扫描下列二维码可获取本书课件。

前 言

近年来，我国工程建设的快速发展有力推动了工程造价行业的壮大，市场迫切需要大量卓越的工程造价管理人才满足社会需求。党的二十大报告明确指出"高质量发展是全面建设社会主义现代化国家的首要任务"，作为高校工程造价、工程管理、智能建造与管理等相关专业的核心课程，《建设工程造价管理》教材的建设必须紧跟工程造价行业的改革步伐和发展前沿，保持最新状态和旺盛的生命力。在此背景下，《建设工程造价管理》教材的内容要适应时代需求、与时俱进。

本教材立足于国内外工程造价管理研究和发展前沿，结合我国实际国情与建设行业发展现状，对教材内容进行合理编排，体现当前我国工程造价管理领域改革的最新状况。本教材以建设工程造价的合理确定和有效控制为研究对象，介绍了建设工程项目从决策、设计、发承包、施工到竣工验收交付使用的全过程造价管理。通过对拟建工程进行投资估算与评价，择优选择建设项目；对工程技术方案进行技术经济分析择优选择设计、施工方案；进而对建设工程项目的概算、预算、招标控制价、投标报价、承包合同价、结算价、决算价等各个阶段的工程造价进行合理确定和有效控制。

本教材从内容和形式上凸显两个鲜明特点：其一，本教材为新形态教材，以线上线下多种形式相结合的方式，体现教材的情景化和动态化，便于读者参与互动学习。教材理论结合实践，理论简明、案例丰富，对知识点描述真知灼见，于抽象中见通俗，于通俗中见新奇，深入浅出、通俗易懂，把知识点的精髓内涵体现得淋漓尽致。教材配有丰富的教学视频、课件、思考题与习题，扫描教材中的二维码亦可观看学习。此外，与本教材配套的广东省在线课程、一流课程视频资料均已在智慧树网上线，可登录该网站，或手机"知到"App，搜索本教材主编"李高扬"，进入"工程造价管理"课程网站学习，网站上除了课程的视频资料外，还提供了章单元测试、期末测试、课程PPT、互动问答等资源。其二，教材充分融入党的二十大精神，以课程思政为抓手，坚守"为党育人、为国育才"初心，培根铸魂、启智润心。按照教育部《高等学校课程思政建设指导纲要》(教高〔2020〕3号)部署,要结合专业特点分类推进课程思政建设,"工学类专业课程,要注重强化学生工程伦理教育,培养学生精益求精的大国工匠精神,激发学生科技报国的家国情怀和使命担当"。本教材编写以党的二十大精神为指引,赋予知识以思政灵魂,承担起专业课程育人的责任,践行教材的育人功能。每章初始设置引例,每章结束设置拓展阅读,通过融入红色元素、工程伦理、历史典故、工匠精神、科技报国的家国情怀和使命担当等将思政教育悄无声息融入教材。

  本教材借鉴了其他同类教材优点,吸收了诸多教学研究与改革论文的观点,体现了课程改革的最新成果,在此向相关作者表示衷心感谢!感谢中国水利水电出版社编辑老师的辛勤付出,感谢华南农业大学为本书出版给予的支持。衷心感谢给予本书出版帮助的所有人!

编者
2023 年 12 月

目 录

前言

第1章 绪论 ... 1
- 1.1 基本建设 ... 2
- 1.2 建设工程造价 ... 7
- 1.3 建设工程造价管理 ... 13
- 拓展阅读 ... 21
- 思考题与习题 ... 22

第2章 建设工程造价的构成 ... 23
- 2.1 建设工程造价的构成要素 ... 24
- 2.2 设备及工器具购置费的构成 ... 25
- 2.3 建筑安装工程费的分类及其构成 ... 32
- 2.4 工程建设其他费 ... 39
- 2.5 预备费 ... 47
- 2.6 建设期贷款利息 ... 49
- 拓展阅读 ... 51
- 思考题与习题 ... 52

第3章 决策阶段建设工程造价管理 ... 53
- 3.1 建设工程投资决策 ... 55
- 3.2 可行性研究 ... 61
- 3.3 投资估算的编制与审查 ... 68
- 拓展阅读 ... 85
- 思考题与习题 ... 86

第4章 设计阶段建设工程造价管理 ... 87
- 4.1 设计阶段建设工程造价管理概述 ... 88
- 4.2 设计阶段影响工程造价的主要因素 ... 92
- 4.3 限额设计 ... 103
- 4.4 建设工程设计方案技术经济评价与优化 ... 106
- 4.5 设计概算的编制与审查 ... 120

  4.6 施工图预算的编制和审查 ········ 131
  拓展阅读 ········ 141
  思考题与习题 ········ 142

第5章 发承包阶段建设工程造价管理 ········ 143
  5.1 建设工程招投标概述 ········ 144
  5.2 建设工程招标方式 ········ 150
  5.3 施工招投标的工作内容 ········ 151
  5.4 合同价款的约定 ········ 162
  拓展阅读 ········ 169
  思考题与习题 ········ 171

第6章 施工阶段建设工程造价管理 ········ 172
  6.1 施工阶段建设工程造价管理概述 ········ 174
  6.2 工程计量 ········ 175
  6.3 合同价款调整 ········ 176
  6.4 工程索赔 ········ 202
  6.5 合同价款中期支付 ········ 216
  6.6 建设工程费用和进度的动态控制 ········ 220
  拓展阅读 ········ 227
  思考题与习题 ········ 228

第7章 竣工阶段建设工程造价管理 ········ 229
  7.1 竣工验收 ········ 230
  7.2 竣工结算 ········ 235
  7.3 竣工决算 ········ 242
  7.4 新增资产价值的确定 ········ 245
  拓展阅读 ········ 249
  思考题与习题 ········ 250

参考文献 ········ 251

第1章 绪 论

● 知识目标
1. 掌握基本建设、基本建设项目、建设程序等概念
2. 熟悉建设工程造价的含义及计价的特点
3. 熟悉建设工程造价管理的含义
4. 了解工程造价管理的产生与发展

● 能力目标
1. 能够对建设项目进行分解
2. 理解工程建设程序
3. 理解工程造价的两种含义
4. 理解工程造价计价特点
5. 理解建设工程造价管理的含义

● 价值目标
1. 培养学生对于本学科发展历史的兴趣,增强民族自豪感
2. 激发学生学习建设工程造价管理的学习兴趣
3. 激发学生对中华传统文化的浓厚兴趣,并将先辈的智慧应用于专业学习中

中国古代就有"造价工程师"

我国造价工程师执业资格证书起始于1998年,也许有同学会问:难道古代没有人算造价吗?实则不然,我国古代就有"造价工程师"。

由于古代生产力水平较低,消耗大量资源和耗用较长工期的工程项目数量非常有限,而且大多来自政府规划,因此对于建设投资的确定与控制历来都是朝廷之事,造价工作基本上由体制内官员或效力朝廷的工匠来完成。通常参与造价的工作人员身兼数职,因此流传下来的与造价相关的著作更像是"百科全书"。

其中由北宋建筑师李诫组织编撰的《营造法式》,不仅对古代宫廷、庙宇、官署及府第等建筑的具体设计细节有较多描述,对工料消耗也有较多统计。后来明朝出现了"算房",指专门从事工程造价的人,其主要职责是为皇帝建设宫殿提供建筑约估、建筑销算等,其工作范围甚至还包括审批工程钱粮尾款等。但同样是建造宫殿,和之前朝代不同的是:算房已由专人司职,且多为宦官。

到了清朝,王世襄编撰的《清代匠作则例汇编》可以说是工程定额、物料计量的参考书。特别到晚清时期,与造价相关的记载就多了起来,清朝有些家族世家从事算

房业务，例如"算房刘""算房梁""算房高"等，相当于世代从事工程造价的家族。清朝的算房工作主要服务于工部营缮司料估所和内务府营造司（专管皇家工程）销算房。内务府营造司有两个部门：一是样式房，主要负责工程设计，作出样式以供参考；二是销算房，负责根据样式房收集相应工料，并查看记录在册的物价簿（物价簿如同现在的造价信息期刊），记录工料价格，根据工程情况做出预估，然后把预估结果上报给内务府总管或钦差大臣，最后上奏皇上。销算房的预估工作相当于今天的投资估算或概算。这一过程还包括勘估、销算等具体工作，勘估大臣要到现场进行验工计价。

清朝算房算得上是非常有"钱途"的职位，长期由贵族掌管。被人熟知的和珅曾经长期分管算房工作，是名副其实的"造价工程师"的分管领导。虽然有关算房的历史资料大多遗失，但有些资料还是流传了下来。例如"算房高"名字为高兰亭，晚清时期任职于内务府营造司销算房，从事算房业务五十余年，曾参与圆明园修建等皇家工程项目，官位升至三品，家业兴旺。

销算房还负责有趣的"招标评标"工作，在"建筑市场"开展"公开招标"。招标工作一般由销算房主持，各"投标单位"报送自己的工料情况，将"投标"资料包裹好悬挂到指定的大树上，截止日期后由算房逐个测算核实，选出最经济实惠的标的，即确定中标单位，原来算房们还兼任"评标专家"的职务。

综上可以看出，我国的造价管理从古至今就一直存在。党的二十大报告指出，"我们必须坚定历史自信、文化自信，坚持古为今用、推陈出新"。我们应从历史中汲取智慧，推动文化的创新与发展。传承而不守旧，创新而不忘本，有必要花更多时间和精力做好文化遗产的传承，让优秀文化遗产在新时代熠熠生辉。

建设工程造价管理是以建设工程造价的合理确定和有效控制为研究对象，主要包括建设工程项目从决策、设计、发承包、施工到竣工验收交付生产或使用的全过程中，如何运用经济学原理，依据社会需求、经济目标和工程实际，通过对拟建工程进行投资估算与评价，择优选择建设项目；对工程技术方案进行技术经济分析择优选择设计、施工方案；进而对建设工程项目的概算、预算、招标控制价、投标报价、承包合同价、结算价、决算价等各个阶段的工程造价进行合理确定和有效控制的一门新兴学科。

建设工程造价管理是针对具体的建设项目开展的，建设项目是基本建设的基本单位。因此，下面通过引入基本建设的概念，进而给出建设工程造价和建设工程造价管理的相关概念。

1.1 基 本 建 设

1.1.1 基本建设的概念

基本建设（capital construction）这一术语源于苏联，用来说明社会主义经济建设中基本的、需要耗用大量资金和劳动的固定资产建设，以区别流动资产的投资和形成过程。1952年我国国务院规定：凡是固定资产扩大再生产的新建、改建、扩建、迁建、恢复工程以及与之连带的活动均称为基本建设。其中，新建即是从无到有的全新建设项目；改建和扩建即指在企事业单位现有基础上，扩大产品的生产能力或增加新的产品生产能力，以及对原有设备和工程进行全面技术改造的项目；迁建是指现有企事业单位出于各种原因而搬迁到其他地点的建设项目；恢复是指企事业单位对因自然灾害、战争或其他人为灾害等原因而遭到毁坏的固定资产进行重新建设的项目；与之相连带的活动是指土地征购、拆迁补偿、勘察设计、试运转、生产职工培训及建设单位管理工作等。

因此，基本建设是指国民经济各部门为扩大再生产而进行的增加固定资产的建设工作，也即国民经济各部门为增加固定资产而进行的建筑、购置和安装工作的总称，以及与此相连带的其他工作。这里的建筑工作是指建筑物、构筑物及设备基础等设施的修建；安装工作是指机械设备、电气设备等的安装；购置是指设备、工具和器具等的购置。因此基本建设在经济建设中占有重要地位。

1.1.2 基本建设项目的概念

基本建设项目简称为"建设项目"，是编制和实施基本建设计划的基层单位。它是指在一个场地或几个场地上，按照一个独立的总体设计文件兴建的一项工程项目，或若干个互相联系的工程项目的总体，建成后可以独立发挥生产能力或使用功能，经济上可以独立经营，行政上可以统一管理。一般以一个企业（或联合企业）、事业或行政单位作为一个基本建设项目。例如，一个工厂、一个小区、一个港口、一所学校等。同一总体设计内分期进行建设的若干工程项目，均应合并作为一个建设项目；不属于同一总体设计范围内的工程，不得作为一个建设项目。

为了基本建设管理工作和确定建设项目工程造价的需要，建设项目按照由大到小、从整体到局部的原则进行多层次分解，划分为单项工程、单位工程、分部工程、分项工程等层次。建设项目组成的层次划分示意如图 1.1 所示。

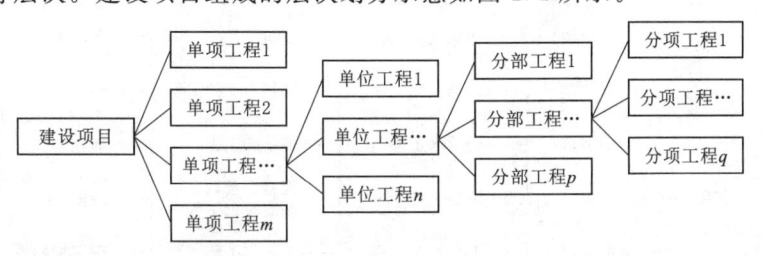

图 1.1 建设项目组成的层次划分示意

1. 单项工程

通常把建设项目分解为一个或若干个能够独立发挥功能的单项工程。单项工程是指在一个建设项目中，具有独立的设计文件，可以独立组织施工，竣工后可以独立发挥生产能力或具有使用效益的工程。单项工程也称为"工程项目"。比如：一所学校是一个建设项目，可以分解为行政办公楼、教学楼、食堂、图书馆、校医院、宿舍楼等单项工程，每一个单项工程都能独自发挥自己的功能。行政楼可实现学校行政办公的功能，教学楼可实现教学的功能，饭堂可以提供师生就餐等，这些功能可以单独发挥出来，因此都是单项工程。

2. 单位工程

单位工程是单项工程的组成部分，指具有独立的设计文件，可以独立组织施工，但竣工后不能独立发挥生产能力或使用效益的工程。任何一个单项工程都是由若干个不同专业的单位工程组成。比如：教学楼由房屋建筑工程、装饰装修工程、给排水工程、消防工程、电气照明工程、设备及安装工程等不同专业的工程组成，这些不同专业的工程都是单位工程。编制施工图预算是以单位工程为对象的。

3. 分部工程

分部工程是单位工程的组成部分，一般根据单位工程的工程部位、专业性质等进一步分解为若干分部工程。比如：房屋建筑工程包括土石方工程、围护与支护工程、桩基础工程、砌筑工程、混凝土及钢筋混凝土工程、门窗工程、屋面及防水工程等多个分部工程。

4. 分项工程

分项工程是分部工程的组成部分，一般根据施工方法、所用材料及结构构件等不同，将分部工程进一步分解为若干分项工程。分项工程可通过较为简单的施工过程生产出来，它是工程项目划分中最基本的单位，可用适当的计量单位进行工程实体计量，也是工程造价清单计价中最基本的计价单元。比如：砌筑工程可分解为砖基础、砖墙、砖柱，混凝土及钢筋混凝土分部工程可划分为带形基础、独立基础、满堂基础、设备基础、矩形柱、异形柱等分项工程。

综上，一个建设项目是由若干单项工程组成，一个单项工程由若干单位工程组成，一个单位工程由若干分部工程组成，一个分部工程又由若干分项工程组成，如图1.2所示。

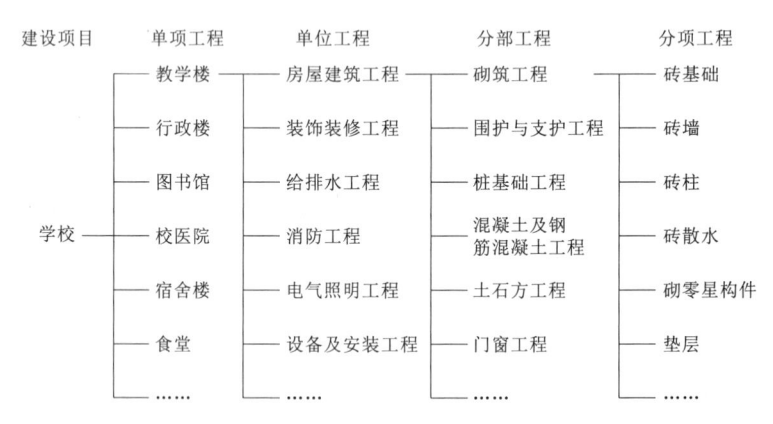

图1.2 建设项目分解示意

通常地，建设项目等同于建设工程项目，二者可相互替代。在建设行业，建设工程通常也简称为"工程"，因此，建设工程造价也简称为"工程造价"。

1.1.3 建设项目的建设程序

建设程序是指建设项目从策划、评估、决策、勘察、设计、招标、施工、竣工验收到投入生产或交付使用，整个建设过程必须遵循的先后工作次序。比如：工程建设必须先勘察、再设计、后施工，如果出现"三边工程"，即边勘察、边设计、边施工的工程，极易导致重大的工程事故。建设程序是人们在认识客观规律的基础上制定出来的，是建设项目科学决策顺利开展的重要保证。

按照建设项目的内在联系和开展过程，目前我国建设项目的建设程序一般分为：投资决策阶段、设计阶段、建设准备阶段、施工阶段、竣工验收阶段，生产性项目还包括项目后评价阶段。

1. 投资决策阶段

党的二十大报告强调"高质量发展是全面建设社会主义现代化国家的首要任务"，"要坚持以推动高质量发展为主题"。投资决策与推动高质量发展密切相关。投资决策阶段主要解决能不能建的问题，包括项目建议书和可行性研究两项工作。投资决策是投资者在调查研究的基础上，选择和决定投资方案的过程，是对拟建项目的必要性和可行性进行技术经济论证，对不同的建设方案进行技术经济比选，最后做出判断和决策的过程。投资决策的正确与否，直接关系到项目建设的成败、工程造价的高低以及投资效果的好坏。

（1）项目建议书阶段。项目建议书，又称为项目立项申请书。编写项目建议书是建设程序中最初阶段的工作。它是根据各部门的规划要求，结合自然资源、生产力布局状况和市场预测，由建设项目拟建单位向国家提出要求建设某一具体项目的建议文件。其主要作用是提出拟建项目的轮廓设想，论述其建设的必要性、建设条件的可行性和获利的可能性，供建设主管部门确定是否进入下一步工作。

项目建议书经有审批权限的部门批准后，即可进行可行性研究工作，但并不表明项目已经立项，经批准的项目建议书还不是项目立项的最终决策，还需要更为详细的可行性研究工作。

（2）可行性研究阶段。可行性研究是根据国民经济发展规划和已批准的项目建议书，运用科学方法对建设项目投资决策前进行进一步的技术经济论证，并得出可行与否的结论。具体地，通过需求分析与市场研究，进一步分析项目建设的必要性、建设规模和标准等问题；通过设计方案、工艺技术方案研究，进一步论证项目建设在技术上是否可行；通过财务和经济评价，详细分析项目建设在经济上是否合理，最后得出项目可行与否的结论。

可行性研究完成后，需要编写反映其全部工作成果的可行性研究报告，全面体现项目的必要性、可行性和合理性问题。可行性研究报告是确定建设项目、编制设计文件的主要依据，在基本建设程序中占主导地位。可行性研究报告被批准之后，即确定项目通过了最终决策，可以进入后续的设计阶段。

2. 设计阶段

设计阶段主要解决建成什么样子的问题。根据批准的可行性研究报告，对施工所处区域进行工程地质地形勘察，并编制设计文件。设计文件一般由建设单位委托或招标选择设计单位编制，设计文件是组织施工的主要依据。一般建设项目设计分两阶段进行，即初步设计和施工图设计。对于技术上比较复杂，又缺乏设计经验的项目，可进行三阶段设计，即初步设计、技术设计和施工图设计。具体如下：

（1）初步设计。初步设计主要是按照可行性研究报告及投资估算，进行多方案的技术经济比较，确定初步设计方案，并编制设计总概算。如果初步设计给出的总概算超过可行研究报告总投资估算的10%以上或其他主要指标需要变更时，应说明原因和依据，并重新向原审批单位报批可行性研究报告。

（2）技术设计。技术设计是根据初步设计和更详细的调查研究资料编制，以进一步解决初步设计中的重大技术问题，如工艺流程、建筑结构、设备选型及数量确定等，使工程项目的设计更具体、更完善，技术指标更好。

（3）施工图设计。施工图设计主要是将设计者的意图和全部设计结果通过图纸呈现出来，作为施工生产的依据。对于工业工程项目，其主要包括建设项目各分部分项工程的详图，零部件、结构件明细表等。对于民用工程项目，施工图设计应包括所有专业的设计图纸，含图纸目录、说明和必要的设备、材料表，并按要求编制施工图预算书。施工图设计文件还应满足设备材料的采购、非标准设备制作和施工的需要。该阶段主要按照审批的初步设计内容、范围和概算造价进行技术经济评价和分析，确定施工图设计方案。经审定的施工图是编制施工图预算的基础，是进行施工招标的前提条件。

3. 建设准备阶段

项目在开工建设之前，要切实做好各项准备工作。这个阶段首先要解决让谁来建的问题，即组织招标投标工作择优选定施工单位。除此之外，还需要完成以下工作：

（1）组织图纸会审，协调解决图纸和技术资料的有关问题。

（2）完善征地、拆迁工作和场地平整，领取建设工程施工许可证。

（3）完成施工用水、用电、用路等工程。

（4）组织设备、材料的订购。

（5）组织招标投标，择优选定监理单位。

（6）编制项目建设计划和年度建设投资计划。

项目在报批开工之前，应由审计机关对项目的有关内容进行审计，审计机关主要对项目资金来源是否正当、是否落实，开工前的各项支出是否符合国家有关规定，资金是否存入规定的银行等方面进行审计。以上工作主要是项目法人来负责。

4. 施工阶段

施工阶段是工程由图纸变为现实的过程，也是资金投入量最大的阶段。在施工阶段，由于工程变更、索赔，以及工程实施中各种不可预见因素的存在，使得施工阶段的造价管理难度加大。施工生产任务能否顺利完成取决于项目的参与各方，但主要取决于建设单位和施工单位是否能够按照合同开展工作：建设单位通过编制资金使用计划，及时进行工程计量与结算，预防并处理好工程变更与索赔，有效控制工程造价；施工单位按图施工、保质保量，确保按期完工，同时应做好成本分析及动态监控，综合考虑建造成本、工期成本、质量成本、安全成本、环保成本等要素，有效控制施工成本。

（1）资金使用计划。资金使用计划是在工程项目分解的基础上，将工程造价总目标值逐层分解到各个工作单元，形成各子目标，从而能够定期将工程项目中各子目标实际支出与目标值进行比较，以便及时发现偏差，找出偏差原因并采取纠正措施，将偏差控制在一定范围内。

（2）施工成本分析。施工成本分析是施工单位根据施工定额及市场信息价，采取分项成本核算分析的方法，将分部分项工程的承包成本、预算（计划）成本按时间顺序绘制成折线图，在工程实施过程中，将发生的实际成本也绘制在折现图中加以比较，找出显著的成本差异，有针对性地采取有效措施，努力降低工程成本。

（3）工程计量及进度款支付。工程计量及进度款支付是对承包人已完成的合格工程进行工程量计量，并予以确认，支付进度款是保证工程顺利实施的重要手段。

（4）合同价款调整。合同价款调整是指施工合同履行过程中，出现与签订合同时的预计条件不一致的情况，从而需要改变原定施工承包合同范围内的某些工作内容。合同当事人一方因对方未履行或不能正确履行合同所规定的义务而遭受损失时，可以向对方提出索赔。工程变更与索赔是影响工程价款结算的重要因素，因此也是施工阶段造价管理的重要内容。

5. 竣工验收阶段

当工程项目按照设计文件规定的内容和施工图纸的要求全部建设完成，符合验收标准，即：工业项目经过投料试车（带负荷运转）合格，形成生产能力的；非工业项目符合设计要求，能够正常使用的，都应及时组织验收，办理固定资产移交手续。竣工验收是投资成果转入生产或使用的标志，也是全面考核工程建设成果、检验设计和工程质量的重要步骤。

6. 项目后评价阶段

建设项目是否达到决策阶段所确定的目标，只有经过生产经营取得实际投资效果后，才能进行正确判断。建设项目后评价是建设项目竣工投产并生产运营一段时间后，再对项目的决策、设计、施工、竣工投产、生产运营等全过程进行系统的、客观的评价和总结，确定投资的预期目标是否达到，项目规划是否合理有效，项目的主要效益指标是否实现，通过分析评价找出各环节的工作成效和存在问题，总结经验教训，并通过及时有效的信息反馈，为未来的项目决策和提高决策水平给出建议，同时也为项目实施运营中出现的问题提出改进建议，从而达到提高投资效益的目的。

1.2 建设工程造价

1.2.1 建设工程造价的含义及其特点

1. 建设工程造价的含义

建设工程造价是指建设项目的建造价格，简称为"工程造价"。从承包人、业主不同的角度来理解，其含义和数额并不相同。1996 年，中国建设工程造价管理协会（简称"中价协"）学术委员会对"工程造价"给出界定，明确了其两种不同的含义：

（1）含义 1：从投资者的角度来定义，建设工程造价是指建设项目的建设成本，是建设一项工程预期开支或实际开支的全部固定资产投资费用,即从筹建到竣工验收整个建设过程所花费的全部费用。这里的"建设工程造价"强调的是"费用"。投资者为了获取投资项目的预期效益,需对项目进行策划、决策、实施,直至竣工验收等一系列投资管理活动。在这些活动中所花费的全部费用都属于建设工程造价。从这个意义上讲,工程造价就是建设项目固定资产总投资,也是建设项目总投资中最主要的部分,包括建筑安装工程费、设备工器具购置费、工程建设其他费、预备费、建设期贷款利息等。

(2)含义2:从市场交易的角度来定义,建设工程造价是指工程价格,即为建成一项工程,预计或实际在土地市场、设备市场、技术劳务市场以及工程承发包市场等交易活动中所形成的建筑安装工程价格和建设工程总价格。这里强调的是"价格",强调以建设工程这种特定的商品作为交易对象,通过招标投标或其他交易方式,在多次预估的基础上,最终由市场形成的价格。即由需求主体(投资者)和供给主体(承包者)共同认可的价格。这里的交易对象既可以是整个建设项目,也可以是其中一个或几个单项工程或单位工程,还可以是其中一个或几个分部工程,如土地开发工程、土石方工程、桩基础工程、装饰装修工程,或其中的某个组成部分。

通常把工程造价的第二种含义认定为建设工程承发包价格,即建筑安装工程价格。承发包价格是工程造价中一种重要的、典型的价格形式,由于该价格在建设项目固定资产中占50%~60%的份额,又是工程建设中最活跃的部分,所以将工程承发包价格界定为工程造价很有现实意义。

建设工程造价的两种含义是从不同的角度把握同一事物的本质。对于投资者来说,工程造价是购买工程项目需支付的"货款";而对于承包商来说,工程造价是他们出售商品和劳务的价格总和。下面借助图1.3来理解和区分工程造价的两种含义。

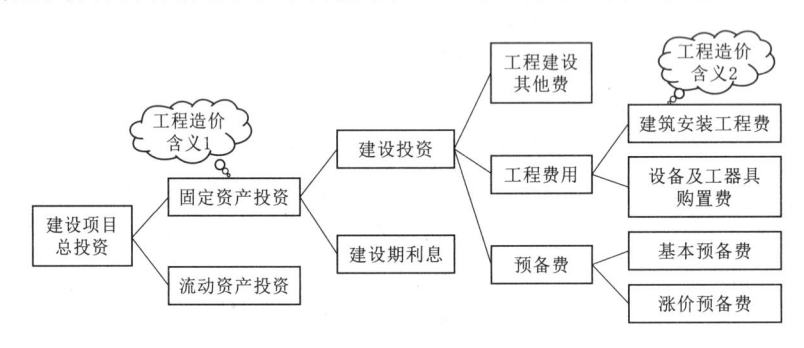

图1.3 建设工程造价的两种含义

2. 建设工程造价的特点

(1)工程造价的大额性。任何一个建设项目或一个单项工程,不仅实物形体庞大,而且造价高昂。动辄数百万、数千万、数亿元,特大的建设项目甚至上百亿、上千亿元,例如港珠澳大桥总投资达1296亿元,白鹤滩水电站造价达1800亿元。由于工程造价的大额性,消耗的资源多,关系到有关各方面的重大经济利益的同时,也对宏观经济产生重大影响,因此工程造价的大额性决定了工程造价的特殊地位,也体现

1.2 建设工程造价

了造价管理的重要意义。

（2）工程造价的个别性、差异性。建设工程这种特殊产品生产的单件性决定了工程造价的个别性和差异性。任何一项建设工程都有特定的用途，其功能、规模各不相同，对每一项建设工程的结构、造型、空间分割、设备配置和内外装饰都有具体要求，因此工程内容和实物形态都具有个别性、差异性。建设工程的差异性决定了工程造价的个别性、差异性。同时，每项工程所处地区、地段也不相同，使这一特点得到强化。

（3）工程造价的动态性。建设工程建造周期长、涉及范围广，任何一项工程从决策到竣工交付使用，少则数月，多达数年，甚至十几年。在这期间，存在许多影响工程造价的动态因素，如工程变更、设备和材料价格变动、工资标准以及费率、利率、汇率等变化。这些变化必然会造成工程造价的变动。所以，工程造价在整个建设期内均处于不确定状态，直至竣工决算才能最终确定工程的实际造价。

（4）工程造价的层次性。工程造价的层次性取决于建设项目的层次性。一个建设项目往往由多个单项工程组成，一个单项工程又由多个单位工程组成，一个单位工程由多个分部工程组成，一个分部工程由多个分项工程组成，这种划分决定了构成工程造价的五个层次，即分项工程造价、分部工程造价、单位工程造价、单项工程造价、建设项目造价。

（5）工程造价的兼容性。工程造价的兼容性是由其内涵的丰富性决定的。首先，工程造价既可以指建设项目的固定资产投资，也可以指建筑安装工程造价；既可以指招标项目的招标控制价，也可以指投标项目的投标报价。其次，构成工程造价的因素广泛并复杂，涉及人工、材料、施工机具等多个方面，还包括为获得建设工程用地支出的费用、项目可行性研究和规划设计费用、与政府一定时期政策（特别是产业政策和税收政策）相关的费用等，均占有相当的份额。最后，资金筹集的来源较为复杂，资金成本较大。

3. 建设工程造价的作用

建设工程造价的作用范围和影响程度都很大，可以概括为以下几个方面：

（1）工程造价是项目决策的主要考虑因素之一。建设工程投资大、生产周期和使用周期都较长等特点决定了项目决策的重要性。工程造价确定了项目的一次投资费用，投资者是否有足够的财力支付这笔费用，是否值得支付这笔费用，是建设项目财务分析和经济评价的重要依据。

（2）工程造价是制订投资计划和控制投资的有效手段。投资计划是按照建设工期、工程进度和建设工程价格等逐年分月加以制定的。正确的投资计划有助于合理有效地使用和控制资金。

（3）工程造价是评价投资效果的重要指标。建设工程造价是一个包含着多层次工程造价的体系。就一个建设项目而言，它既是建设项目的总造价，又包含单项工程的造价和单位工程的造价，同时也包含单位生产能力的造价，或一个平方米建筑面积的造价等。这些都使得工程造价自身形成了一个指标体系，所以它能够为评价投资效果提供多种评价指标，为今后类似项目的投资提供参照。

1.5 工程造价的作用

（4）工程造价是筹集建设资金的依据。工程造价的大额性要求项目的投资者必须有很强的筹资能力，以保证工程建设有充足的资金供应。

1.2.2 建设工程造价计价的特点

建设工程造价计价是计算和确定建设工程的造价，简称"工程计价"，也称为"工程估价"，是指工程造价人员在项目实施的各个阶段，根据各阶段不同特点，遵循计价原则和程序，对投资项目最可能实现的合理价格作出科学计算，从而确定投资项目的工程造价。其特点包括：

（1）计价的单件性。建设工程的个体差异性决定了每项工程都必须单独计算造价。建设工程的实物千差万别，即使采用相同或相似的设计图纸，但不同地区、不同时间建造的产品，构成投资费用的各种价值要素仍然存在差别，最终导致工程造价千差万别。所以建设工程的计价不能像一般工业产品那样，按品种、规格、质量等成批定价，只能单件计价。

（2）计价的多次性。建设工程周期长、规模大、造价高，按照基本建设程序必须分阶段进行，相应的也要在不同阶段分别计价，以保证工程造价计算的准确性和控制的有效性。多次计价是一个逐步深化、逐步细化和逐步接近实际造价的计价过程。在不同的建设阶段，工程造价有不同的名称，也包含不同的内容，起着不同的作用。每一次预估的过程就是对造价的控制过程，每一次估算都不能超过前一次估算的一定幅度。这种控制是在投资者财务能力限度内为取得既定的投资效益所必需的。建设工程多次计价过程如图1.4所示。

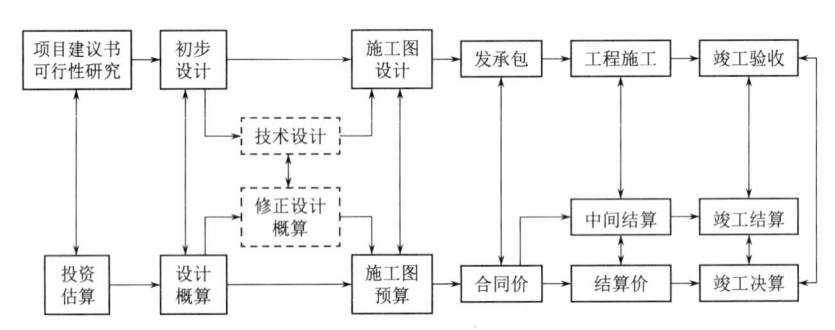

图1.4 建设工程多次计价过程

1）投资估算。投资估算是指在项目建议书和可行性研究阶段，通过编制估算文件预先测算的工程造价。在项目建议书和可行性研究阶段，建设单位向国家计划部门申请建设项目立项或国家对拟立项目进行决策的时候，确定在项目建议书、可行性研究报告等不同阶段的相应投资总额而编制的经济文件。可行性研究报告被批准后，投资估算将作为设计任务书下达的投资限额，对于初步设计概算编制起控制作用，也可作为筹集资金的计划依据。

2）设计概算。设计概算是在初步设计阶段，由设计单位根据初步设计或扩大初步设计图纸、概算定额或概算指标、各项费用定额或取费标准等资料，预先计算和确定建设项目从筹建到竣工验收、交付使用全部建设费用的文件。设计概算较投资估算准确性有所提高,同时设计概算受投资估算的控制。设计概算可分为单位工程概算、单项工程概算、建设项目总概算三级。根据设计总概算确定的投资数额,经主管部门审批后,成为该项工程基本投资的最高限额。

3)修正设计概算。修正设计概算是指三阶段设计中的技术设计阶段,随着设计内容的深入,可能会发现建设规模、结构性质、设备类型和数量等与初步设计有出入,为此设计单位根据技术设计图纸、概算指标或概算定额、各项费用取费标准等资料,对初步设计总概算进行修正而形成的经济文件。修正设计概算比设计概算更准确,但受设计概算控制。

4)施工图预算。施工图预算是根据施工图纸、施工组织设计、预算定额等资料,进行计算和确定单位工程或单项工程建设费用的经济文件。施工图预算比设计概算或修正设计概算更为详尽和准确,但同样受到前一阶段所确定工程造价的控制。

5)合同价。合同价是指在发承包阶段通过签订工程合同、设备材料采购合同,以及技术和咨询服务合同确定的价格。合同价属于市场价格的范畴,它由发承包双方根据市场行情共同议定和认可的成交价,它不同于最终决算实际的工程造价,仍然属于工程概预算的范畴。

6)结算价。结算价是结算工程的实际价格。它是在合同实施阶段,对于实际发生的工程量增减、设备材料价差等影响工程造价的因素,按合同约定的调整范围及调整方法,对合同价进行必要调整后形成的结算工程价款。施工单位向建设单位办理工程价款结算以获得收入,用来补偿施工过程中的资金消耗。工程结算包括施工过程中的中间结算和竣工验收阶段的竣工结算。工程结算文件一般由承包单位编制,发包单位审查,也可委托工程造价咨询机构进行审查。

7)竣工决算。在竣工验收阶段,以实物数量和货币指标为计量单位,综合反映竣工项目从筹建开始到项目竣工交付投入使用为止的全部建设费用。竣工决算文件一般由建设单位编制,上报相关主管部门审查。竣工决算反映建设项目的实际造价和建成交付使用的资产情况。它是最终确定的实际工程造价。

(3)计价的组合性。建设项目是一个工程综合体,依次分解为单项工程、单位工程、分部工程、分项工程,建设项目的组合性决定了计价过程是一个逐步组合的过程。在计算工程造价时,往往先计算各个分项工程的价格,依次汇总为各个分部工程、单位工程和单项工程的造价,最后汇总成建设项目总造价。建设项目组合计价过程如图1.5所示。

(4)计价方法的多样性。工程项目多次计价的计价依据各不相同,每次计价的精确度要求也各不相同,由此决定了计价方法的多样性。例如:项目建议书阶段的投资估算一般采用生产能力指数法、系数估算法等;可行性研究阶段的投资估算一般采用指标估算法

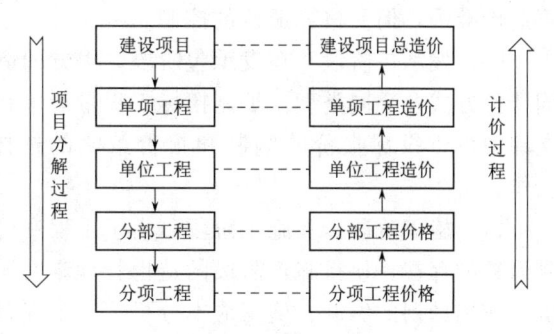

图1.5 建设项目组合计价过程

等；当施工图设计完成后，一般采用单价法和实物法来编制施工图预算。不同方法有不同的适用条件，计价时应根据具体情况加以选择。

（5）计价依据的复杂性。影响工程造价的因素众多，决定了计价依据的复杂性。计价依据主要分为以下七类：

1）设备和工程量的计算依据，包括项目建议书、可行性研究报告、设计文件等。

2）人工、材料、机具等实物消耗量计算依据，包括投资估算指标、概算定额、预算定额等。

3）工程单价计算依据，包括人工单价、材料价格、机械台班单价等。

4）设备单价计算依据，包括设备原价、设备运杂费等。

5）措施费、间接费、工程建设其他费计算依据，主要包括相关的费用定额和指标。

6）政府规定的税费。

7）物价指数和工程造价指数。

工程计价依据的复杂性不仅是计算过程复杂，而且需要计价人员熟悉各种依据，并加以正确应用。

1.2.3 建设工程造价人员的工作内容

（1）投资决策阶段。在投资决策阶段，造价人员首先主要编制和审核投资估算文件。投资估算是在项目建议书和可行性研究阶段对拟建项目所需投资，进行预先测算和确定的过程。经批准的投资估算是投资决策、资金筹措和控制造价的主要依据。其次，造价人员基于不同的投资方案进行经济评价，将其作为项目决策的重要依据。即可行性研究报告中"投资估算及资金筹措方式"和"经济效益和社会效益分析"两部分需要造价工程师与咨询工程师配合完成。

（2）设计阶段。如果采用两阶段设计，那么在初步设计阶段，造价人员主要编制设计概算，预先测算和限定工程造价；在施工图设计阶段，根据施工图纸编制施工图预算，预先测算和限定工程造价，比设计概算更为详尽和准确，但要受设计概算所限定的工程造价的控制。如果采用三阶段设计，那么在初步设计阶段之后，增加了技术设计阶段，这一阶段主要编制修正概算文件，它对初步设计概算进行修正调整，比概算造价准确，但受概算造价的控制。

（3）发承包阶段。在发承包阶段，甲方的造价人员主要在招标策划中参与选择合同计价方式及合同类型，编制招标工程量清单和招标控制价；乙方的造价人员在投标文件中负责投标报价的编制和报价策略的选择；中标后合同条款的约定与谈判等工作。

（4）施工阶段。在施工阶段，由于工程变更、索赔，以及工程实施中各种不可预见因素的存在，使得施工阶段的造价管理难度加大。在这一阶段，造价人员主要进行资金使用计划的编制、施工成本分析、对工程费用动态监控、按合同约定进行工程计量和进度款支付、处理工程变更及签证与索赔、调整合同价款等。

（5）竣工验收阶段。在竣工验收阶段，造价人员主要整理竣工结算资料、编制和审核工程竣工结算、处理竣工后质量保证金等。

1.3 建设工程造价管理

1.3.1 建设工程造价管理的含义

建设工程造价有两种含义，与之对应，建设工程造价管理也有两种含义：一是从投资者的角度来定义，建设工程造价管理是对建设工程投资费用的管理；二是从市场交易的角度来定义，建设工程造价管理是对建设工程价格的管理。

1. 建设工程投资费用管理

建设工程投资费用管理属于投资管理的范畴。为了实现投资的预期目标，在拟定规划、设计方案的条件下，预测、确定和监控工程造价及其变动的系统性活动。这一含义涵盖了微观、宏观两个层面项目投资费用的管理。

2. 建设工程价格管理

建设工程价格管理属于价格管理范畴。价格管理包括微观和宏观两个层面。在微观层面上，建设工程价格管理是指生产企业在掌握市场价格信息的基础上，为实现管理目标而进行的成本控制、计价、定价和竞价的系统活动。它反映了微观主体按照支配价格变动的经济规律，对商品价格进行能动的计划、预测、监控和调整，并接受价格对生产的调节。在宏观层面上，建设工程价格管理是指政府根据社会经济发展的要求，利用现有的法律、经济和行政手段对价格进行管理和调控，通过市场管理来规范市场主体价格行为的系统性活动。

1.3.2 建设工程造价管理的基本内容

建设工程造价管理的基本内容是合理确定和有效控制工程造价。合理确定工程造价和有效控制工程造价，两者之间相互依存、相互制约。一方面，工程造价的确定是工程造价控制的前提和先决条件，没有造价的确定就没有造价的控制；另一方面，造价的控制贯穿于造价确定的全过程，造价的确定过程也就是造价的控制过程，通过逐项控制、层层控制，才能最终合理地确定造价，确定造价和控制造价的最终目标是一致的，即合理使用建设资金，提高投资效益。

1. 合理确定工程造价

合理确定工程造价是指在建设程序的各个阶段，即项目建议书阶段、可行性研究阶段、初步设计阶段、施工图设计阶段、招投标阶段、合同实施阶段及竣工验收阶段，采用科学的计算方法和切合实际的计价依据，合理确定投资估算、设计概算、施工图预算、承包合同价、竣工结算价和竣工决算价。

2. 有效控制工程造价

有效控制工程造价是指在优化建设方案、设计方案和施工方案的基础上，在建设程序各个阶段，采用科学有效的方法和措施把工程造价控制在合理范围和核定的造价限额以内。具体来说，就是采用投资估算控制设计方案的选择和初步设计概算，用设计概算控制技术设计和修正设计概算，用设计概算和修正设计概算控制施工图设计和施工图预算，把建设工程的造价控制在批准的造价限额以内。分阶段造价控制示意如图1.6所示。控制过程中随时纠正偏差，以保证建设项目投资控制目标的实现，做到合理使用人力、物力和财力，取得较好的投资效益和社会效益。

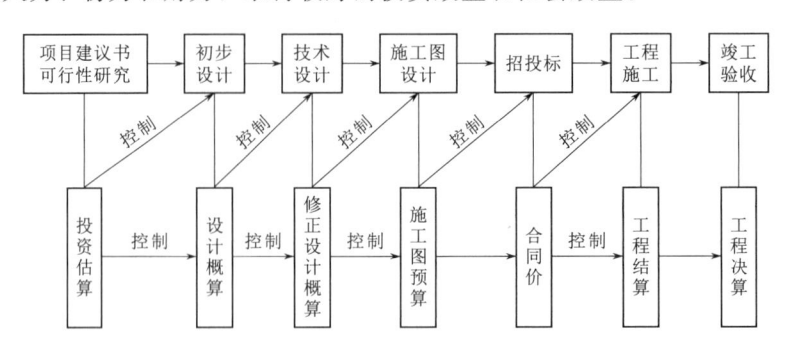

图1.6　分阶段造价控制示意

实际工程中，通常会出现"三超"现象，即决算超预算、预算超概算、概算超估算。这表明工程造价处于失控状态，它对于造价小到百万、大到数以亿计的建设工程而言是非常可怕的。因此，建设工程造价的有效控制显得尤为重要。工程造价有效控制应遵循以下原则：

（1）合理设置工程造价的控制目标。在不同阶段都要合理确定建设工程造价，为有效控制工程造价确立控制目标。

（2）以设计阶段为重点进行全过程工程造价控制。虽然工程造价控制贯穿于建设项目建设全过程，但是工程造价控制的关键在于施工前投资决策和设计阶段。在项目投资决策后，控制工程造价的关键在于设计。根据资料统计，初步设计阶段对工程造价的影响度为75%～95%；技术设计阶段对工程造价的影响度为35%～75%；施工图设计阶段对工程造价的影响度为5%～35%。由此可见，设计质量对于整个工程建设的效益至关重要。

（3）采取主动控制措施。人们通常把造价控制理解为目标值与实际值相比较，在实际值与目标值偏离时分析产生偏差的原因，并确定下一步的策略。这种立足于结果反馈，建立在纠偏措施基础上的偏离、纠偏、再偏离、再纠偏的控制方法，无法事先预防可能发生的偏离，因而是被动控制。工程造价的控制更需要事先主动采取措施，尽可能减少目标值与实际值的偏离。被动控制就像人生病之后才去治疗，其实更应该在发病之前做好预防。

课程思政：以春秋战国时期名医扁鹊为例。魏文王问扁鹊说："你们兄弟三人，都精于医术，到底哪一位最好呢？"扁鹊答："长兄最好，中兄次之，我最差。"文王再问："为什么你最出名呢？"扁鹊答："长兄治病，是治病于病情发作之前。由于一般人不知道他事先能铲除病因，所以他的名气无法传出去；中兄治病，是治病于病情初起时。一般人以为他只能治疗轻微的小病，所以他的名气只及乡里；而我治病于病情严重之时。一般人看到我在经脉上穿针放血、在皮肤上敷药等大手术，所以认为我的医术高明，名气响遍全国。只有我的家人才知道，长兄最好，中兄次之，我最差。"因此事后控制不如事中控制，事中控制不如事前控制。

工程造价控制也一样，不仅需要被动的造价控制方法，更需要能够事前影响投资决策，影响设计、发承包和施工等的积极主动控制，防止或避免产生偏差，将可能的损失降到最小。

（4）技术与经济相结合是控制工程造价最有效的手段。从技术上采取措施，包括重视多方案选择，严格审查初步设计、技术设计、施工图设计、施工组织设计，深入技术领域研究节约造价的可能性；从经济上采取措施，包括动态比较造价的实际值与计划值，严格审核各项费用支出，采取节约造价的奖励措施等。技术措施与经济措施相结合，正确处理技术先进与经济合理两者之间的对立统一关系，力求在技术先进条件下的经济合理，在经济合理基础上的技术先进，把控制工程造价观念渗透到各项设计和施工技术措施中。

1.3.3 建设工程造价管理的产生与发展

任何一门学科的产生与发展都离不开其产生与发展所需的土壤，建设工程造价管理学科也不例外。人们对建设工程造价管理的认识是随着生产力、市场经济和现代科学管理等的发展而不断加深。只有建设工程这种特殊产品成为商品时，工程造价管理才有了形成独立学科的基础。

1.3.3.1 国外建设工程造价管理的产生与发展

1. 国外建设工程造价管理的产生

在发达国家，建设工程造价管理产生于资本主义社会化大生产时期，最先产生于现代工业发展最早的英国。以英国为例，建设工程造价管理学科的产生大体经历了3个阶段：

（1）设计与施工的分离为建设工程造价管理成为一种职业奠定了基础。16—18世纪是英国工程造价管理发展的第一阶段。技术发展需要兴建大量工业厂房，导致许多农民失去土地，被迫涌入城市，他们需要大量住房，从而促使建筑业迅速发展壮大。随着设计和施工逐步分离并各自形成自己独立专业后，工程的数量和规模也随之加大，这就要求有专业人员对已完工程进行测量和估价，来帮助工匠们向业主计取应得报酬。这些专门从事工程测量和估价的人员被称为工料测量师（quantity surveyor）。这时的工料测量师是在工程设计和施工完工后才去测量工程量和估算工程造价，对设计与施工不能产生任何影响，只是对已完工程进行实物消耗量的测定，但它为工程造价管理成为一种专门的职业奠定了基础。

（2）招标承包制推动了工程造价管理学科的形成。19世纪初期，资本主义国家在建设工程中开始推行招标承包制，要求工料测量师在工程设计之后和开工建设之前进行测量与估价，根据图纸算出实物工程量并编制工程量清单，为招标确定标底，或为投标确定报价。工程估价从施工后提前至施工前，虽然只向前迈进了一步，但却是建设工程造价管理的第一次飞跃，建设工程造价管理逐步形成独立的专业。1881年英国皇家测量师学会成立，标志着工程造价从工料消耗测量转变为工程造价的预测。至此业主能够在工程开工前，预先了解需要的投资额。

（3）投资计划和控制制度促进了建设工程造价管理学科的形成。招标承包制的推行使得工程造价管理能够对施工阶段的工程造价进行有效管理，但对设计阶段的工程造价控制仍然无能为力，无法对设计阶段所需投资进行准确预计。招标时，设计往往已经完成，此时业主才发现由于建设工程费用过高、投资不足，不得不停工或修改设计。为了使投资计划能够按人们预计的目标实现，使各种资源得到最有效利用，迫切要求在设计的早期阶段甚至在投资决策时，就开始进行投资估算，并对设计进行控制。这种投资计划和控制制度在英国等发达国家应运而生，建设工程造价管理渗透到了设计之前，工程造价管理的内涵更加丰富，逐步形成了全过程工程造价管理。建设工程造价管理初步形成了一门独立学科。

从上述建设工程造价管理的发展简史可以看出，建设工程造价管理是随着工程建设的发展以及商品经济的发展而逐渐完善的，归纳起来有以下特点：

(1) 从事后算账发展为事前算账。即从最初只是反映已完工程量价格，逐步发展到在开工前进行工程量的计算和估价，进而发展到初步设计时提出概算、在可行性研究时提出投资估价，为业主做出投资决策提供重要依据。

(2) 从被动反映设计和施工发展为主动影响设计和施工。最初仅负责施工阶段工程造价的确定和结算，逐步发展为在设计阶段、投资决策阶段对工程造价做出预估，并对设计和施工过程投资的支出进行监督和控制，进行工程建设全过程的造价控制和管理。

(3) 从依附于施工工人或建筑师发展成为一门独立的学科。如在英国有专业学会，有统一的业务职称评定和职业守则。不少高等院校也开设了工程造价管理专业用以培养专业人才。

2. 国外建设工程造价管理的发展

建设工程造价管理学科产生后，各国相继出现了建设工程造价管理权威咨询机构。20世纪70—80年代，各国的造价工程师协会先后开始了造价师执业资格的认证工作。90年代，美国工程造价管理学界推出"全面造价管理"，并将工程项目战略资产管理和工程项目造价管理的概念和理论、计算机应用软件、工程计价程序与方法等，广泛应用于工程造价管理。工程造价管理理论研究、先进管理方法应用都达到较高程度，形成了目前国际上通行并公认的三种模式，即英国、美国和日本的建设工程造价管理模式。

(1) 英国建设工程造价管理模式。英国是世界上最早出现工程造价咨询行业并成立相关行业协会的国家，至今已有近400年历史。工程造价咨询公司在英国被称为工料测量师行。目前英国的行业协会负责管理工程造价专业人士、编制工程造价计量标准、发布相关造价信息及造价指标等。

在英国，政府投资工程和私人投资工程采用不同的工程造价管理方法，但这些工程项目通常都需要聘请专业造价咨询公司进行业务合作。其中政府投资工程由政府有关部门负责管理，包括计划、采购、建设咨询、实施和维护，对建设项目从立项到竣工各个环节的造价控制都较为严格，遵守政府统一发布的价格指数，通过市场竞争形成工程造价。目前，英国政府投资工程约占整个国家公共投资的50%，在工程造价业务方面，要求必须委托工程造价咨询机构进行管理。英国建设主管部门的工作重点则是制定有关政策和法律，以全面规范工程造价咨询行为。

对于私人投资工程,政府通过相关法律法规对此类工程项目的经营活动进行规范和引导,只要在国家法律允许的范围内,政府一般不予干预。此外,社会上还有许多政府所属的代理机构及社会团体组织,如英国皇家特许测量师学会等协助政府部门进行行业管理,主要对咨询单位进行业务指导和对从业人员进行管理。英国工料测量师行经营的内容较为广泛,涉及建设工程全生命周期造价的各个领域,主要包括项目策划咨询、可行性研究、成本计划和控制、市场行情的趋势预测;招投标活动及施工合同管理、工程实施阶段的成本控制、财务报表、洽商变更;竣工工程的估价、决算;成本重新估计;对承包商破产或被并购后的应对措施;应急合同的财务管理,后期物业管理等。

(2) 美国建设工程造价管理模式。美国现行的建设工程造价由两部分构成:一是业主经营所需费用,称为软费用,主要包括设备购置及储备资金、土地征购及动迁补偿、财务费用、税金及其他各种前期费用;二是由业主委托咨询公司或总承包公司编制的建筑安装工程(简称"建安工程")发生的实际建设费用,称为硬费用,主要包括施工所需的人工、材料、施工机具等消耗费用,现场业主代表及施工管理人员工资、办公和其他相关费用,承包商现场的生活及生产设施费用,各种保险、税金、不可预见费等。此外承包商的利润一般占建安工程造价的5%~15%,业主通过委托咨询公司实现对工程施工阶段造价的全过程管理。

美国没有统一的计价依据和标准,是典型的市场化价格。确定工程造价的定额、指标、费用标准等通常由大型工程咨询公司制定。这些咨询机构结合当地实际情况,根据工程结构、材料种类、装饰装修等因素,制定单位建筑面积的人工、材料、机具台班消耗量和基价作为所负责项目的造价估算的标准。这些数据虽不是政府部门的强制性法规,但因其建立在科学性、准确性、公正性及实际工程资料的基础上,能反映实际情况,得到了社会公认,并能顺利实施。因此,工程造价计价主要由各咨询机构制定单位建筑面积消耗量、基价和费用估算方式,由发承包双方通过市场交易确定工程造价。美国的工程造价管理通常也进行四算,即毛估、估算、核算、详细设计估算,各阶段有一定的精度要求,分别为±25%、±15%、±10%、±5%。美国工程造价的组成内容包括设计费、环境评估费、地质土壤测试费、人工费、材料费、机具费、场地平整绿化费、税金、保险费等。在上述费用基础上营造商收取15%~20%的利润及10%的管理费。而且在工程建设过程中,营造商可根据市场价格变化情况随时调整工程造价。

美国政府对政府工程的价格管理一般采取两种形式:一是由政府设置专门部门对工程进行直接管理;二是将一些政府工程通过公开招标的形式发包,并委托私营设计、估算咨询公司进行管理。政府工程的范围主要包括政府机构办公楼、军事工程、公共事业工程、社会福利设施以及交通运输工程等。美国各级政府对本地区的政府工程负有全面的管理权限。几乎各级政府部门都设置了相应的管理机构,如纽约市政府的综合开发部、华盛顿哥伦比亚特区政府的综合开发局等都是代表政府专门负责管理建设工程的部门。以纽约市政府的综合开发部为例,其下属的设计和建设管理处雇有工程师、估算师等,对纽约各区的建设工程进行价格、质量、进度的管理。对于政府工程委托给私营承包商的项目管理,各级政府都十分重视并实行严格的招投标方式,以保证工程质量并控制成本。同时,政府对委托私营承包商承建的工程,还实行必要的监督和检查。

美国政府对私营建设工程的价格管理着重使用间接管理手段。美国的私营工程占较大的比重,这些工程主要集中在盈利较高的项目上。这种间接管理主要体现在:通过变换使用经济杠杆,如价格、税收、利率、信贷等,以及制定若干经济政策来引导私人投资于某些行业。在美国,各种类型的工程咨询公司是工程造价计价和管理的主要承担者。美国的业主一般不拥有从事工程造价管理的大批专业技术人员,为了做好投资效益分析、造价预测和编制、招标管理和造价控制等,要借助社会上的估算公司、工程咨询公司等专业力量来实现。因此各类别、各层次咨询机构都十分注意历史资料的积累和分析整理工作,建立起本公司的一套造价资料积累制度,同时注意服务效果的信息反馈,建立起完善的资料数据库,形成信息反馈、分析、判断、预测等一整套的科学管理体系。同时,还有美国造价工程师协会(AACE)从事同行之间的联系、交流和公益工作,包括对造价工程师、造价询价师进行资质认定,定期组织经验交流等。这些活动都有助于促进专业水平的提高。

(3)日本建设工程造价管理模式。日本建设工程造价实行全过程管理,从调研阶段、计划阶段、设计阶段、施工阶段、监理检查阶段、竣工阶段直至保修阶段均严格管理。日本建筑学会成本计划分会制定日本建设工程分部分项定额,编制工程费用估算手册,并根据市场价格波动进行定期修改,实行动态管理。投资控制大体可分为3个阶段:一是可行性研究阶段。根据实施项目计划和建设标准,制定开发规模和投资计划,并根据可类比的工程造价及现行市场价格进行调整和控制。二是设计阶段。按可行性研究阶段提出的方案进行设计,编制工程概算,将投资控制在计划之内。施工图完成后,编制工程预算,并与概算进行比较。若高于概算,则修改设计,使投资控制在原计划之内。三是施工中严格按图施工,核算工程量,编制材料供应计划,加强成本控制和施工管理,保证竣工决算控制在工程预算额度内。

日本政府有关部门对所投资的公共建筑,包括政府办公楼、体育设施、学校、医院、公寓等项目,除负责统一组织编制并发布计价依据以确定工程造价外,还对上述公建项目的工程造价实施全过程的直接管理。日本的工程计价模式是:①日本建设省发布了一整套工程计价标准,如《建筑工程积算基准》《土木工程积算基准》。②量、价分离的定额制度,量是公开的,价是保密的。劳务单价通过银行调查取得。材料、设备价格由建设物价调查会和经济调查会负责定期采集、整理和编辑出版。其中的材料价格是从各地商社、建材商店、货场或工地实地调查所得,体现了"活市场、活价格",不同地区不同的特点。建筑企业利用这些价格制定内部的工程复合单价,即单位估价表。③政府投资项目与私人投资项目实施不同的管理。对政府投资项目,从调研开始,直至交工,分部门直接对工程造价实行全过程管理。为把造价严格控制在批准的投资额度内,各级政府都掌握有自己的劳务、材料、机械单价,或利用出版的物价指数编制内部掌握的工程复合单价。而对私人投资项目,政府通过市场管理,利用招标办法加以确认。

从事造价咨询的人员称为建筑计算师，建筑计算师分布在设计单位、施工单位及工程造价咨询事务所等。日本的建筑计算协会是以提高工程造价管理业务水平和专业技术水平及社会地位为宗旨的组织。其工作内容有：推进工程造价管理水平的调查研究；工程量计算标准、建筑成本等相关的调查研究；专业人员教育标准的确定，专业人员业务培训及资格认定；业务情报收集；与国内外有关部门、团体交流合作等。

1.3.3.2 我国建设工程造价管理的产生与发展

1. 我国建设工程造价管理的产生

在我国古代灿烂的文明中工程建设占有十分重要的位置，从陕西半坡遗址到气势恢宏的万里长城，再到金碧辉煌的故宫建筑群，无不体现了中华民族悠久的建筑文明。客观上，历代帝王将相大兴土木，建设工程实践活动不仅规模越来越大，而且结构越来越复杂，技术要求越来越高，资源的消耗越来越多，这样的工程实践活动使历代工匠们积累了越来越多的技术和经验，逐步形成了一套工料限额的管理制度，即今天的人工定额和材料定额。

课程思政：我国的建设工程造价管理可以追溯到两千多年前的春秋战国时期。据当时科技名著《考工记》记载，凡修筑沟渠堤防，要先以匠人一天修筑的进度为参照，再以一里工程所需的匠人数和天数来预算工程所需劳力，然后才能调配人力进行施工。这是人类较早的工程造价预算和工程造价控制方法的文字记录之一。据王孝通编撰的《缉古算经》记载，我国唐代就已有夯筑城台的用工定额——"功"。公元1103年北宋著名建筑学家李诫编著《营造法式》一书共36卷，3555条，包括释名、各种制度、功限、料例、图样共五部分。其中"释名"是对工程项目各部分进行的划分和解释，相当于今天的分部分项工程名称；"功限"限定了劳动力的投入量，相当于今天的劳动定额；"料例"规范了下料及用量，相当于今天的材料消耗定额；"图样"即施工图。该书实际为官府颁布的建筑规范和定额，汲取了北宋以前历代工匠的技术精华和经验，对控制工料消耗、加强设计监督和施工管理起到了很大作用，一直沿用至明清时期。明代管辖官府建筑的工部编著的《工程做法》则一直流传至今。两千多年来，我国也不乏将技术与经济相结合，大幅降低工程造价的实例。北宋大臣丁谓在主持修复被大火烧毁的汴京宫殿时提出的一举三得的方案就是典型案例。

虽然我国工程造价管理有着悠久的历史，但工程造价管理工作依附于工匠，并没有形成独立的建设工程造价管理学科。

2. 中华人民共和国成立后建设工程造价管理体制的建立

建设工程造价管理体制建立于中华人民共和国成立初期。国家为了加强对工程建设的管理，参照苏联的概预算定额管理制度，建立了概算、预算工作制度。改革开放前国家综合管理部门先后成立预算组、标准定额处、标准定额局，加强对概算、预算的管理工作。受当时计划经济体制的影响，概预算编制的依据是量价合一的概算、预算定额，概预算人员在一定程度上主要反映设计成果的经济价值。20世纪80年代以后，基本建设体制经历了一些变化：投资主体逐渐多元化，国家作为唯一投资主体的主导地位逐渐减弱。乡镇企业和个体承包商的涌现，也在一定程度上对原有的全民所有制格局产生了影响。

20世纪90年代以后，随着改革开放不断深入，计划经济全面向社会主义市场经济过渡。原有的工程概预算人员从事的概预算编制与审核工作的专业定位已不能满足对于工程造价管理人员的新的要求。工程招标制度、工程合同管理制度、建设监理制度、项目法人责任制等工程管理基本制度的确立，以及工程索赔、工程项目可行性研究、项目融资等新业务的出现，客观上需要一批同时具备工程计量与计价、经济法与工程造价相关知识的管理人才协助业主在投资等经济领域进行项目管理。同时为了应对国际经济一体化后国外建筑企业进入我国的竞争压力，客观要求工程造价管理人才通晓工程造价管理国际惯例。在这种形式下，住房和城乡建设部标准定额司和中国建设工程造价管理协会开始组织论证，在我国建立既具有中国特色又与国际惯例接轨的造价工程师职业资格制度。

3. 我国工程造价管理体制的改革

随着改革开放进一步深化，更多国际资本进入我国建筑市场，使得我国建筑市场竞争更加激烈。我国的建筑企业也必然走向世界，在世界建筑市场的激烈竞争中占据应有份额。可是长期以来我国工程造价计价方法一直采用定额加取费的模式，不适应新的发展需求，我国的工程造价计价方法和工程造价管理体制需进一步深化改革，其改革目标是建立以企业自主报价，市场形成价格为主的价格机制。改革的具体内容包括以下几个方面：

（1）改革现行工程定额管理方式，实行量价分离，逐步建立起以工程定额作为指导的通过市场竞争形成工程造价的机制。建设行政主管部门统一制定符合国家标准、规范，并反映一定时期施工水平的人工、材料、机具台班等耗用量标准，实现国家对消耗量标准的宏观管理，并制定了统一的工程项目划分、工程量计算规则，为更好地推行工程量清单报价创造条件。对人工、材料、机具的单价，由工程造价管理机构依据市场价格变化发布工程造价相关信息和指数。

（2）实行工程量清单计价模式。工程量清单是国际上常用的预算文件格式。在工程招标时编制工程量清单，作为招标文件的一部分，其主要功能是全面列出所有可能影响工程造价的项目，并对每个项目的特征给予描述和说明，以便所有承包单位在统一的工程数量基础上提出各自的报价。经承包单位填列单价并为业主接受后的工程量清单，即为合同文件的一部分，用来作为支付工程进度款、计算工程变更增减及办理竣工结算的依据，同时也是业主对各承包单位的报价进行评估的依据。工程量清单计价模式是一种与市场经济相适应、允许承包单位自主报价、通过市场竞争确定价格、与国际惯例接轨的计价模式。因此全面推行工程量清单计价是我国工程造价管理体制的一项重要改革举措。

（3）对于政府投资和非政府投资工程实行不同的定价方式。按照世界大多数国家的做法，在推行竞争定价的同时，对政府投资工程和非政府投资工程实行不同的计价办法，即在统一量的计算规则和消耗标准的前提下，对政府投资工程实行指导价，即按生产要素市场价格编制招标控制价，并以此为基础，在合理幅度内确定中标价的定价方法。对于非政府投资工程实行市场价，既可以参照政府投资工程的做法，采取以合理低价中标的定价方法，也可以由发承包双方依照合同约定的其他方式定价。

（4）加强对工程造价的监督管理，逐步建立工程造价的监督检查制度，规范工程建设的定价行为，确保工程质量和工程项目建设顺利进行。

本 章 回 顾

本章主要涉及四部分内容：基本建设、建设工程造价、建设工程造价管理和建设工程造价管理的产生与发展。基本建设部分主要介绍了基本建设的概念、基本建设项目的概念以及建设项目的建设程序；建设工程造价管理部分主要介绍了工程造价的含义及其特点、工程造价计价的特点以及工程造价人员的工作内容；建设工程造价管理部分主要针对工程造价管理的含义及特点，给出工程造价管理的基本内容；建设工程造价管理的产生与发展部分主要介绍了国内外工程造价管理的产生与发展。

拓 展 阅 读

国家体育场"鸟巢"暂停施工　北京奥运场馆要"瘦身"

对于北京2008年奥运会部分场馆建设计划的调整，央视《经济半小时》节目形象地将其形容为"瘦身"。"鸟巢"也称为国家体育场，是北京2008年奥运会的主体育场馆。在北京举行的面向全球的奥运场馆设计方案招标中，由瑞士国际顶级建筑大师赫尔佐格和德梅隆设计的"鸟巢"方案，以它强大的视觉冲击力，击败了其他12个入围的设计方案，成为2008年北京奥运会主场馆的中标设计方案。

中国建筑设计院完成初步设计之后，其设计概算是39.8亿元，用钢量13.6万t。这是一个昂贵的造价，即便按9万个座位计算，每个座位的造价也要超过4万元。其用钢量也当属惊世的用钢量。然而在工程开工后发现，实际造价可能还要超很多。专家们一致认为，过于沉重的钢外壳，不仅给鸟巢带来结构安全的风险，也是造价高昂的最重要原因。

2004年7月4日，中国工程院土木、水利、建筑工程学部再次召开奥运建筑专题研讨会。院士们在讨论中认为，如果鸟巢的外壳不改变，要减少结构安全风险，其主要办法是取消移动屋顶。这样还可以减少1万多吨用钢量，节约4亿～6亿元。但是这个移动屋顶正是中国国家体育场一个独具的特色，也是设计招标的前置条件，更是"鸟巢"方案的得意之笔。但是世界上许多事物都难以两全。最终，北京市政府接受了"鸟巢去顶"的方案。

2004年7月30日，由于奥运场馆的安全性、经济性问题成为关注的焦点，"鸟巢"全面停工，等待方案调整。北京市政府领导表示，将积极树立"节俭办奥运"观念，追求平实而非奢华的筹办过程。

清华大学土木系教授、钢结构专家董聪受命组建"奥运场馆结构选型及优化设计关键技术"课题小组，其主要任务就是优化结构构件的截面厚度，采取局部构造性增强，提高主结构钢材等级，扩大顶盖开口等一系列措施，以减轻结构自重，"鸟巢"的结构用钢量减少到了4.2万t。加上其他方面的"瘦身"，"鸟巢"当时的总体造价概算接近23亿元。

"鸟巢停工"事件曝光后，引发了建筑界和公众的广泛讨论。中国这个快速发展的国家为建筑师们提供了丰富的创作机会和实现理想的舞台。从安德鲁为国家大剧院设计的"巨蛋"方案，到赫尔佐格和德梅隆为国家体育场设计的"鸟巢"，再到库哈斯为中央电视台设计的"大门"，这些即使在全世界范围看都算得上非常超前的巨型建筑在中国得以落地实施。它们除了结构新颖、设计大胆、体量巨大之外，还有一个共同特点：设计者无一例外都是国际建筑界的大腕，几乎都曾获得建筑界的"诺贝尔奖"——普利茨克奖。

一位资深建筑师认为，这些建筑大师的设计如果纯粹从美学角度看，毫无疑问都是堪称伟大的设计。然而，建筑的意义并不仅仅在于它的形式、它的美学意义，还在于它如何以较低的实施成本满足人们的实际需求。"鸟巢瘦身"不仅为建筑界带来了新的思考，也促使我们更加关注建筑与社会之间的紧密联系。建筑师们在追求创新与美学的同时，应努力将建筑艺术与社会需求完美结合，肩负起推动社会发展的责任，共同为建设更加美好的未来而努力。

思考题与习题

| 思考题与习题 | 答案 |

第2章　建设工程造价的构成

●知识目标
1. 掌握建设工程造价的构成
2. 掌握国产非标准设备和进口设备原价的构成及其计算方法
3. 掌握建筑安装工程费按构成要素和造价形成进行划分及其组成要素
4. 工程建设其他费构成及其计算
5. 预备费、建设期贷款利息的构成内容及其计算方法

●能力目标
1. 能够计算国产非标准设备的原价
2. 能够计算进口设备的原价
3. 掌握建筑安装工程费两种分类及其组成要素
4. 掌握工程建设其他费的构成并能够计算
5. 理解预备费的分类并能够计算
6. 能够计算建设期贷款利息

●价值目标
1. 培养学生爱岗敬业、合作精神、吃苦耐劳、责任心等职业道德
2. 培养学生对于本学科发展历史的兴趣，增强民族自豪感
3. 激发学生对中国传统文化的浓厚兴趣，并将此智慧应用于专业学习中

丁 谓 造 宫

公元1009年，北宋京城汴京（今河南开封）不慎发生火灾，熊熊大火使鳞次栉比、金碧辉煌的皇宫在一夜之间烧成断壁残垣。为了修复烧毁的宫殿，皇帝任命大臣丁谓组织民工限期完工。当时既无汽车、吊车，又无升降机、搅拌机，一切工作只能人挑肩扛。加上皇宫建筑不同于寻常民用建筑，它富丽堂皇、雕梁画栋、十分考究，免不了耗时耗工，需要大量的砖、砂、石、瓦和木材等建筑材料。

建设规模宏大，工程除了需要庞大的费用外，其修复难度之大在当时也是史无前例的。最令丁谓头痛的三大难题是：①京城内烧砖无土：修建皇宫需要很多用来烧砖的泥土，可是京城中空地很少，取土要到郊外挖，路途遥远，得花很多的劳力；②大量建筑材料很难运到城内：修建皇宫所需大批建筑材料，都需从外地运来，而汴河在汴京郊外，距离皇宫很远，从码头运到皇宫还需很多人搬运；③清墟时无处堆放大量建筑垃圾：从被烧毁的皇宫清理出很多碎砖破瓦，以及修复后的建筑垃圾等都需要清

运出京城，运输问题同样很棘手。如何在规定时间内按照圣旨要求完成皇宫修复任务，做到又快又好呢？丁谓经过精确测量和周密思考，终于想出了一个巧妙的施工方案，不但提前完成了工程，而且"省费以亿万计"——节省了大量资金。

丁谓首先让人把烧毁皇宫前面的大街挖成一条又深又宽的沟渠，用挖出的泥土作为施工用土备用，就地取材，解决了无土烧砖的第一个难题；其次，他再把汴京郊外的汴河水引入挖好的沟渠内，使又深又宽的沟渠变成了一条临时运河，这样运送砂子、石料、木头等建筑材料的船只、木排能够直接驶往建筑工地，解决了建筑材料运输难的问题；最后，当建筑材料齐备，运输任务完成后，再将沟渠里的水排掉，并把修复皇宫的废弃物——建筑垃圾填入沟渠，使沟渠重新变为平地，这样又恢复了皇宫前面宽阔的街道。这也是历史上成语"一举三得"的由来。

丁谓不仅节约了工期和费用，而且使工地秩序井然，使城内交通和生活秩序不受施工太大影响。工程原先估计需15年建成，而丁谓征集动用数万工匠，严令日夜不得停歇，只用了7年时间便建成完工，并节省费用以亿万计，深得皇帝赞赏。

因此，我们应传承先辈们因地制宜、统筹规划的运筹思维，秉持节约资源、绿色环保、可持续发展的理念开展工程建设。这与党的二十大精神相统一，党的二十大报告明确指出要推进美丽中国建设，"协同推进降碳、减污、扩绿、增长，推进生态优先、节约集约、绿色低碳发展"。

2.1 建设工程造价的构成要素

建设工程造价的大额性特点让人们产生了疑问：建设工程造价由哪些费用构成呢？根据国家发展改革委和原建设部发布的《建设项目经济评价方法与参数（第三版）》（发改投资〔2006〕1325号）的规定，对于生产性建设项目（如工业建设项目），建设项目总投资包括建设投资、建设期贷款利息和流动资产投资三部分；对于非生产性建设项目（如住宅小区），建设项目总投资包括建设投资和建设期贷款利息两部分。而建设投资和建设期贷款利息共同构成了固定资产投资，固定资产投资与建设工程造价在量上是相等的。固定资产投资的构成要素如图2.1所示。

由图2.1可知，建设工程造价是由建设投资和建设期贷款利息共同构成。其中，建设投资包括工程费用、预备费和工程建设其他费三项内容。工程费用是指在建设期内直接用于工程建设、设备及工器具购置及安装的建设投资，包括建筑工程费、安装工程费和设备及工器具购置费三部分；预备费是指在建设期内为各种不可预见因素的发生而预留的可能增加的费用，包括基本预备费和涨价预备费；工程建设其他费是指发生的土地使用费、与项目建设有关的其他费用和与未来企业生产经营有关的其他费用三部分。

根据资金时间价值和市场价格运行特点，固定资产投资又可分为静态投资和动态投资两部分。静态投资是不考虑资金时间价值和市场价格波动，以某一基准时间点的价格为依据，计算出在此时间点的建设投资的瞬时值，包括工程费用、工程建设其他

2.2 设备及工器具购置费的构成

费和基本预备费。动态投资是指在考虑资金时间价值和市场价格波动的情况下，为完成建设项目所需要的建设投资额，除包括静态投资额之外，还包括涨价预备费和建设期利息。动态投资较符合市场行为，使投资额的确定、计划、控制更加符合实际。静态投资和动态投资密切相关，动态投资包含静态投资，静态投资是动态投资最主要的组成部分，也是动态投资的计算基础。

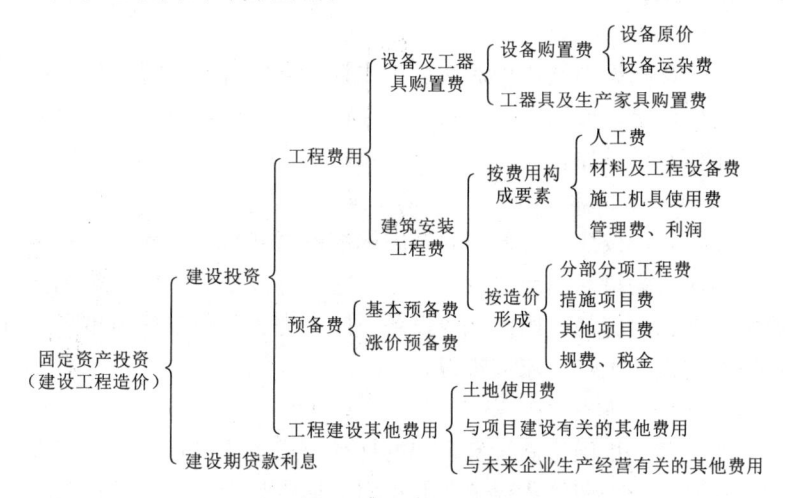

图 2.1 固定资产投资的构成要素

2.2 设备及工器具购置费的构成

设备及工器具购置费由设备购置费、工器具及生产家具购置费组成。它是固定资产投资中的积极部分，在生产性建设项目中，设备和工器具购置费用占工程造价比重的增大，意味着生产技术的进步和资本有机构成的提高。设备及工器具购置费的构成如图 2.2 所示。

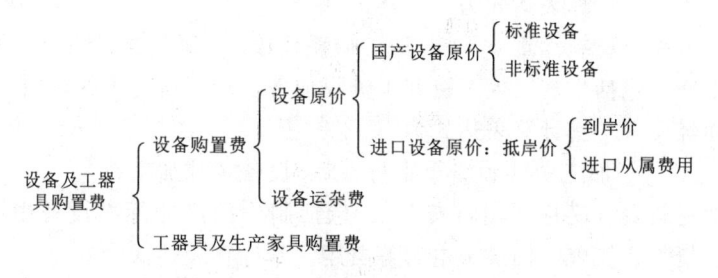

图 2.2 设备及工器具购置费的构成

2.2.1 设备购置费的构成

设备购置费是指为建设项目购置或自制的达到固定资产标准的各种国产或进口设备所需费用及其运杂费。这里的固定资产标准是指使用年限在一年以上，单位价值在国家或各主管部门规定的额度以上，并且在使用过程中保持原有实物形态的资产。设

备购置费的计算表达式为

$$设备购置费 = 设备原价 + 设备运杂费 \quad (2.1)$$

式中的设备原价分为两种情况：如果是国产设备，则指设备制造厂的交货价或订货合同价；如果是进口设备，则指国外设备的抵岸价。设备原价通常包括备品备件费。设备运杂费是指除设备原价之外的设备采购、运输、包装及仓库保管等支出费用的总和。

2.2.1.1 国产设备原价的构成

国产设备原价是指设备制造厂的交货价或订货合同价，一般根据生产厂商或供应商的报价、合同价确定，或采用一定的方法计算确定。国产设备原价分为国产标准设备原价和国产非标准设备原价。

1. 国产标准设备原价

国产标准设备是指按照主管部门颁布的标准图纸和技术要求，由我国生产厂家批量生产，符合国家质量检测标准的设备。由于它是标准设备，而且是批量生产，所以它的原价确定起来比较容易。国产标准设备一般有完善的设备交易市场，可查询相关市场交易价格或向设备生产厂家询价得到。

2. 国产非标准设备原价

国产非标准设备是指国家尚没有定型的标准，设备生产厂家不可能在生产中采用批量生产的方式，只能按照订货要求，并根据具体设计图纸制造的设备。国产非标准设备由于单件生产、无定型标准，所以无法获取市场交易价格，只能按其成本构成或相关技术参数估算其价格。

国产非标准设备原价有多种估算方法，如成本计算估价法、分部组合估价法、定额估价法、系列设备插入估价法等。不论采用哪种方法都应使国产非标准设备计价的准确度接近实际出厂价，而且计算方法简单便捷。这里成本计算估价法是一种比较常用的估算方法。按照该计算方法，国产非标准设备原价主要包括材料费、加工费、辅助材料费、专用工具费、废品损失费、外购配套件费、包装费、利润、税金、设计费等。具体计算如下：

（1）材料费：其计算表达式为

$$材料费 = 材料净重 \times (1 + 加工损耗系数) \times 每吨材料综合单价 \quad (2.2)$$

（2）加工费：包括生产工人工资和工资附加费、加工所耗用的燃料动力费、设备折旧费、车间经费等。其计算表达式为

$$加工费 = 设备总重量(t) \times 设备每吨加工费 \quad (2.3)$$

（3）辅助材料费（简称"辅材费"）：包括制作国产非标准设备中所需的焊条、焊丝、氧气、氩气、氮气、油漆、电石等费用。其计算表达式为

$$辅助材料费 = 设备总重量 \times 辅助材料费指标 \quad (2.4)$$

（4）专用工具费：为生产非标准设备而专门制作或购买工具所需的费用。按照上述（1）～（3）项之和乘以一定的百分比计算：

$$专用工具费 = (材料费 + 加工费 + 辅助材料费) \times 专用工具费费率 \quad (2.5)$$

（5）废品损失费：生产国产非标准设备时由于缺乏经验而出现废品导致损失的费用。按上述（1）～（4）项之和乘以一定百分比计算：

2.2 设备及工器具购置费的构成

$$废品损失费 = (材料费 + 加工费 + 辅助材料费 + 专用工具费) \\ \times 废品损失费费率 \quad (2.6)$$

（6）外购配套件费：按照设备设计图纸所列的外购配套件的名称、型号、规格、数量、重量等，根据其相应的价格加运杂费计算。

（7）包装费：为方便非标准设备运输，并保护其免受损害而进行包装所需的费用。按上述（1）～（6）项之和乘以一定百分比计算：

$$包装费 = (材料费 + 加工费 + 辅助材料费 + 专用工具费 + 废品损失费 \\ + 外购配套件费) \times 包装费费率 \quad (2.7)$$

（8）利润：可按上述（1）～（5）项之和，再加第（7）项之和乘以一定利润率计算。需要注意的是，在国产非标准设备原价计算中，外购的配套件费只计取包装费和税金，不计取利润。即

$$利润 = (材料费 + 加工费 + 辅助材料费 + 专用工具费 + 废品损失费 \\ + 包装费) \times 利润率 \quad (2.8)$$

（9）税金：主要指增值税。其计算表达式为

$$增值税 = 当期销项税额 - 当期进项税额 \quad (2.9)$$

当期销项税额：上述（1）～（8）项累加之和，乘以增值税税率，即

$$当期销项税额 = (材料费 + 加工费 + 辅助材料费 + 专用工具费 + 废品损失费 \\ + 外购配套件费 + 包装费 + 利润) \times 增值税税率 \quad (2.10)$$

（10）非标准设备设计费：按国家规定的设计费收费标准计算。

综上，单台非标准设备原价计算表达式为

$$非标准设备原价 = \{[(材料费 + 加工费 + 辅助材料费) \times (1 + 专用工具费费率) \\ \times (1 + 废品损失费费率) + 外购配套件费] \\ \times (1 + 包装费费率) - 外购配套件费\} \\ \times (1 + 利润率) + 销项税额 - 进项税额 + 设计费 \\ + 外购配套件费 \quad (2.11)$$

注意：在非标准设备原价计算中，外购配套件费只计取包装费和税金，不计取利润。设计费不计取利润和税金。

【例 2.1】 某工程采购一台国产的非标准设备，制造厂生产该台设备所用的材料费是 20 万元，加工费 2 万元，辅助材料费为 4000 元，制造厂为制造该设备，在材料的采购过程中发生进项的增值税额为 3.5 万元，专用工具费率为 1.5%，废品损失费率为 10%，外购配套件费 5 万元，包装费费率为 1%，利润率为 7%，增值税税率为 17%，非标准设备的设计费是 2 万元，求该国产的非标准设备的原价。

解 专用工具费 = (20+2+0.4)×1.5% = 0.336（万元）
废品损失费 = (20+2+0.4+0.336)×10% = 2.274（万元）
包装费 = (20+2+0.4+0.336+2.274+5)×1% = 0.3（万元）
利润 = (20+2+0.4+0.336+2.274+0.3)×7% = 1.772（万元）
销项税额 = (20+2+0.4+0.336+2.274+5+0.3+1.772)×17% = 5.454（万元）
该国产非标准设备的原价 = 20+2+0.4+0.336+2.274+5+0.3+1.772+5.454−

3.5+2=36.036(万元)

2.2.1.2 进口设备原价的构成

1. 进口设备原价的定义

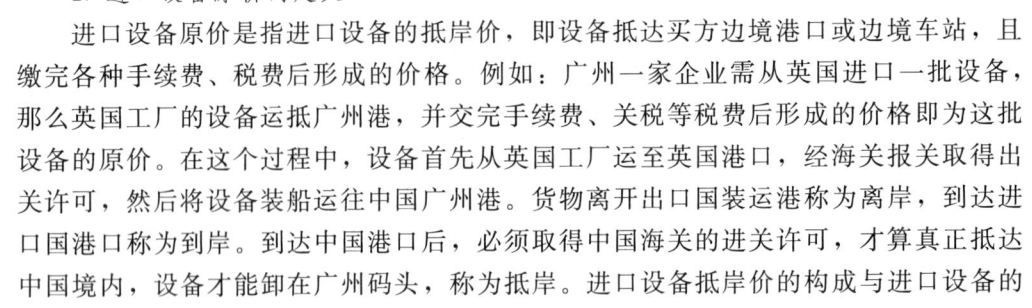

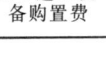

进口设备原价是指进口设备的抵岸价,即设备抵达买方边境港口或边境车站,且缴完各种手续费、税费后形成的价格。例如:广州一家企业需从英国进口一批设备,那么英国工厂的设备运抵广州港,并交完手续费、关税等税费后形成的价格即为这批设备的原价。在这个过程中,设备首先从英国工厂运至英国港口,经海关报关取得出关许可,然后将设备装船运往中国广州港。货物离开出口国装运港称为离岸,到达进口国港口称为到岸。到达中国港口后,必须取得中国海关的进关许可,才算真正抵达中国境内,设备才能卸在广州码头,称为抵岸。进口设备抵岸价的构成与进口设备的交货类别有直接关系。

2. 进口设备的交货类别

进口设备的交货类别主要包括内陆交货类、目的地交货类、装运港交货类。

(1) 内陆交货类:指卖方在出口国内陆的某个地点交货。在交货地点,卖方提供合同规定的货物和相关凭证,并负担交货前的一切费用和风险;买方按时接收货物,交付货款,承担收货后一切费用和风险,并自行办理出口手续和装运出口。货物的所有权在交货后由卖方转移给买方。这种交货方式对于买方来说承担的风险较大,在国际贸易中买方一般不愿意采用。

(2) 目的地交货类:指卖方在进口国的港口或内地交货。这类交货方式买卖双方承担的费用和风险是以目的地交货地为分界线。只有当卖方在交货地将货物给予买方控制时才算交货,才能向买方收取货款,这种交货方式对于卖方风险较大,在国际贸易中卖方一般不愿意采用。

(3) 装运港交货类:指卖方在出口国装运港交货。在装运港,当货物越过船舷,卖方即完成交货。但交货后货物灭失或损坏的风险,以及由于各种事件造成的任何额外费用都由卖方转移到买方。常用的交货价有以下三种:

1) 离岸价(free on board,FOB),指装运港船上交货价。设备在出口国装运港被装上指定货船时,卖方完成交货,此时的交易价格包括离开出口国港口前的所有费用。完成交货的同时,风险也相应转移,以在指定装运港货物被装上指定货船时为分界点。费用划分与风险转移的分界点一致。FOB是我国进口设备采用最多的一种货价。

2) 运费在内价(cost and freight,CFR),指成本加运费。设备也是在装运港口被装上指定货船时,卖方即完成交货。但是卖方必须支付将货物运送至指定目的港所需的运费,交货后,货物灭失或损坏的风险,以及由于各种事件造成的任何额外费用都由卖方转移到买方。与FOB相比,CFR的费用划分与风险转移的分界点不一致:交货后,风险转移,但是卖方需要支付海上运费。

3) 到岸价(cost insurance and freight,CIF),指成本加上保险、运费。设备同样是在装运港离岸前交货,卖方除承担CFR相同的义务外,还需办理途中遭遇海啸、海盗等货物灭失或损坏风险的运输保险费。买方应注意:CIF只要求卖方投保最低险别的运输保险。如果买方需要更高的保险险别,则需要与卖方明确达成协议,或者自行做出额外的保险安排。除保险义务外，买方的义务与CFR相同。

上述三种交货价无论采用哪种类型，到达中国港口后，买方均需按照国家规定办理进口清关手续，交纳外贸手续费、关税、消费税等进口从属费用，货物才算真正抵达中国境内。在此之前发生的所有费用之和即为抵岸价，又称"进口设备原价"。因此，抵岸价通常由到岸价（CIF）和进口从属费构成。进口从属费是指进口设备在办理进口手续过程中发生的应计入设备原价的银行财务费、外贸手续费、进口关税、消费税等。

目前，我国进口设备采用最多的是装运港船上交货价（FOB）。那么它的抵岸价，即原价就包括进口设备货价、国际运费、运输保险费、银行财务费、外贸手续费、关税、增值税、消费税等，如果是进口车辆，还需要缴纳进口车辆购置附加费。这些费用共同构成了进口设备原价。

3. 进口设备原价的计算

生活常识告诉我们，进口物品通常偏贵，原因是什么呢？下面借助进口设备原价的计算一探究竟。进口设备的原价即为进口设备的抵岸价，抵岸价通常由进口设备到岸价和进口设备从属费用构成。

（1）到岸价的计算。

1）进口设备货价。一般指FOB，包括原币货价和人民币货价。如果是原币货价，则折算为美元表示；如果是人民币货价，按原币货价乘以外汇市场美元兑换人民币汇率中间价确定。

2）国际运费。是指从装运港到达我国抵达港的运费，运输方式包括海、陆、空三种。我国进口设备主要采用海洋运输方式，小部分采用铁路运输方式，个别采用航空运输方式。计算表达式为

$$国际运费 = FOB \times 运费率 \qquad (2.12)$$

或
$$国际运费 = 运输量 \times 单位运价 \qquad (2.13)$$

式中的运费率和单位运价参照有关部门或进口公司的规定执行。

3）运输保险费。运输保险是由保险人与被保险人订立保险契约，在被保险人交付保险费后，保险人根据保险契约的规定，对货物在运输过程中发生的承保责任范围内的损失给予经济上的补偿，是一种财产保险。

$$运输保险费 = (货价 + 国际运费 + 运输保险费) \times 保险费费率 \qquad (2.14)$$

因此，运输保险费的计算表达式为

$$运输保险费 = \frac{FOB + 国际运费}{1 - 保险费费率} \times 保险费费率 \qquad (2.15)$$

式中，保险费率按保险公司规定的进口货物保险费率计算。

上述FOB价、国际运费和运输保险费三项之和，共同构成了到岸价，即CIF价。

（2）进口设备从属费用的计算。

1）银行财务费。银行财务费是指在国际贸易结算中，中国银行为进出口商提供金融结算服务所收取的费用。由人民币货价乘以银行财务费费率，银行财务费费率通常取 $0.4\% \sim 0.5\%$。

银行财务费＝离岸价(FOB)×人民币外汇汇率×银行财务费费率　　(2.16)

2）外贸手续费。外贸手续费是指委托具有外贸经营权的经贸公司采购而发生的费用。外贸手续费费率一般取1.5%，计算表达式为

外贸手续费＝(FOB＋国际运费＋运输保险费)×外贸手续费费率　　(2.17)

3）关税。关税是海关对进出国境或关境的货物和物品征收的一种税。计算表达式为

关税＝到岸价(CIF)×进口关税税率　　(2.18)

到岸价作为关税的计征基数时，通常又称为关税完税价格。进口关税的税率分为优惠税率和普通税率两种。优惠税率适用于与我国签订了关税互惠条款的贸易条约或协定的国家的进口设备；普通关税税率适用于与我国没有签订关税互惠条款的贸易条约或协定的国家的进口设备。进口关税税率按照我国海关总署发布的进口关税税率计算。

4）消费税。消费税仅对部分进口设备（如轿车、摩托车等）征收。

消费税＝(到岸价＋关税＋消费税)×消费税税率　　(2.19)

因此，消费税的计算表达式为

$$消费税 = \frac{到岸价 + 关税}{1 - 消费税税率} \times 消费税税率 \quad (2.20)$$

式中，消费税税率根据规定的税率计算。

5）增值税。进口环节增值税是对于从事进口贸易的单位或个人，在进口设备报关进口后征收的税种。我国增值税条例规定，进口应税产品均按组成计税价格乘以增值税税率，直接计算纳税额。即

进口环节增值税＝组成计税价格×增值税税率　　(2.21)

组成计税价格为关税完税价格（CIF）、关税和消费税之和。增值税税率根据规定的税率计算，目前进口设备的增值税税率为17%。

6）进口车辆购置附加费。进口车辆购置附加费是指进口车辆需缴纳进口车辆购置附加费用。其计算表达式为

进口车辆购置附加费＝(到岸价＋关税＋消费税＋增值税)
×进口车辆购置附加费率　　(2.22)

7）海关监管手续费。海关监管手续费是指海关对于进口减税、免税、保税货物实施监督、管理、提供服务的手续费。对于全额征收进口关税的货物不计这一项费用。即

海关监管手续费＝到岸价×海关监管手续费率(海关监管手续费率一般为0.3%)
　　(2.23)

【例2.2】　假如从某个国家进口设备，设备质量是1000t，装运港船上交货价为400万美元，工程建设项目位于国内某省会城市，如果国际运费标准是300美元/t，海上运输保险费率为3‰，银行财务费费率为5‰，外贸手续费费率为1.5%，关税税率为22%，增值税税率为17%，消费税税率为10%，银行外汇牌价为1美元兑换6.3元人民币，对该设备的原价进行估算。

2.2 设备及工器具购置费的构成

解 进口设备货价 FOB＝400×6.3＝2520(万元)

国际运费＝300×1000×6.3＝189(万元)

海运保险费 $=\dfrac{2520+189}{1-3‰}\times 3‰=8.15$(万元)

CIF＝2520＋189＋8.15＝2717.15(万元)

银行财务费＝2520×5‰＝12.6(万元)

外贸手续费＝2717.15×1.5%＝40.76(万元)

关税＝2717.15×22%＝597.77(万元)

消费税 $=\dfrac{2717.75+597.77}{1-10\%}\times 10\%=368.32$(万元)

增值税＝(2717.75＋597.77＋368.32)×17%＝626.15(万元)

因此，进口从属费＝12.6＋40.76＋597.77＋368.32＋626.15＝1645.6(万元)

进口设备原价＝CIF＋进口从属费＝2717.15＋1645.6＝4362.75(万元)

综上所述，进口设备原价即为抵岸价，除了包括进口设备货价之外，还包含了国际运费、保险费，以及银行财务费、关税等进口从属费，因此同性能的设备，进口设备价格比国产设备高出很多的原因就在于此。

2.2.1.3 设备运杂费的构成

不论是国产设备还是进口设备，设备购置费都包括了设备原价和设备运杂费。设备运杂费通常由以下几项费用构成：

(1) 运费和装卸费：对于国产设备，其运费和装卸费是由设备制造厂交货地点起，至工地仓库或者施工组织设计指定的需要安装设备的堆放地点为止，其间所发生的运费和装卸费；对于进口设备，运费和装卸费是指从我国到岸港口或边境车站起，至工地仓库或者施工组织设计指定的需要安装设备的堆放地点为止，所发生的运费和装卸费。例如，卸在广州港的设备经国内运输才能到达目的地，在此期间发生的运费和装卸费。

(2) 包装费。该费用是指在设备原价中没有包含的，为了方便运输需要进行包装支出的包装费。如果在设备出厂价或者进口设备的抵岸价中已经包含了此项费用，不再重复计算。

(3) 设备供销部门的手续费。该费用仅发生在具有设备供销部门这一中间环节，其费用按有关部门规定的统一费率计算。

(4) 采购与仓库保管费。该费用指采购、验收、保管和收发设备所发生的各种费用，包括设备采购人员、保管人员和管理人员的工资、工资附加费、办公费、差旅交通费、设备供应部门办公和仓库所占固定资产使用费、工具用具使用费、劳动保护费、检验试验费等。这些费用按主管部门规定的采购与保管费费率计算。

综上所述，设备运杂费计算表达式为

$$设备运杂费 = 设备原价 \times 设备运杂费费率 \tag{2.24}$$

式中，设备的运杂费费率通常按各部门及各省、市等的规定来计取。一般来说，沿海和交通便利地区，设备运杂费费率相对低一些，内地和交通不是很便利的地区相对高一些，偏远省份则更高一些。对于非标准设备，应尽量就近委托制造厂制造，以大幅降低设备的运杂费。对于进口设备，由于原价较高，国内运距较短，因而运杂费率应适当降低。

2.2.2 工器具及生产家具购置费

工器具及生产家具购置费是指新建或扩建项目初步设计规定的，保证初期正常生产必须购置的没有达到固定资产标准的设备、仪器、工卡模具、器具、生产家具和备品备件等的购置费用。一般以设备购置费为计算基数，按照工器具及生产家具费率来计算。计算表达式为

$$工器具及生产家具购置费 = 设备购置费 \times 定额费率 \quad (2.25)$$

式中，定额费率是按照行业或部门规定的工器具及生产家具费费率计算。

2.3 建筑安装工程费的分类及其构成

建筑安装工程费是按照施工图的设计内容进行建造、安装等施工生产所需费用，包括建筑工程费和安装工程费。根据住房城乡建设部、财政部《关于印发〈建筑安装工程费用项目组成〉的通知》（建标〔2013〕44号），我国现行建筑安装工程费有两种不同的分类方法：一是按照费用构成要素进行划分，包含人工费、材料费、施工机具使用费、企业管理费、利润、规费和税金等；二是按照工程造价的形成划分，包含分部分项工程费、措施项目费、其他项目费、规费和税金。建筑安装工程费项目组成如图 2.3 所示。

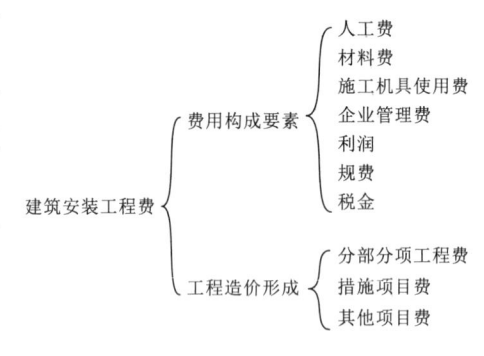

图 2.3 建筑安装工程费项目组成

2.3.1 建筑安装工程费的第一种分类及其构成

建筑安装工程费的第一种分类是按照其构成要素划分，包括人工费、材料费、施工机具使用费、企业管理费、利润、规费和税金等构成要素。

2.3.1.1 人工费

人工费是指支付给直接从事建筑安装工程施工作业的生产工人和附属生产单位工人的各项费用。

1. 人工费的构成

（1）工资性收入：按计时工资标准和工作时间或按计件单价支付给个人的劳动报酬。

（2）社会保险费：在社会保险基金的筹集过程中，企业按照规定的数额和期限向社会保险管理机构缴纳的费用，包括基本养老保险费、基本医疗保险费、工伤保险费、失业保险费和生育保险费。

（3）住房公积金：企业按规定标准为职工缴纳的住房公积金。

(4) 工会经费：遵循《中华人民共和国工会法》规定，按照全部职工工资总额比例计提的工会经费。

(5) 职工教育经费：按职工工资总额的规定比例计提，企业为职工进行专业技术和职业技能培训、专业技术人员继续教育、职工职业技能鉴定、职业资格认定以及根据需要对职工进行各类文化教育所发生的费用。

(6) 职工福利费：企业为职工提供的除职工工资性收入、职工教育经费、社会保险费和住房公积金以外的福利待遇支出。

(7) 特殊情况下支付的工资：根据国家法律、法规和政策规定，因病、婚丧假、事假、探亲假、定期休假、停工学习、高温作业、执行国家或社会义务等原因按计时工资标准或计时工资标准的一定比例支付的工资。

2. 人工费的计算

人工费的基本要素有两项，即人工工日消耗量和人工工日单价。由各类人工工日消耗量乘以各自的工日单价，累加求和求得。计算表达式为

$$人工费 = \sum(工日消耗量 \times 工日单价) \quad (2.26)$$

(1) 工日消耗量：指在正常的施工生产条件下，完成规定计量单位的建筑安装工程产品所消耗的生产工人的工日数量。计算表达式为

$$工日消耗量 = 工程量 \times 定额单位工程量所需的人工消耗量 \quad (2.27)$$

式 (2.27) 中，工程量是按照国家或地方颁布的现行预算定额（或消耗量定额）工程量计算规则，根据施工图纸计算出的工程量；定额单位工程量所需的人工消耗量可以查阅预算定额或消耗量定额得到数值。在确定工程量和定额单位工程量所需的人工消耗量之后，即可计算出人工工日消耗量。

(2) 工日单价：指直接从事施工生产的工人，在每个法定工作日的工资。工日单价一般在建筑安装工程施工合同中约定，各地的工程造价管理机构也会定期发布当地工日工资标准。

2.3.1.2 材料费

材料费是指在工程施工过程中耗费的各种原材料、半成品、成品、构配件、工程设备的费用，以及周转使用材料的摊销或租赁费用。

1. 材料费的构成

(1) 材料原价：指材料、工程设备的出厂价格或商家供应价格。

(2) 运杂费：指材料、工程设备自来源地运至工地仓库或指定堆放地点所发生的包装、捆扎、运输、装卸等费用。

(3) 运输损耗费：指材料在运输装卸过程中不可避免的损耗费用。

(4) 采购及保管费：指为组织采购和保管材料、工程设备的过程中，所需要的各项费用，包括采购费、仓储费、保管费及仓储损耗费。

2. 材料费的计算

计算材料费的要素有两项，即材料消耗量和材料单价。材料费的计算表达式如下：

$$材料费 = \sum(材料消耗量 \times 材料单价) \quad (2.28)$$

(1) 材料消耗量。材料消耗量是指在正常生产条件下，完成规定计量单位的建筑安装产品，所消耗的各类材料的净用量和不可避免的损耗量。材料消耗量是由施工图中的工程量与定额单位工程量所需的材料消耗量乘积得到。材料消耗量用式（2.29）算出：

$$\text{材料消耗量} = \text{工程量} \times \text{定额单位工程量所需的材料消耗量} \quad (2.29)$$

式中的工程量和定额单位材料消耗量的确定，与人工消耗量的确定方法一样：工程量仍然是按照国家或地方颁布的现行预算定额或消耗量定额规定的计算规则，根据施工图纸计算出的工程量；定额单位工程量所需的材料消耗量可以查看预算定额或消耗量定额得到数值，这里的定额材料消耗量中已经包括了不可避免的损耗量。

(2) 材料单价。材料单价包括材料的原价、运杂费、运输的损耗费和采购保管费。主要材料单价由各地工程造价管理机构定期发布的信息价或双方确认的市场价确定。

(3) 工程设备费。在材料费里还有一部分是工程设备的费用，这里的工程设备是指构成或计划构成永久工程一部分的机电设备、金属结构设备、仪器装置及其他类似的设备和装置。其计算表达式如下：

$$\text{工程设备费} = \sum(\text{工程设备量} \times \text{工程设备单价}) \quad (2.30)$$

式中，工程设备量是根据图纸计算获取；工程设备单价按照双方确认的市场价格确定。

2.3.1.3 施工机具使用费

施工机具使用费是指施工作业时所发生的施工机械使用费和施工仪器仪表使用费。

1. 施工机械使用费

(1) 施工机械使用费的构成。施工机械使用费由下列 7 项费用组成：

1) 折旧费：施工机械在规定的耐用总台班内，陆续收回其原值的费用。

2) 检修费：施工机械在规定的耐用总台班内，按规定的检修间隔进行必要的检修，以恢复其正常功能所需的费用。

3) 维护费：施工机械在规定的耐用总台班内，按规定的维修间隔进行各级维护和临时故障排除所需的费用。维护费包括：保障机械正常运转所需替换设备与随机配备工具附具的摊销费用、机械运转及日常维护所需润滑与擦拭的材料费用及机械停滞期间的维护费用等。

4) 安拆费：施工机械在现场进行安装与拆卸所需的人工、材料、机械和试运转费用以及机械辅助设施的折旧、搭设、拆除等费用。

5) 机上人工费：机上司机（司炉）和其他操作人员的工作日人工费及上述人员在施工机械规定的年工作台班以外的人工费。

6) 燃料动力费，指施工机械在运转作业中所消耗的各种燃料、水、电等费用。

7) 其他费用：施工机械按照国家规定应缴纳的车船税、保险费及检测费等。

(2) 施工机械使用费的计算。施工机械使用费是以机械台班耗用量乘以台班单价表示。其计算表达式如下：

2.3 建筑安装工程费的分类及其构成

$$施工机械使用费 = \sum(机械台班消耗量 \times 台班单价) \quad (2.31)$$

机械台班消耗量是指在正常的施工生产条件下完成规定计量单位的建筑安装产品，所消耗的施工机械台班的数量。机械台班消耗量等于工程量乘以定额单位施工机械台班的消耗量，计算过程与人工费和材料费的计算方法完全一样；施工机械的台班单价是指折合到每一个台班的施工机械的使用费。因此，台班单价可以表述为

$$台班单价 = 台班折旧费 + 台班检修费 + 台班维护费 + 台班安拆费$$
$$+ 台班人工费 + 台班燃料动力费 + 台班车船税费 \quad (2.32)$$

机械台班单价一般由工程造价管理机构发布的施工机械台班单价确定。施工企业可以参考工程造价管理机构发布的机械台班单价，自主确定施工机械使用费。

2. 仪器仪表使用费

仪器仪表使用费是指工程施工所需使用的仪器仪表的折旧费、维护费、校验费及动力费等。一般由工程造价管理机构发布的仪器仪表台班单价确定。其构成包括以下4个方面：

（1）折旧费：施工仪器仪表在耐用总台班内，陆续收回其原值的费用。

（2）维护费：施工仪器仪表各级维护、临时故障排除所需的费用以及保证仪器仪表正常使用所需备品备件的维护费用。

（3）校验费：按国家与地方政府规定的标定与检验费用。

（4）动力费：施工仪器仪表在使用过程中所耗用的电费。

2.3.1.4 企业管理费

建筑安装工程离不开人工、材料和施工机具这三项生产要素，那么高效组织这些生产要素，就必然会发生企业管理费。企业管理费是指施工企业组织施工生产和经营管理所需要的费用。它包含的内容非常多，主要包括以下几方面：

（1）管理人员薪酬：管理人员的人工费，内容包括工资性收入、社会保险费、住房公积金、工会经费、职工教育经费、职工福利费及特殊情况下支付的工资等。这里所说的特殊情况主要是指因病、工伤、产假、计划生育假、婚丧假、事假、探亲假、停工学习等原因，按照工资标准的一定比例支付的工资。

（2）办公费：指企业办公所用的文具、纸张、账表、印刷、邮寄、书报、办公软件、现场监控、会议、水电、烧水、集体取暖或降温（包括现场临时宿舍取暖或降温）等所发生的费用。

（3）差旅交通费：指职工因公出差的差旅费、市内交通费和误餐补助费，以及管理部门使用的交通工具的油料、燃料、年检等费用。

（4）施工单位进退场费：施工单位根据建设需要，派遣生产人员和施工机具从基地迁往工程所在地或从一个项目迁往另一个项目所发生的搬迁费，包括生产工人调遣的差旅费，调遣转移期间的工资、行李运费，施工机械、工具、用具、周转性材料及其他施工装备的搬运费用等。

（5）非生产性固定资产使用费：管理、试验部门及附属生产单位使用的属于非生产性固定资产的房屋、车辆、设备、仪器等的折旧、大修、维修或租赁费。

2.7 企业管理费和利润

(6) 工具用具使用费：企业施工生产和管理使用的不属于固定资产的工具、器具、家具、交通工具和检验、试验、测绘、消防用具等的购置、维修和摊销费。

(7) 劳动保护费：企业按规定发放的劳动保护用品的支出，如工作服、手套、防暑降温饮料以及在有碍身体健康的环境中施工的保健费用等。

(8) 财务费：企业为施工生产筹集资金或提供预付款担保、履约担保、职工工资支付担保等所发生的各种费用。

(9) 税金：企业按规定缴纳的房产税、非生产性车船使用税、土地使用税、印花税、消费税、资源税、环境保护税、城市维护建设税、教育费附加、地方教育附加等各项税费。

(10) 其他管理性的费用：包括技术转让费、技术开发费、投标费、业务招待费、绿化费、广告费、公证费、法律顾问费、审计费、咨询费、保险费、劳动力招募费、企业定额编制费、远程视频监控费、信息化购置运维费、采购材料的自检费用等。

以上企业管理费内容繁杂，很难一项一项测算。通常用式（2.33）来计算：

$$企业管理费 = 取费基数 \times 企业管理费费率 \quad (2.33)$$

式中，取费基数通常有三种情况：可以是分部分项工程费，也可以是人工费和施工机具费的合计，也可以仅仅是人工费。具体采用哪一种可以根据各省市工程造价管理机构颁布的计价定额。以广东省为例，其取费基数采用分部分项的人工费与施工机具费之和作为取费基数。

企业管理费费率一般通过查阅各省市工程造价管理机构颁布的计价定额或综合定额获得。以广东省为例，通过查询《广东省房屋建筑与装饰工程综合定额》（2018）管理费分摊费率表得到，见表2.1。

表2.1 管理费分摊费率表

序号	专业章		计算基础	管理费分摊费率/%
1	土石方工程		分部分项的 （人工费＋施工机具费）	15.5
2	围护与支护工程			17.38
3	桩基础工程			17.38
4	砌筑工程			15.14
5	混凝土及钢筋混凝土工程			28.75
6	装配式混凝土结构、建筑构件及部品工程	装配式混凝土结构工程		28.75
		建筑构件及部品工程		14.66
7	金属结构工程	1. 金属结构构件运输		14.47
		2. 钢结构构件安装措施项		
		除1、2外		28.94
8	木结构工程			15.43
9	门窗工程			14.66
10	屋面及防水工程			14.46
11	保温、隔热、防腐工程			14.46

续表

序号	专 业 章	计算基础	管理费分摊费率/%
12	楼地面工程	分部分项的 (人工费+施工机具费)	17.73
13	墙柱面装饰、隔断及幕墙工程		15.50
⋮	⋮		⋮
24	成品保护工程		14.35
25	井点降水工程		13.75

2.3.1.5 利润

利润是建设工程造价的组成部分，它反映企业组织施工生产带来的回报，也是承包工程应收取的合理酬金。对于招投标工程，施工企业在投标报价时，须根据自身状况，并结合建筑市场的实际情况，自主确定利润，并列入报价中。建设单位在编制招标控制价时，通常以工程造价管理机构颁布的计价定额中利润率为参照。例如，《广东省房屋建筑与装饰工程综合定额》（2018）关于利润说明中指出，利润在工程计价中，列入各分项费用内，以人工费与施工机具费之和作为基础，取利润率20%计算工程利润。当然20%只是指导性标准，供承发包双方参考，或按照招标文件规定和合同约定来执行。

2.3.1.6 规费

规费是按照国家法律法规的规定，由省级政府和省级有关权力部门规定的，施工企业必须缴纳或计取的费用。规费不得作为竞争性费用。根据住房城乡建设部、财政部《关于印发〈建筑安装工程费用项目组成〉的通知》（建标〔2013〕44号），规费主要包括社会保险费、住房公积金、工程排污费等三部分。各地方政府对规费的规定有所不同，具体以各地方规定为准。例如，广东省把社会保险费、住房公积金已经纳入人工费中，不再作为规费的一部分。而对于工程排污费，自2018年1月1日起，在全国范围内统一停征，因此广东省已取消规费这项内容。

2.3.1.7 税金

税金是按照国家税法规定，应计入建筑安装工程造价内的增值税额，按税前造价乘以增值税税率来计算。计算表达式为

$$增值税额 = 税前造价 \times 增值税税率 \tag{2.34}$$

税前造价为人工费、材料费、施工机具使用费、企业管理费、利润和规费（如果不列规费直接取零）之和；或分部分项工程费、措施项目费、其他项目费、规费（同前）之和。根据《营业税改增值税试点实施办法》（2016）以及《营业税改增值税试点有关事项的规定》（2016）进行计算。税金也不得作为竞争性费用。

2.3.2 建筑安装工程费的第二种分类及其构成

建筑安装工程费的第二种分类是按工程造价的形成进行划分，包括分部分项工程费、措施项目费、其他项目费、规费和税金。

2.3.2.1 分部分项工程费

分部分项工程费是指各专业工程的分部分项工程应予以列支的各项费用。在这里

2.8 建筑安装工程费（按形成）

所说的专业工程，是按照现行国家计量规范划分的，包括房屋建筑与装饰工程、通用安装工程、市政工程、园林绿化工程、城市轨道交通工程等各类专业工程。各专业工程又划分为不同的分部分项工程。比如房屋建筑与装饰工程划分为土石方工程、地基处理与桩基工程、砌筑工程、钢筋与钢筋混凝土工程等分部分项工程。分部分项工程费的计算表达式如下所示：

$$\text{分部分项工程费} = \sum(\text{分部分项工程量} \times \text{综合单价}) \tag{2.35}$$

分部分项工程费等于各个分部分项工程量乘以各自的综合单价，每个分部分项工程费汇总合计即为分部分项工程费。这里的分部分项工程量是按照国家或地方的工程计量规范计算的清单工程量；综合单价包括人工费、材料费、施工机具使用费、企业管理费、利润和一定范围内的风险费用。已知各分部分项工程量和其对应的综合单价，即可计算出分部分项工程费。

2.3.2.2 措施项目费

措施项目费是指为了完成工程项目施工，发生在施工准备和施工过程中的技术、生活、安全、环境保护等方面的非工程实体项目的费用，包括模板工程、脚手架工程、垂直运输工程、材料及小型构件二次水平运输、成品保护工程、井点降水工程等产生的费用，还包括绿色施工安全防护措施费、文明工地增加费、夜间施工增加费、赶工措施费等。这里的措施项目可划分为以下两类：

（1）总价措施项目。总价措施项目是指无法计算工程量的项目，比如绿色施工、安全施工、用工实名管理、临时设施等项目的工程量，这些项目在编制预算时，无法算出工程量，只能以"项"来计价，称之为"总价项目"。费用计算采用计算基数乘以费率得到，计算表达式为

$$\text{措施项目费} = \text{计算基数} \times \text{费率} \tag{2.36}$$

这里的计算基数和费率是按照国家或地方颁布的综合定额或消耗量定额的规定，例如《广东省房屋建筑与装饰工程综合定额》（2018）规定的计算基数是分部分项工程费用中的人工费与施工机具使用费合计，作为计算基数。而对于不同的措施项目，其费率通常也不同，例如对于建筑工程中不能按工作内容单独计量的绿色施工安全防护措施费，基本费率按19%计提，而对于单独装饰装修工程中不能按工作内容单独计量的绿色施工安全防护费基本费率是13%。所以应根据具体工作内容，查阅相应的标准确定其费率。

（2）单价措施项目。单价措施项目是指可以计算工程量的项目，比如脚手架、模板、垂直运输等项目的工程量。它们是以"量"来计价，也就是以计量出的工程量来计价，这样更有利于措施费的确定和调整，称之为"单价项目"。单价项目的计算是按照各类措施项目的工程量乘以各自的综合单价，然后累加求和计算出来，计算表达式为

$$\text{措施项目费} = \sum(\text{措施项目的工程量} \times \text{综合单价}) \tag{2.37}$$

2.3.2.3 其他项目费

其他项目费包括暂列金额、计日工、总承包服务费、暂估价等内容。

（1）暂列金额。暂列金额是指建设单位在工程量清单中暂定的，并包括在合同价

款中的一笔款项。这笔款项用于施工合同签订时,尚不能确定或不可预见的材料、工程设备、服务的采购,施工中可能发生的工程变更、合同约定调整因素出现时的工程价款调整,以及发生的索赔、现场签证确认等费用。

(2) 计日工。计日工是指在施工过程中,施工单位完成建设单位提出的工程合同范围以外的零星项目或工作所需要的费用。计日工是由建设单位和施工单位按照施工过程中形成的有效签证来计价。

(3) 总承包服务费。总承包服务费是指总承包人为了配合、协调建设单位,而进行的专业工程的发包,对建设单位自行采购的材料、工程设备等进行保管,以及施工现场管理、竣工资料汇总整理等服务所需要的费用。总承包服务费由建设单位在招标控制价中,根据总包范围和有关计价的规定来编制,施工单位在投标时自主报价。施工过程中按照签约的合同价执行。

(4) 暂估价。暂估价包括材料的暂估单价、工程设备的暂估单价、专业工程的暂估单价。暂估价是招标人在工程量清单中提供用来支付必然会发生,但是暂时不能确定价格的材料、工程设备的单价以及专业工程的金额。暂估价中的材料、工程设备的暂估价应根据工程造价信息或参照市场价格来估算。专业工程的暂估价应该区分不同专业,按相关计价规定来估算。

需要注意:当设备与工器具购置费中的设备,构成永久工程的一部分时,设备购置费与工程设备费是完全相同的。这也意味着在清单计价时,工程设备费被统一纳入建筑安装工程费用中,构成发包人发包给承包人的一项整个工程的内容。若发包人对此工程设备进行申购,则应计入暂估价中。工程设备费就等于工程设备量乘以工程设备的单价得到。工程设备量由图纸计算获取,工程设备的单价由双方确认的市场价格确定。

当然建设工程的建设标准高低不同,复杂程度不同,工期长短不同,而且发包人对工程管理的要求也不一样,这些都会直接影响到其他项目所包括的具体内容,上面给出的暂列金额、计日工、总承包服务费和暂估价 4 项内容,可以作为其他项目的列项参考。如果还有其他内容,可以根据工程具体情况进行补充。

2.3.2.4 规费和税金

建筑安装工程费不论是按费用构成要素划分还是按造价形成划分,都包含了规费和税金这两项。它们的构成和确定方法同前文 2.3.1 节。

2.4 工程建设其他费

工程建设其他费是指工程从筹建开始到竣工验收、交付使用为止整个过程,除了建筑安装工程费和设备及工器具购置费以外,为保证工程能够顺利完成,并且在交付使用后能够正常发挥效用,必须要支付工程建设其他费。这项费用是建设投资的一部分,但不包括在工程费用中。按照其内容可以分为三类:建设用地费、与项目建设有关的其他费用、与未来企业生产经营有关的其他费用。工程建设其他费用组成如图 2.4 所示。

2.4.1 建设用地费

任何一个建设项目都固定在一定的地点，必须占用一定的土地，也必然会发生为获得建设用地而支付的费用，这就是建设用地费。

2.4.1.1 建设用地的取得方式

根据《中华人民共和国土地管理法》《中华人民共和国土地管理法实施条例》《中华人民共和国城市房地产管理法》规定，获取国有土地使用权的基本方式有两种：一是通过划拨方式取得土地使用权，需要支付土地征用及迁移补偿费。划拨方式取得的土地使用权期限可以是无限期的；二是通过出让方式取得土地使用权，需要支付土地使用权出让金。出让方式取得的土地使用权期限是有限期的。

图 2.4 工程建设其他费组成

1. 通过划拨方式取得国有土地使用权

国有土地使用权划拨是指县级以上人民政府依法批准，在土地使用者缴纳补偿、安置等费用后将该幅土地交付土地使用者使用，或者将土地使用权无偿交付给土地使用者使用的行为。国家对划拨用地有着严格的规定，下列建设用地，经县级以上人民政府依法批准，可以通过划拨方式取得：

（1）国家机关用地和军事用地。
（2）城市基础设施用地和公益事业用地。
（3）国家重点扶持的能源、交通、水利等基础设施用地。
（4）法律、行政法规规定的其他用地。

以划拨方式取得土地使用权，除法律、行政法规另有规定外，没有使用期限的限制。但是因企业改制、土地使用权转让或者改变用途等不再符合《划拨用地目录》要求的，应当实行有偿使用。

2. 通过出让方式取得国有土地使用权

国有土地使用权出让是指国家将国有土地使用权在一定年限内出让给土地使用者，由土地使用者向国家支付土地使用权出让金的行为。政府有偿出让土地使用权的年限是有限期的，各地可根据时间、区位等各种条件作不同的规定，一般可在30～99年之间。按照地面附属建筑物的折旧年限来看，以50年为宜。通常土地使用权出让最高年限按下列用途规定：

（1）居住用地70年。
（2）工业用地50年。
（3）教育、科技、文化、卫生、体育用地50年。
（4）商业、旅游、娱乐用地40年。

(5) 综合或其他用地 50 年。

通过出让方式取得土地使用权可分为两种具体方式：一是通过招标、拍卖、挂牌等竞争方式取得国有土地使用权；二是通过协议出让方式获取国有土地使用权。

2.4.1.2 建设用地费的构成

如果建设用地通过行政划拨方式取得，需要承担征地补偿费或对原用地单位或个人的拆迁补偿费；如果通过招标、拍卖、挂牌等市场机制取得，则不但要承担以上费用，还须向国家支付有偿使用费，即土地出让金。

1. 征地补偿费

征地补偿费由以下几方面内容构成：

(1) 土地补偿费。土地补偿费是对农村集体经济组织因其土地被征用而造成经济损失的一种补偿。征用耕地的补偿标准是这块耕地被征用前三年平均年产值的 6~10 倍。征用其他土地的补偿标准由省、自治区或直辖市参照征用耕地的补偿费标准，结合当地实际情况具体规定。属于有收益的非耕地的土地补偿费，如鱼塘、藕塘、养殖场、果园、林地等土地按该土地征用前三年平均年产值的 3~6 倍计算，征用无收益的耕地不予补偿。征用柴山、滩涂、水塘、苇塘、经济林地、草场、牧场等有收益的非耕地的土地补偿标准为该土地被征用前三年平均年产值的 6~10 倍。如果征用人工鱼塘、养殖场、宅基地、果园及其他多年生经济作物的土地，按邻近耕地补偿标准计算。

(2) 青苗补偿费和地上附着物的补偿费。青苗补偿费是因征地时对正在生长的农作物受到损害而做出的赔偿。农民自行承包土地的青苗补偿费应付给个人，属于集体种植的青苗补偿费可纳入当年集体收益。凡在协商征地方案后抢种的农作物、树木等，不予补偿。地上附着物是指房屋、水井、树木、桥梁、公路、水利设施、林木等地面建筑物、构筑物、附着物等。地上附着物的补偿费视协商征地方案前地上附着物价值与折旧情况确定，应根据"拆什么，补什么；拆多少，补多少，不低于原来水平"的原则确定。补偿费标准由省、自治区、直辖市人民政府制定。

(3) 安置补助费。安置补助费是指国家在征用土地时，为安置以土地为主要生产资料并取得生活来源的农业人口的生活，所给予的补助费用。安置补助费应支付给被征地单位和安置劳动力的单位，作为劳动力安置与培训的支出，以及作为不能就业人员的生活补助，是对每一个需要安置的农业人口的安置补助费。土地补偿费和安置补助费的总和不得超过土地被征用前三年平均年产值的 30 倍。

(4) 新菜地开发建设基金。新菜地开发建设基金是指为了稳定菜地面积，保证城市居民吃菜，加强菜地开发建设，土地行政主管部门在办理征用城市郊区连续三年以上常年种菜的集体所有商品菜地和精养鱼塘征地手续时，向建设用地单位收取的用于开发、补充、建设新菜地的专项费用。征用尚未开发的规划菜地，不缴纳新菜地开发建设基金。在蔬菜产销放开后，能够满足供应，不再需要开发新菜地的城市，不收取新菜地开发基金。

(5) 耕地占用税。耕地占用税是对占用耕地建房或从事其他非农业建设的单位和个人，征收的一种税收。目的是合理利用土地资源，节约用地，保护农用耕地。耕地占用税的征收范围不仅包括占用耕地，还包括占用鱼塘、园地、菜地及其他农业用地用于建房或者从事其他非农业建设。征收数额均按实际占用的面积和规定的税额一次性征收。其中,耕地是指用于种植农作物的土地。占用前三年曾用于种植农作物的土地也视为占用耕地。

(6) 土地管理费。土地管理费主要作为征地工作中的办公、会议、培训、宣传、差旅、借用人员工资等必要的费用。土地管理费的收取标准一般是在土地补偿费、青苗费及地上附着物补偿费、安置补助费四项费用之和的基础上提取1‰~4‰。

2. 拆迁补偿费

在城市规划区内国有土地上实施房屋拆迁,拆迁人应对被拆迁人给予补偿安置。

(1) 拆迁补偿费。拆迁补偿费可以是货币补偿,也可以是房屋产权调换。货币补偿的金额根据被拆迁房屋的区位、用途、建筑面积等因素,由房地产市场评估价格确定。具体办法由省、自治区、直辖市人民政府制定。如果是房屋产权调换,拆迁人与被拆迁人按照计算得到的被拆迁房屋的补偿金额和所调换房屋的价格,结清产权调换的差价。

(2) 搬迁补助费和临时安置补助费。拆迁人应向被拆迁人或者房屋的承租人支付搬迁补助费。对于在规定的搬迁期限前搬迁的,拆迁人可以支付给被拆迁人提前搬家奖励费。在过渡期限内被拆迁人或者房屋承租人自行安排住处的,拆迁人应当支付临时安置补助费。被拆迁人或者房屋承租人使用拆迁人提供的周转房的,拆迁人不支付临时安置补助费。拆迁补助费和临时安置补助费的标准由省、自治区、直辖市人民政府规定。有些地区规定,拆除非住宅房屋造成停产、停业引起经济损失的,拆迁人可以根据被拆迁房屋的区位和使用性质,按照一定标准给予一次性停产停业综合补助费。

3. 土地使用权出让金

城市土地的出让方式可以采用协议、招标、公开拍卖、挂牌等形式。协议方式是由用地单位申请,经市、县政府批准、同意后,双方洽谈具体的地块和地价,这种方式适用于:在公布的地段上,同一地块只有一个意向用地者的,但商业、旅游、娱乐和商品住宅等经营性用地除外。市、县人民政府国土资源行政主管部门方可按照《协议出让国有土地使用权规定》(国土资源部令第21号)规定采取协议方式出让。同一地块有两个或者两个以上意向用地者的,市、县人民政府国土资源行政主管部门应当按照《招标拍卖挂牌出让国有建设用地使用权规定》(国土资源部令第39号),采取招标、拍卖或者挂牌方式出让。

土地使用权出让金为用地单位向国家支付的土地所有权的收益。在有偿出让土地时,政府对地价不作统一规定,但应坚持以下原则:地价对当前的投资环境不会产生大的影响;地价与当地的社会经济承受能力相适应;地价要考虑已投入的土地开发费用、土地市场供求关系、土地用途、所在区位、容积率和使用年限等。

需要明确国家是城市土地的唯一所有者,并分层次、有偿、有限期地出让、转让城市土地。所谓分层次:第一层次是城市政府将国有土地使用权出让给用地者,这一层次由城市政府垄断经营。出让对象可以是有法人资格的企事业单位,也可以是外商。第二层次及以下层次的转让则是发生在使用者之间,是土地使用权再转移的行为。

2.4 工程建设其他费

土地有偿出让和转让，土地使用者和所有者要签约，明确使用者对土地享有的权利和对土地所有者应承担的义务。着重突出以下三个方面：①有偿出让和转让使用权，要向土地受让方征收契税；②转让土地如有增值，要向转让者征收土地增值税；③在土地转让期间，国家要区别不同地段、不同用途向土地使用者收取土地占用费。

2.4.2 与项目建设有关的其他费用

与项目建设有关的其他费用包括建设管理费、可行性研究费、研究试验费、勘察设计费、专项评价及验收费、场地准备及临时设施费、引进技术和引进设备其他费、工程保险费、特殊设备安全监督检验费及市政公用设施费等10项内容。

1. 建设管理费

建设管理费是指建设单位为组织完成工程项目建设，在筹建和建设期间发生的各类管理性费用，包括建设单位管理费、工程监理费、工程总承包管理费。

（1）建设单位管理费。建设单位管理费是指建设单位发生的管理性质的开支。包括工作人员的工资、工资性补贴、施工现场的津贴、职工福利费、住房公积金、基本养老保险费、基本医疗保险费、失业保险费、工伤保险费、办公费、差旅交通费、劳动保护费、工具用具使用费、固定资产使用费、必要的办公和生活用品购置费、必要的通信设备和交通工具购置费、零星固定资产购置费、招募生产工人费、技术图样资料费、业务招待费、设计审查费、合同契约公证费、工程招标费、法律顾问费、工程咨询费、完工清理费、竣工验收费、印花税和其他管理性质的开支等。这么多零碎的费用，该如何计算呢？通常采用如下公式计算：

$$建设单位管理费 = 工程费用 \times 建设单位管理费费率 \tag{2.38}$$

这里的工程费用是指设备及工器具购置费和建筑安装工程费用之和；建设单位管理费费率按照建设项目的不同性质、不同规模来确定。有的建设项目按照建设工期和规定的金额计算建设单位管理费。如果采用了监理，建设单位的部分管理工作量转移到监理单位，可适当降低建设单位管理费费率。

（2）工程监理费。工程监理费是指建设单位委托监理单位对工程实施监理工作所需的费用。按照国家发展改革委《关于进一步放开建设项目专业服务价格的通知》（发改价格〔2015〕299号）规定，此项费用实行市场调节价。

（3）工程总承包管理费。如果建设项目的建设管理采用工程总承包方式，其总承包管理费由建设单位与总包单位根据总包工作范围在合同中约定，从建设管理费中支出。

2. 可行性研究费

可行性研究费是指在工程项目投资决策阶段，依据调研报告对有关的建设方案、技术方案、生产经营方案进行的技术经济论证，以及编制、评审可行性研究报告所需要的费用。这项费用应依据前期研究委托合同计划，按照国家发展改革委《关于进一步放开建设项目专业服务价格的通知》（发改价格〔2015〕299号）规定，此项费用实行市场调节价。

3. 研究试验费

研究试验费是指为建设项目提供或验证设计参数、数据、资料等，进行必要的研究试验,以及按照相关规定在建设过程中必须进行试验、验证所需的费用。该费用按照设计单位根据本工程项目的需要提出的研究试验内容和要求计算,包括自行或委托其他部门研究试验所需人工费、材料费、试验设备及仪器使用费等。在计算时须注意,研究试验费不应包括下面三类项目:

(1) 应该由科技三项费用(新产品试制费、中间试验费和重要科学研究补助费)开支的项目。

(2) 应该在建筑安装费用中列支的施工企业对建筑材料、构件和建筑物进行的一般性鉴定、检查所发生的费用及技术革新的研究试验费。

(3) 应由勘察设计费或工程费用中开支的项目。

4. 勘察设计费

勘察设计费是指委托勘察设计单位进行工程的水文地质勘察、工程设计所发生的各项费用,包括工程勘察费、初步设计费、施工图设计费、设计模型的制作费。按照国家发展改革委《关于进一步放开建设项目专业服务价格的通知》(发改价格〔2015〕299号)规定,此项费用实行市场调节价。

5. 专项评价及验收费

专项评价及验收费包括环境影响评价费、安全预评价及验收费、职业病危害预评价及控制效果评价费、地震安全性评价费、地质灾害危险性评价费、水土保持评价及验收费、压覆矿产资源评价费、节能评估及评审费、危险与可操作性分析及安全完整性评价费,以及其他专项评价及验收费。按照国家发展改革委《关于进一步放开建设项目专业服务价格的通知》(发改价格〔2015〕299号)规定,此项费用实行市场调节价。

6. 场地准备及临时设施费

(1) 建设项目场地准备费,是指为使工程项目的建设场地能够达到开工条件,由建设单位组织进行的场地平整、对建设场地余留的有碍于施工建设的设施进行拆除和清理等费用。

(2) 建设单位临时设施费,是指为满足建设单位工程项目建设、办公和生活需要,用于临时设施建设、维修、租赁、使用等所发生或摊销的费用。这项费用不同于已经列入建筑安装工程费用中的施工单位的临时设施费。

新建项目的场地准备和临时设施费应根据实际工程量估算,或按工程费用的比例计算。改建、扩建项目一般只计拆除清理费。其计算表达式如下:

$$场地准备和临时设施费 = 工程费用 \times 费率 + 拆除清理费 \quad (2.39)$$

式中,拆除清理费可按新建同类工程造价或主材费、设备费的比例计算。凡是可回收材料的拆除工程采用以料抵工的方式冲抵拆除清理费。

7. 引进技术和引进设备其他费用

引进技术和引进设备其他费用是指引进技术和设备发生的但是未计入设备购置费当中的费用,一般包括以下6项费用:

(1) 出国人员费用,是指为引进技术和进口设备,派出人员在国外培训和进行设计联络,以及材料、设备检验等所发生的差旅费、生活费等。依据合同或协议规定的

2.4 工程建设其他费

出国培训和工作的人数、期限以及相应的费用标准计算。差旅费按中国民航公布的票价计算，生活费按财政部、外交部规定的临时出国人员费用开支标准计算。

（2）来华人员费用，是指为安装进口设备、引进国外技术等聘用外国工程技术人员进行技术指导所发生的技术服务费、工资、生活补贴、差旅费、住宿费、招待费等。依据引进合同或协议条款及来华技术人员派遣计划进行计算。来华人员接待费用可按每人次费用指标计算。引进合同条款中已包括的费用内容不得重复计算。

（3）技术引进费，是指引进国外先进技术而支付的专利费、专有技术费、国外设计及技术资料费等，一般按照合同规定的价格进行计算。

（4）银行担保及承诺费，是指引进项目由国内外金融机构出面承担风险和责任担保所发生的费用，以及支付贷款机构的承诺费用，应按照担保或承诺协议计取。编制投资估算和概算时可以担保金额或承诺金额为基数乘以费率计算。

（5）分期或延期付款利息，是指引进技术或进口设备采取分期或延期付款的办法所支付的利息。

（6）进口设备检验鉴定费，是指进口设备按规定支付给商品检验部门的进口设备检验鉴定费，一般按照进口设备货价的百分比计算。

8. 工程保险费

工程保险费是指为了转移建设项目建造的意外风险，在建设期内根据需要实施工程保险所需的费用，对建筑工程、安装工程、机械设备和人身安全进行投保而发生的费用。包括以建设工程及其在施工过程中的物料、机械设备为保险标的的建筑工程一切险，以安装工程中的各种机器、机械设备为保险标的的安装工程一切险，以及机器损坏保险和人身意外伤害险等。

根据不同的工程类别，分别以其建筑安装工程费，乘以建筑安装工程保险费率计算。对于民用建筑，包括住宅楼、商场、综合性大楼、酒店、医院、学校等，保险费费率为2‰～4‰；对于其他建筑工程，包括工业厂房、仓库、道路、码头、水坝、隧道、桥梁、管道等，保险费费率为3‰～6‰；对于安装工程，包括农业、工业、机械、电子、电器、纺织、矿山、石油、化学及钢铁工业、钢结构桥梁等，保险费费率为3‰～6‰。

9. 特殊设备安全监督检验费

特殊设备安全监督检验费是指安全监察部门对施工现场组装的锅炉、压力容器、压力管道、消防设备、燃气设备、电梯等特殊设备和设施，开展安全检验收取的费用。此项费用按照建设项目所在省（自治区、直辖市）安全监察部门的规定标准计算。没有具体规定的，在编制投资估算和概算时可按受检设备现场安装费的比例估算。

10. 市政公用设施费

市政公用设施费是指使用市政公用设施的建设项目，按项目所在地省级人民政府有关规定建设或缴纳的市政公用设施建设配套费用以及绿化工程补偿费。这项费用按照工程所在地政府规定标准计列。

综上，与项目建设有关的其他费用的计算，共10项，可归纳为4类，具体见表2.2。

表 2.2　　　　　　　　与项目建设有关的其他费用计算汇总表

序号	计 算 方 法	费 用 类 别
1	实行市场调节价	可行性研究费
2		勘察设计费
3		专项评价及验收费
4	按工程费用或建安工程费为基数乘以费率	建设单位管理费
5		场地准备及临时设施费
6		工程保险费
7	按实际发生情况计算	研究试验费
8		引进技术和引进设备其他费
9	按政府部门规定计取	特殊设备安全监督检验费
10		市政公用设施费

2.4.3　与未来企业生产经营有关的其他费用

与未来企业生产经营有关的其他费用包括联合试运转费、专利及专有技术使用费、生产准备费三项费用。

1. 联合试运转费

联合试运转费是指新建或新增生产能力的建设项目，在交付生产前按照设计文件规定的工程质量标准和技术要求，对整个生产线或装置进行负荷联合试运转所发生的费用净支出（试运转支出大于收入的差额部分费用）。试运转支出包括：试运转所需的原材料、燃料及动力费用、机械使用费用、低值易耗品及其他物料消耗、工具用具使用费、保险金、施工单位参加联合试运转人员的工资、专家指导费等；试运转收入包括试运转期间的产品销售收入和其他收入。

联合试运转费不包括应由设备安装工程费用开支的调试及试车费用，以及在试运转中暴露出来的因施工原因或设备缺陷等发生的处理费用。

2. 专利及专有技术使用费

专利及专有技术使用费是指在建设期内为取得专利、专有技术、商标权、商誉、特许经营权等发生的费用。包括国外设计及技术资料费、引进有效专利、专有技术使用费和技术保密费；国内有效专利、专有技术使用费；商标权、商誉和特许经营权费。该项费用依据专利使用许可协议和专有技术使用合同的规定计列。计算专利及专有技术使用费时，应注意以下问题：

（1）专有技术的界定应以省、部级鉴定批准为依据。

（2）项目投资中只计算需要在建设期支付的专利及专有技术使用费。协议或合同规定在生产期支付的使用费应在生产成本中核算。

（3）一次性支付的商标权、商誉及特许经营权费用按协议或合同规定计列，协议或合同规定在生产期支付的商标权、商誉及特许经营权费应在生产成本中核算。

（4）为项目配套的专用设施投资，包括专用铁路线、专用公路、专用通信设施、送变电站、地下管道、专用码头等，如由项目建设单位负责投资但产权不归属本单位的，应作为无形资产处理。

3. 生产准备费

生产准备费是指在建设期内建设单位为保证项目正常生产而发生的人员培训费、提前进厂费及投产使用必备的办公、生活家具用具及工器具等的购置费。其计算表达式如下：

$$\text{生产准备费}=\text{设计定员}\times\text{生产准备费指标}(\text{元}/\text{人}) \tag{2.40}$$

式中，生产准备费指标可采用综合的生产准备费指标计算，也可按费用内容的分类指标计算。

2.5 预 备 费

工程建设的一个显著特点是工程建设的周期长，通常需要数月，甚至数年才能完成。为了保证工程项目能够顺利实施，避免在难以预料的情况下造成投资不足，必须预先安排一笔资金，用来应对这些不可预见因素的变化导致可能增加的工程费用，这就是预备费。这也体现了凡事预则立，不预则废的道理。按照我国现行规定，预备费包括基本预备费和涨价预备费。

2.5.1 基本预备费

基本预备费是指在项目实施过程中可能发生但难以预料的支出，需要事先预留的费用，又称为不可预见费。主要指设计变更及施工过程中可能增加工程量的费用。

1. 基本预备费的构成

基本预备费一般由以下三部分内容构成：

（1）在批准的初步设计和设计概算范围内，技术设计、施工图设计及施工过程中可能增加的工程费用；设计变更、材料替代、局部地基处理等所增加的费用。

（2）一般自然灾害造成的损失以及为了预防自然灾害所采取的措施费用，例如处理台风、暴雪等一般自然灾害的费用。对于实行工程保险的项目，该费用应适当降低。

（3）竣工验收时为鉴定工程质量对隐蔽工程进行必要的挖掘和修复费用。

2. 基本预备费的计算

一般情况下，基本预备费以工程费用和工程建设其他费两者之和为取费基础，乘以基本预备费率进行计算。其计算表达式如下：

$$\text{基本预备费}=(\text{工程费}+\text{工程建设其他费})\times\text{基本预备费费率} \tag{2.41}$$

这里的工程费和工程建设其他费，前面已经介绍过。基本预备费费率的取值应执行国家及部门的相关规定。在项目建议书阶段和可行性研究阶段，基本预备费一般按 10%～15%，在初步设计阶段，基本预备费一般按 7%～10%。

2.5.2 涨价预备费

涨价预备费是指建设项目在建设期间，因利率、汇率或价格等因素的变化而事先预留的可能增加的费用，也称为价格波动不可预见费，或价差预备费。

1. 涨价预备费的构成

涨价预备费内容包括人工、材料、设备、施工机具的价差费,建筑安装工程费及工程建设其他费调整,利率、汇率调整等增加的费用。

2. 涨价预备费的计算

涨价预备费的计算一般根据国家规定的投资综合价格指数,按照估算年份价格水平的投资额为基数,采用复利方法计算。其计算表达式如下:

$$PF = \sum_{t=1}^{n} I_t [(1+f)^m (1+f)^{0.5} (1+f)^{t-1} - 1] \tag{2.42}$$

式中 PF——涨价预备费(Provision Fund for Price,PF);

n——建设期年份数,也就是建设期有多少年;

I_t——建设期内第 t 年的静态投资额,包括工程费用、工程建设其他费用和基本预备费三项费用之和;

f——年均涨价率;

m——建设前期的年份数,即从编制估算到开工建设所需要的年份数。

式中,建设期年份数 n 和建设前期年份数 m 是如何区分的呢?从项目的全寿命周期看,整个项目可分为前期准备、实施期和运营期三个时期。前期准备包括投资决策、工程设计以及发承包;实施期包括施工阶段、竣工验收阶段。当前期准备结束后,从开工日期开始,进入实施阶段。当工程项目完工、竣工验收通过,就到了竣工日期;竣工日期之后项目进入运营期。运营期包括投产期和达产期。投产期和达产期的区别在于:投产期是运营期的初期阶段,生产能力还未达到100%的设计能力。经过试运行后,生产能力达到100%,就到了达产期。项目三个时期的分析如图2.5所示。

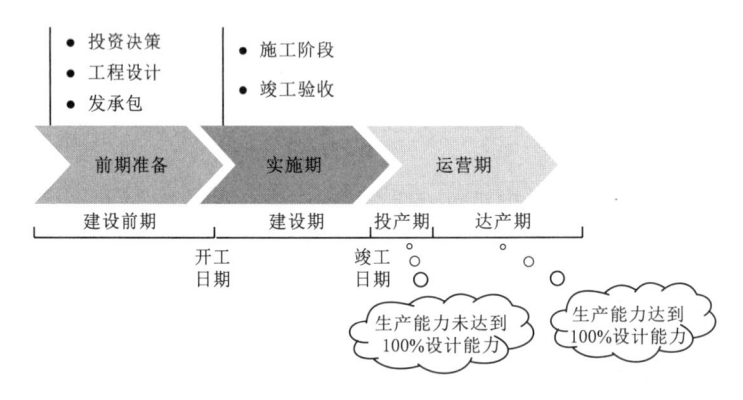

图 2.5 从项目全寿命周期角度分析项目的三个时期

因此,建设前期是指前期准备阶段,建设期是指实施阶段。在区分完建设前期和建设期之后,再看式(2.42)的结构:涨价预备费是从第1年的涨价预备费累加到第 t 年的涨价预备费。I_t 是指第 t 年的静态投资额,是计算基数,因此涨价预备费是以各年的静态投资额为计算基数。公式中的三个因子底数相同均为 $1+f$。不同的是它们的指数:第一个指数 m 代表建设前期的年份数,建设前期的年份数对于任何一个计算年份来说，都是相同的。不论计算第 2 年还是其他年份的涨价预备费，数值 m 都是指建设前期的年份数，是固定不变的；第三个指数 $t-1$ 代表计算年份第 t 年的上一年年末，也指计算年份那年的年初。例如：当计算第 3 年的预备费时，$t-1$ 即代表第 2 年年末，或第 3 年年初；第二个指数 0.5 是指对于任何一个计算年份，均按年中计算，因此当年的涨价预备费是按年中来计算。式（2.42）可借助图 2.6 来推导。

图 2.6 涨价预备费公式推导示意图

【例 2.3】 某建设项目投资中，设备购置费、建筑安装费和工程建设其他费用分别为 600 万元、1000 万元、400 万元，基本预备费费率为 10%。建设前期为 1 年，建设期为 2 年，各年投资额相等。预计年均投资价格上涨 5%，则该工程的涨价预备费是多少？

解 基本预备费 =（600+1000+400）×10% = 200（万元）

静态投资 = 600+1000+400+200 = 2200（万元）

建设期第一年静态投资 = 2200×50% = 1100（万元）

第一年年末涨价预备费 = 1100×[（1+5%）（1+5%）$^{0.5}$（1+5%）$^{1-1}$ －1] = 83.52（万元）

第二年静态投资 = 2200×50% = 1100（万元）

第二年年末涨价预备费 = 1100×[（1+5%）（1+5%）$^{0.5}$（1+5%）$^{2-1}$ －1] = 142.70（万元）

建设期的涨价预备费 = 83.52+142.70 = 226.22（万元）

2.6 建设期贷款利息

由于建设投资数额较大，通常需要借助贷款来实现。建设期贷款利息是指项目建设期间向国内银行或其他非银行金融机构贷款、出口信贷、外国政府贷款、国际商业银行贷款以及在境外发行债券等应偿还的借款利息。项目借款在建设期内发生，并计入固定资产。

为了简化计算，在编制投资估算时，通常假定贷款分年均衡发放，建设期利息的计算可按当年借款在年中支用考虑，即当年贷款按半年计息，上一年贷款按全年计息。计算表达式为

$$q_j = \left(P_{j-1} + \frac{1}{2}A_j\right)i \qquad (2.43)$$

式中　q_j——建设期第 j 年应计利息；

　　　i——年利率；

　　　P_{j-1}——建设期第（$j-1$）年末贷款累计金额与利息累计金额之和；

　　　A_j——建设期第 j 年贷款金额。

在国外贷款利息的计算中，还应包括国外贷款银行根据贷款协议向贷款方以年利率的方式收取的手续费、管理费、承诺费，以及国内代理机构经国家主管部门批准的以年利率的方式向贷款方收取的转贷费、担保费、管理费等。

在建设期间，因为项目还在建设没有收益，因此只计利息不还贷；而到了运营期项目有了收益才开始还本付息。在运营期所讲的还本付息的"本"是指建设期本金和建设期利息之和，与建设期所说的"本"不同。下面举例说明建设期利息的计算过程。

【例 2.4】　某新建项目，建设期为 3 年，共向银行贷款 1300 万元，贷款时间为：第一年 300 万元，第二年 600 万元，第三年 400 万元，年利率 6%，计算建设期贷款利息。

解　第一年应计利息 $=0.5\times300\times6\%=9$（万元）

第二年应计利息 $=(300+9+0.5\times600)\times6\%=36.54$（万元）

第三年应计利息 $=(300+9+600+36.54+0.5\times400)\times6\%=68.73$（万元）

建设期贷款利息 $=9+36.54+68.73=114.27$（万元）

建设投资包括了工程费用、工程建设其他费、预备费三部分内容。那么建设投资和建设期利息又共同构成了工程造价，也就是固定资产投资的这一部分。固定资产投资和流动资产投资又共同构成了建设项目的总投资。

本　章　回　顾

本章着重阐述了建设项目工程造价的构成，包括设备及工器具购置费，建筑安装工程费、工程建设其他费、预备费、建设期贷款利息五大部分。

设备购置费是指为建设项目购置或自制的达到固定资产标准的国产或进口设备等的费用及其运杂费。设备购置费由设备原价和设备运杂费组成。设备原价是指国产标准设备、国产非标准设备、进口设备的原价；运杂费包括运费和装卸费、途中包装费、采购与仓库保管费等。工器具及生产家具购置费是新建或扩建项目初步设计规定的，保证初期正常生产必须购置的没有达到固定资产标准的设备、仪器、工卡模具、器具、生产家具和备品备件等的购置费用。

建筑安装工程费包括建筑工程费和安装工程费。建筑安装工程费有两种分类方法：按构成要素和造价形成两类进行划分。按构成要素来分，建筑安装工程费由人工费、材料费、施工机具使用费、企业管理费、利润、规费和税金构成；按工程造价的形成来分，建筑工程费包括分部分项工程费、措施项目费、其他项目费、规费和税金。

工程建设其他费用是指从筹建开始到竣工验收、交付使用为止整个过程，除了建筑安装工程费用和设备及工器具购置费以外，为保证工程能够顺利完成，并且在交付使用后能够正常发挥效用，而必须发生的各项费用。工程建设其他费包括建设用地费、与项目建设有关的其他费用、与未来企业生产经营有关的其他费用。

预备费、建设期贷款利息需要掌握它们的构成内容及其计算方法。

拓 展 阅 读

国家大剧院设计优化及其造价

国家大剧院位于北京市天安门广场西侧，是亚洲最大的剧院综合体。其总造价30.67亿元，占地11.89万m^2，总建筑面积约16.5万m^2，其中主体建筑10.5万m^2，地下附属设施6万m^2。设有歌剧院、音乐厅、戏剧场以及艺术展厅、艺术交流中心、音像商店等配套设施。是中国国家表演艺术的最高殿堂，中外文化交流的最大平台，中国文化创意产业的重要基地。

国家大剧院从1958年第一次立项到2007年12月正式运营，设计方案经历了三次竞标两次修改。经过反复筛选、论证，并征求人大代表、政协委员意见，最终选定了法国巴黎机场公司设计、清华大学配合的法国方案。主持设计者为法国著名建筑设计师保罗·安德鲁。

最初设计国家大剧院工程概算总投资26.88亿元，但建成实际需要约30亿元，还有较大资金缺口。大剧院的投资预算是1998年做的，之后由于很多情况发生了较大变化，造成资金缺口，其客观原因主要有以下两个方面：

（1）材料费、运输费等上涨。钢材、水泥、砂石等主要工程材料费都有所上涨，且北京控制超载超限运输也引起运费的大幅增长，2004年禁止从永定河采砂，砂石供应地点转移到河北，增加了运费。

（2）国际汇率市场美元走低，造成工程成本增加。大剧院很多材料，包括管风琴、舞台机械、灯光音响等重点材料都是通过国际招标，从欧洲国家采购。而国家的外汇指标则按美元分配。

为了建设一座世界一流的剧院，国家大剧院的建设者们攻克了很多难关：

大剧院所处位置在长安街南侧，属北京核心地带。按照北京整体规划要求，大剧院高度不可超过人民大会堂高度即46m，但是大剧院功能限制在46m以内的空间是肯定不行的，只能向地下发展。大剧院地下深度有10层楼高，60%的建筑面积都在地下，是目前北京地区公共建筑最深的地下工程，最深处达$-32.5m$，这个位置在歌剧院的舞台正下方。

大剧院地下17m处是北京市永定河的古河道。大剧院地下蕴藏着丰沛的地下水，这些地下水所产生的浮力可以托起重达100万t的巨型航母，如此巨大的浮力足以托起整个大剧院。传统的解决方法是不停地将地下水抽出，但这样抽取地下水的后果是：大剧院周围5km范围内形成"地下水漏斗"，导致周边地基发生沉降，甚至地面建筑出现裂缝。为了解决这一难题，技术人员经过精密调研，从地下最高水位直到地下 60m 黏土层，用混凝土浇筑一道地下隔水墙。这个地下混凝土墙形成巨大"水桶"，将大剧院地基围得严严实实。水泵在"水桶"里面将水抽走，无论地基内怎么抽水，"水桶"外的地下水也不受影响，因而周围的建筑物也安然无恙。

国家大剧院壳体结构由一根根弧形钢梁组成，18000 多块钛金属板和 1200 多块超白透明玻璃形成 3.6 万 m^2 的巨大天穹，形成了世界最大的穹顶，没有使用一根柱子支撑，而是由 6750t 钢梁架起这个最大穹顶。穹顶外层涂有纳米材料，当雨水落到玻璃面上时就像水珠滴在荷叶上一样，不会留下水渍。同时，纳米材料还大大降低了灰尘的附着力。

如何降低雨水拍打在有十个足球场面积那么大穹顶上产生的噪声，一直困扰着建设者们。如果不进行有效的降噪处理，下雨时整个穹顶的声音将犹如万鼓齐鸣。最后清华大学团队进行了反复实验，针对剧场与剧场之间、剧场与剧场外之间的防噪声问题，使用了一种叫"音闸"的技术，从而得到圆满解决。

国家大剧院周围被波光粼粼的人工湖围绕，使得这座巨大建筑变得轻灵而充满动感。但北京冬季气温降到摄氏零度以下时，如何使湖水冬季不结冰成为一大难题。经过勘测发现，在地下 80m 深处，地下水温保持在摄氏 13℃ 左右。于是，经过封闭的水循环系统，将恒温的地下水注入湖面，冬季可以将人工湖的水温控制在零度以上，这一难题终被攻破。

思考题与习题

第 3 章　决策阶段建设工程造价管理

●知识目标
1. 熟悉项目投资决策和工程造价之间的关系
2. 掌握决策阶段影响工程造价的主要因素
3. 掌握可行性研究的概念、作用
4. 熟悉投资估算的概念及精度要求
5. 掌握投资估算的内容及估算方法

●能力目标
1. 能够分析决策阶段影响工程造价的主要因素
2. 能够针对不同精度要求对建设投资进行估算
3. 能够编写项目建议书和可行性研究报告

●价值目标
1. 培养学生在工程建设中节约能源、资源等思想
2. 培养学生在工程建设中尊重自然、保护环境的思想，树立工程与自然相互协调的价值观

决策阶段青藏铁路环保措施的确定

青藏铁路格尔木—拉萨段跨越"世界屋脊"青藏高原腹地，沿线穿越了高寒荒漠、高寒草原、高寒草甸、沼泽湿地等不同的高寒生态系统，沿线分布着珍稀濒危野生动植物物种资源，独特的气候条件、连片的多年冻土、湖盆、湿地及缓丘构成的原始高原，是我国及南亚地区重要的江河源和生态源，自然生态环境原始、独特、敏感、脆弱。铁路施工运营面临的生态环境保护任务有自然保护区的保护、野生动物迁徙环境保护、高寒植被保护、高原景观保护、湿地环境保护、江河源水质保护及水土保持等。

青藏铁路的环境保护工作受到社会各界的广泛关注。建设中的环境保护是建设一流高原铁路的重要组成部分，是青藏铁路建设所面临的三大世界难题之一，是在特殊环境下，坚持"预防为主，保护优先"的原则，达到工程建设与自然生态环境和谐的一项重要工作。

在可行性研究阶段，原铁道部组织铁道第一勘察设计院，以及对青藏高原长期研究的众多国内权威机构和专家，编制完成了"青藏线格拉段环境影响评价总体设想""青藏线格拉段主要环境敏感问题""青藏线格拉段环评技术路线和思路""青藏线格

拉段设计和施工期的环境保护措施""青藏线格拉段沿线的规划标准"等六个专题报告,并于2001年2月18—19日,会同国家环保总局在北京邀请水利部、林草局、青海省和西藏自治区等主管领导和专家90余人,召开青藏铁路建设环保座谈会,围绕六个专题报告进行充分研讨,对青藏铁路建设环境保护问题提出了指导意见和建议。

在施工准备阶段,对设计中的取弃土场、砂石料场逐个进行现场核对和优化。唐北段原初步设计中的185处取土场被优化为146处,唐南段初步设计中的110处取土场被优化为92处;对原设计中措那湖景区内1处沙卵石场和1处片石场予以取消。沿线营地、便道的规划等均避开景观敏感区,最大限度保持高原景观的完整性。按照施工期特点,针对不同地段制定环保措施如下:

(1) 在自然保护区、湿地及野生动物栖息地内施工的环保措施为:①设置醒目的标示牌、边界线,严格限制施工人员活动范围和机械作业的范围及行进线路;②严禁施工人员猎捕野生动物和采摘、践踏及随意铲除植物;③在湿地中的桥涵施工中,严格控制作业范围,并采取措施确保桥涵两侧地表径流通畅;④取弃土场、路基基底、施工便道、场地、营地内的地表植被及地表土应进行有效保存和养护,临时存放地点应选择在植被相对稀疏地带、公路废弃场地及取弃土场中,并做好水土流失防护措施;⑤加强与可可西里、三江源、色林措自然保护区,索南达杰保护站的联系和沟通,在保护区和保护站的指导下及时调整施工组织,确保野生动物正常迁徙。

(2) 多年冻土地段环保措施。为保护多年冻土环境和多年冻土区工程结构的稳定,多年冻土区内施工应做到:①高含冰量冻土地带的开挖工程,应选择在寒冷季节进行,或采取及时有效的保温隔热措施,避免造成对多年冻土环境的热融侵蚀;②混凝土拌合站应设置在距线路200m以外的低含冰量地带,避免冬季加热原材料造成的热效应破坏多年冻土环境;③在各类施工中,桥梁基础施工是对冻土环境影响较大的因素之一,对特大桥、大桥工程的非嵌岩桩基工程施工尽量采用干法成孔,减少其他成孔方式对多年冻土环境带来的负面影响。

(3) 临时工程环保措施。主要包括施工便道,取、弃土场,小型临时设施地段等。

1) 施工便道。开工前须对施工便道进行优化,应采取以下措施:①尽量利用路基做便道,减少新设施工便道数量;②尽量选在无植被或植被稀疏处,并结合工程结构位置尽可能缩短便道;③施工便道的宽度严格按设计要求控制,做到少占土地;④非多年冻土区的便道修筑应结合地表条件,选择在地表直接填筑厚度不小于30~50cm土体的方法或预先挖走并保存植被及地表土的方法,具体方法的选择应以有效保护植被为目的。多年冻土区的便道采用直接在地表填筑高度不小于0.7m的方法;⑤布强格至安多、安多至那曲的线路引入便道以及永久纵向施工便道使用中的环保管理归于各相应施工标段,各相关施工单位加强管理、工程监理单位加强监督。

2) 取、弃土场。开工前应对取、弃土场进行核对和优化,在选取、弃土场时要做到:①严禁设置在保护区的缓冲区、河道及湿地等环境敏感地带;②取、弃土场应选在无植被或植被稀少地带,取土场的距离要远离路基本体500m,并遵循集中取土的原则，最大限度减少取土场的数量；③桥基施工的弃土弃渣及隧道弃渣应尽量用来填方，不能利用的应优先回填于临近取土坑中，或在设计指定的弃土场进行先挡后弃，并及时平整；④取、弃土场的地表植被和地表土应分段挖走，并在取、弃土场内选择地点进行有效保存。场地使用完毕后应及时平整，并将原有的地表土和植被进行覆盖恢复；⑤严格按照路基土石方调配设计做好施工组织安排，严禁随意增加设计之外的弃土弃渣场。

3）小型临时设施地段。施工单位驻地、仓库、施工机具及堆料场等小型临时设施的设置，开工前应进行优化，应采取如下措施：①场址应选择在荒地、植被稀少地带、公路现有或废弃的道班和施工场地、取土场地，避免在野生动物栖息地及野生动物迁徙通道和植被发育良好地带设置，并尽量减少临时设施场地的数量和占地面积；②采暖房屋应大量推广采用架空的拼装结构，以减少对地表植被的破坏或基底多年冻土的热扰动；③涵洞施工不设任何临时工程，施工人员要严格限制活动范围。

建设项目一般要经历建设前期、建设期、运营期三个阶段。在全过程造价管理过程中，最为关键的是建设前期即决策阶段，是决定建设项目经济效果的关键时期。因为这一阶段所涉及的投资决策，以及工程方案选择将对工程造价带来极大影响。项目决策阶段的造价管理在整个工程造价和企业投资效益中起到至关重要的作用。建设项目在建设前期阶段造价控制不当是导致项目投资效益低下、"三超"现象频繁发生的根本性原因。

3.1 建设工程投资决策

3.1.1 投资决策和工程造价之间的关系

建设工程投资决策是投资者在调查、分析的基础上，选择和确定投资方案的过程，也是对拟建项目的必要性和可行性进行技术经济论证，对不同建设方案进行技术经济比较，并做出判断和决定的过程。因此，投资决策与工程造价的关系可以概括为以下四个方面：

（1）正确的投资决策是工程造价合理确定的前提。正确的投资决策意味着做出科学的决断，在拟定的若干个有价值的方案中，优选出最佳的投资方案，达到资源的合理配置，这样才能合理地估算工程造价，并在实施最优投资方案中有效地控制工程造价。如果决策失误，比如：项目选择失误，建设地点选择错误，或者建设方案不合理等，都会直接带来不必要的资金投入，甚至造成不可弥补的损失。因此，为了实现工程造价的合理性，必须事先保证决策的正确性。

3.1 项目决策与工程造价的关系

（2）决策的内容是确定工程造价的基础。决策阶段是建设工程全过程造价管理的起始阶段，决策阶段的工程计价对全过程造价起着宏观控制作用。决策阶段各项技术经济指标的决策对工程造价都具有重大影响，特别是建设标准的确定、工艺的评选、设备的选用、建设地点的选择等，都直接关系到工程造价的高低。在项目建设的各个阶段，投资决策阶段影响工程造价的程度最高，所以决策阶段是决定工程造价的基础阶段，直接影响着决策阶段之后的各个建设阶段工程造价的计价与控制是否科学、合理。

（3）项目决策的深度影响着投资估算的精确度。项目的决策过程是一个由浅入深的过程，在这个不断深化的过程中，不同阶段决策的深度不同，投资估算的精度也不同。比如，投资机会研究和项目建议书阶段，属于初步决策阶段，投资估算的允许误差率为±30%；在逐渐掌握更详细更深入的资料之后，初步可行性研究阶段的投资估算允许误差率为±20%；详细可行性研究阶段，允许误差率为±10%。在项目建设的各个阶段，通过工程造价的确定与控制，形成相应的投资估算、设计概算、修正概算、施工图预算、承包合同价、结算价和竣工决算，各造价形式之间存在着前者控制后者，后者补充前者的相互作用关系。因此，只有加大项目决策的深度，采用科学的估算方法和可靠的数据资料，合理地计算投资估算，才能保证其他阶段的造价被控制在合理范围，避免"三超"现象的发生，进而实现投资控制目标。

（4）工程造价的高低影响着项目决策的结果。项目决策影响了造价的高低，反之，决策阶段的投资估算是投资方案选择的重要依据之一，同时也决定着项目是否可行，也是主管部门进行项目审批的参考依据。

3.1.2 决策阶段影响工程造价的主要因素

在决策阶段，影响工程造价的主要因素包括建设规模、建设地区及建设地点选择、生产工艺和平面布置方案、设备选用方案、环境保护措施等。

3.1.2.1 建设规模

建设规模也称为项目生产规模，是指项目在其设定的正常生产运营年份可能达到的生产能力。要使建设项目实现投资目的，在决策阶段必须选择合适的建设规模，以达到规模经济的要求。每一个建设项目都存在着合理规模的问题：如果规模过小，资源得不到有效配置，单位产品的成本就比较高，经济效益也就比较低；但如果生产规模过大，超过了市场需求，导致产品积压或降价处理，或生产能力不能得到有效发挥，从而导致项目的经济效益低下，所以必须要充分考虑它的规模效益，合理确定建设规模。制约项目规模合理化的主要因素包括市场因素、技术因素及环境因素等。合理处理这些因素的关系，对确定项目合理的建设规模，从而控制投资非常重要。

1. 市场因素

市场因素是确定建设规模的首要因素，主要从以下两个方面考虑：

（1）市场需求情况是确定建设规模的前提。主要通过对产品市场需求的科学分析与预测，在准确把握市场需求情况、及时了解竞争对手的基础上，确定项目的最优建设规模。一般情况下，项目的生产规模应以市场预测的需求量为限，根据项目产品市场的长期发展趋势作相应调整，确保所建项目在未来能够保持合理的盈利水平和持续发展的能力。

（2）原材料市场、资金市场、劳动力市场等对项目规模的确定起着不同程度的制约作用。例如，项目规模过大，可能导致原材料供应紧张和价格上涨，造成项目投资资金筹集困难和资金成本上升等，将制约项目的规模。

2. 技术因素

党的二十大报告强调，科技是第一生产力，创新是第一动力。先进适用的生产技术和技术装备是项目规模效益赖以存在的基础，而相应的管理技术水平则是实现规模效益的保证。如果与经济规模生产相适应的先进技术及其装备的来源没有保障，或获取技术的成本过高，或管理技术水平跟不上，不仅达不到预期的规模效益，还会给项目的生产和发展带来危机，导致项目投资效益低下，工程支出浪费严重。

3. 环境因素

项目的建设、生产和经营都是在特定的社会经济环境下进行的，建设规模确定时需要考虑的主要环境因素有政策因素、燃料动力供应、协作及土地条件、运输及通信条件等。其中，政策因素包括产业政策、投资政策、技术经济政策，以及国家、地区与行业经济发展规划等。特别是为了取得较好的规模效益，国家对部分行业的新建项目规模作了下限规定，确定项目规模时应予以遵照执行。不同行业、不同类型项目确定建设规模，还应分别考虑下列因素：

（1）对于煤炭、金属与非金属矿山、石油、天然气等矿产资源开发项目，应根据资源合理开发利用要求和资源可采储量、赋存条件等确定建设规模。

（2）对于水利水电项目，应根据水的资源量、可开发利用量、地质条件、建设条件、库区生态影响、占用土地以及移民安置等确定建设规模。

（3）对于铁路、公路项目，在确定建设规模时，应充分考虑建设项目影响区域内一定时期运输量的需求预测，以及该项目在综合运输系统和本系统中的作用等，确定线路等级、线路长度和运输能力等。

（4）对于技术改造项目，在确定建设规模时，应充分研究建设项目生产规模与其现有生产规模的关系；新建项目属于外延型还是外延内涵复合型，以及利用现有场地、公用工程和辅助设施的可能性等因素，确定项目的建设规模。

4. 建设规模方案比选

在对以上三方面因素进行充分考核的基础上，确定相应的产品方案、产品组合方案和项目建设规模。生产规模的变动会引起收益的变动。规模经济是指通过合理安排经济实体内各生产力要素的比例，寻求适当的经营规模而取得经济效益。可行性研究报告应根据经济合理性、市场容量、环境容量以及资金、原材料和主要外部协作条件等方面的研究对项目建设规模进行充分论证，必要时进行多方案技术经济比较。大型、复杂项目的建设规模论证应研究合理、优化的工程分期，明确初期规模和远景规模。不同行业、不同类型项目在研究确定其建设规模时还应充分考虑其自身特点。

3.1.2.2　建设地区和建设地点的选择

建设地区和建设地点的选择也是影响工程造价的主要因素。一般情况下，确定某个建设项目的具体地址（或厂址），需经过建设地区选择和建设地点选择两个不同层次的工作阶段。这两个阶段属于递进关系：建设地区选择是在几个不同地区之间，对拟建项目配置在哪个地区的选择，建设地点选择是指对建设项目坐落具体位置的确定。

1. 建设地区的选择

建设地区选择在很大程度上决定了拟建项目的命运，也影响着工程造价的高低，以及建成后的运营状况等。因为在选择建设地区时，需充分考虑各种因素的制约，具体包括以下方面：

（1）宏观方面须符合国民经济发展战略规划、国家工业布局总体规划和地区经济发展规划的要求。

（2）根据项目自身特点和需要，充分考虑原材料和能源的供应条件、水源条件、社会对项目产品的需求及其运输条件等。

（3）综合考虑气象、地质、水文等建设的自然条件。

（4）充分考虑劳动力来源、生活环境、协作条件、施工力量、风俗文化等社会环境因素影响。

在充分考虑这些因素的基础上，建设地区的选择还需遵循以下两个基本原则：

（1）靠近原料、燃料供应地和产品消费地的原则。这样在建成投产后，可以避免原料、燃料和产品的长途运输，减少运输费用，降低产品成本，缩短流通时间，加快流动资金的周转速度。例如，对农产品、矿产品的初步加工项目，由于消耗大量原料，应尽可能靠近原料产地；对于能耗高的项目，如铝厂、电石厂等，适合靠近电能供应地，可以取得廉价电能和减少电能输送损失；对于技术密集型的建设项目，由于大中城市工业和科技力量雄厚，协作配套条件完备，所以选址适宜在大中城市。

（2）工业项目适当聚集的原则。在工业布局中，通常一系列相关的项目集聚成适当规模的工业基地和工业城镇，从而有利于产生"集聚效应"。"集聚效应"形成的基础条件是：第一，现代化生产是一个复杂的分工合作体系，只有相关企业集中配置，才能对各种资源和生产要素充分利用，便于形成综合生产能力，对那些具有投入产出链条关系的项目，集聚效应尤为明显；第二，现代产业需要有相应的生产性和社会性基础设施相配合，其能力和效率才能充分发挥，企业布点适当集中，才有可能建设比较齐全的基础设施，避免重复建设，节约投资，提高这些设施的效益；第三，企业布点适当集中，才能为不同类型的劳动者提供多种就业机会。

但是，工业集聚程度也并非越高越好，当工业集聚超过客观条件时，也会带来很多弊端，使得项目投资增加，经济效益下降。主要原因包括：第一，各种原料、燃料需求量激增，需要寻求更远的原料、燃料供应地和产品的消费地，运输距离延长，流通费用增加；第二，城市人口相对集中，形成对各种农副产品的大量需求，势必增加城市农副产品供应的费用；第三，生产和生活用水量增加，在本地水源不足时，需要开启新的水源，远距离引水，耗资巨大；第四，大量生产废弃物和生活排泄物集中排放，势必造成环境污染、破坏生态平衡，利用自然界自净能力净化"三废"的可能性下降。党的二十大报告强调深入推进环境污染治理，持续深入打好蓝天、碧水、净土保卫战。为保持环境质量，不得不耗费巨资兴建各种人工净化设施，增加环保费用。当工业集聚带来的"外部不经济性"的总和超过生产集聚的利益时，综合经济效益反而下降，这表明集聚程度过高，已超过经济合理的界限。

2. 建设地点的选择

建设地区确定下来后,需要在这个地区选定具体的建设地点。建设地点的选择是一项技术、经济综合性很强的系统工程,它不仅涉及项目建设条件、产品生产要素、生态环境和未来产品销售等重要问题,受到社会、政治、经济、国防等多因素的制约;而且还直接影响到项目的建设投资、建设速度和施工条件,以及未来企业的经营管理及所在地点的城乡建设规划与发展等。因此,必须从国民经济和社会发展的全局出发,运用系统的观点和方法分析决策。建设地点选择的要求主要考虑以下几个方面:

(1) 应节约土地、少占耕地。项目建设应尽可能节约土地,尽量把厂址放在荒地、劣地和空地等,尽可能不占或少占耕地,并力求节约用地。尽量节省土地的补偿费用,降低工程造价。

(2) 减少拆迁移民。工程项目选址应着眼于少拆迁、少移民,尽可能不靠近、不穿越人口密集的城镇或居民区,减少或不发生拆迁安置费,降低工程造价。若必须拆迁移民,应制定征地拆迁移民安置方案,考虑移民数量、安置途径、补偿标准、拆迁安置工作量和所需资金等情况,作为前期费用计入项目投资成本。

(3) 应尽量选在工程地质、水文地质条件较好的地段,土壤耐压力应满足拟建项目的要求,严防选在断层、熔岩、流沙层和有用矿床上,以及洪水淹没区、已采矿坑塌陷区、滑坡区等。厂址的地下水位应尽可能低于地下建筑物的基准面。

(4) 要有利于厂区合理布置和安全运行。厂区土地面积与外形能满足厂房和各种构筑物的需要,并适合按科学的工艺流程布置厂房与构筑物,满足生产安全要求,厂区地形力求平坦略有坡度(一般以 5%~10% 为宜),以减少平整场地的土方工程量,节约投资,又便于地面排水。

(5) 尽量靠近交通运输条件和水电供应条件较好的地方。厂址应靠近铁路、公路、水路,以缩短运输距离,减少建设项目的未来运营成本;有利于满足施工条件和运营期间的正常运作。

(6) 尽量减少对环境的污染,对于排放大量有害气体和烟尘的项目,不能建在城市的上风口,以免对整个城市造成污染。对于噪声大的项目,厂址应选在距离居民集中地区较远的地方,同时要设置一定宽度的绿化带,以减弱噪声的干扰。对于生产或使用易燃、易爆、辐射产品的项目,厂址应远离城镇和居民密集区。

上述条件能否满足,不仅关系到建设工程造价的高低和建设期限,对项目投产后的运营状况也有较大的影响。因此,在确定厂址时,应进行方案的技术经济分析,比较和选择最佳厂址。在进行建设地点多方案技术经济分析时,除了对上述要求考虑之外,还应从项目全寿命周期的费用角度着手,重点考虑以下两个方面:

(1) 建设工程的投资费用,包括土地征购费、拆迁补偿费、土石方工程费、运输设施费、排水及污水处理设施费、动力设施费、生活设施费、临时设施费、建材运输费等。

(2) 项目投产后生产经营的费用,包括原材料、燃料的运入费用及产品的运出费用,给水、排水、污水处理费用及动力供应费用等。这些费用都将直接影响到项目的投资和控制。

3. 生产工艺和平面布置方案

生产工艺和平面布置方案是否先进合理，不仅关系到项目建设阶段的投资多少，而且对使用阶段的年使用费也有很大影响。

（1）生产工艺。生产工艺是针对生产性项目，是指生产产品所采用的工艺流程和制作方法。对它的评价主要有三项标准：先进适用、安全可靠和经济合理。

1）先进适用。这是评价工艺技术方案最基本的标准。先进与适用是对立的统一，工艺的先进性能够带来产品的质量和成本优势，但也不能一味强调先进而忽视适用。对于拟采用的工艺技术，除了必须保证能用指定的原材料按时生产出满足数量、质量要求的产品外，还要考虑工艺是否符合国情和地区经济水平，以及技术发展的政策，即适用性。比如：与企业的生产和销售条件（包括与原有设备能否配套，技术和管理水平、市场需求、原材料种类等）是否适应，特别要考虑到原有设备能否继续利用，技术和管理水平能否跟上。

2）安全可靠。项目所采用的工艺或技术，必须经过多次试验和实践证明是有效的，技术过关、质量可靠，有详尽的技术分析数据和可靠性记录，并且生产工艺的危害程度控制在国家规定的标准之内，才能确保生产安全运行，发挥项目的经济效益。对于产生有毒有害和易燃易爆物质的项目（如油田、煤矿等）及水利水电枢纽等项目，更应重视技术的安全性和可靠性。

3）经济合理。经济合理是指所用的技术或工艺能够以尽可能小的消耗获得最大的经济效果。在可行性研究中尽可能提出几种不同的技术方案，各方案的劳动需要量、能源消耗量、投资数量等可能不同，在产品质量和产品成本等方面可能也不同，须反复进行比选，选出经济合理的技术或工艺。

（2）平面布置方案的确定。平面布置方案的确定是根据拟建项目的生产性质、规模和工艺特点，结合建设地区、地点的具体条件，按照生产工艺的要求，对项目的建筑物、构筑物及交通运输进行经济合理布置的规划和设计。

4. 设备选用方案

设备费在生产性建设项目总投资中所占的比例较大，因而应特别重视设备的选用来控制投资成本。设备的选择与技术密切相关，两者必须匹配。没有先进的技术，再好的设备也没用；而没有先进的设备，技术的先进性则无法体现。对于主要设备的选用，应符合以下要求：

（1）主要设备方案应与确定的建设规模、产品方案和工艺技术相适应，并满足项目投产后生产或使用的要求。

（2）主要设备之间、主要设备与辅助设备之间能力要相互匹配。

（3）设备质量可靠、性能成熟，保证生产和产品质量稳定。

（4）在保证设备性能的前提下，力求经济合理。

（5）选择的设备应符合政府部门或专门机构发布的技术标准要求。

基于上述要求，在选用设备时，应处理好如下问题：

（1）尽量选用国产设备。凡是国内能够制造，并能保证质量、数量和按期供货的设备，或者进口专利技术能满足要求的，就不必从国外进口整套设备；凡是只要引进关键设备就能与国内配套使用的，就不必成套引进。

（2）要注意进口设备之间以及国内外设备之间的衔接问题。如果一个项目计划从国外引进设备，考虑到各供应厂家的优势与价格问题，可能需要分别向几个厂家购买，此时就必须注意各厂家所供设备之间技术、效率等方面的衔接问题。为了避免各厂家所供设备不能配套衔接，引进时最好采用总承包的方式。如果项目一部分进口国外设备，另一部分则引进技术由国内制造，这时也必须注意国内外设备之间的衔接配套问题。

（3）注意进口设备与原有国产设备、厂房之间的配套问题。这里需要注意本厂原有国产设备的质量、性能与引进设备是否配套，以免因国内外设备能力不平衡而影响生产。有的项目利用原有厂房安装引进设备，应把原有厂房的结构、面积、高度以及原有设备的情况了解清楚，以免设备到厂后安装不下或互不适应而造成浪费。

（4）注意进口设备与原材料、备品备件及维修能力之间的配套问题等。尽量避免引进设备所用主要原料需要进口。如果必须从国外引进，应安排国内有关厂家尽快研制这种原料。在备品备件供应方面，随设备引进的备品备件数量往往有限，有些备件在厂家输出技术或设备之后不久就被淘汰，因此采用进口设备，还必须同时组织国内研制所需备品备件问题，以保证设备能长期发挥作用。另外，对于进口设备，还必须懂得如何操作和维修，否则不能发挥设备的先进性。在外方派人调试安装时，可培训国内技术人员及时学会操作，必要时也可派人出国培训。

5. 环境保护措施

工程建设项目应注意保护厂址及其周围地区的水土资源、海洋资源、矿产资源、森林植被、文物古迹、风景名胜等自然环境和社会环境。建设项目一般会引起项目所在地自然环境、社会环境和生态环境的变化，对环境状况、环境质量产生不同程度的影响。

因此，需要在确定厂址方案和生产工艺方案中，调查研究环境条件，识别和分析拟建项目影响环境的因素，并提出治理和保护环境的措施，从而比选和优化环境保护方案。

3.2 可行性研究

决策阶段工作内容较多，每个项目又有不同的工作要求，但这个阶段主要工作程序基本相同，其工作程序如图 3.1 所示。

投资决策是指投资者在调查研究的基础上，选择和决定投资方案的过程，是对拟建项目的必要性和可行性进行技术经济论证，对不同建设方案进行技术经济比较并作出判断和决策的过程。项目投资决策的正确与否，直接关系到项目建设的成败，关系到工程造价的高低和经济效果的好坏。

3.2.1 可行性研究的概念及作用

1. 可行性研究的概念

可行性研究是指在对某建设项目投资决策前，对拟建项目有关的技术、经济、社会、环境等各方面进行调查研究，对项目各种可能的拟建方案进行技术经济分析论证，研究项目在技术上的先进适用性，在经济上的合理性和建设上的可能性，对项目建成投产后的经济效益、社会效益、环境效益等进行科学的预测和评价，据此提出项目是否应该投资建设，并选定最佳投资建设方案等结论性意见，为项目投资决策部门提供决策的依据。

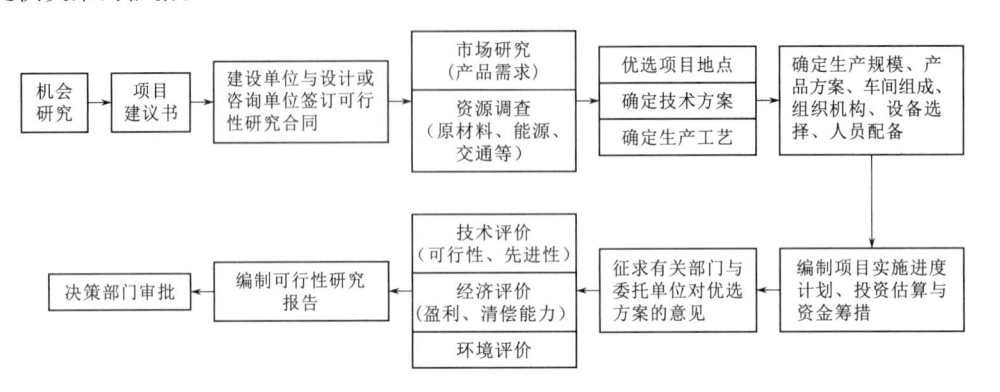

图 3.1 建设项目投资决策的工作程序图

可行性研究工作应用于新建、改建和扩建项目，可由建设单位委托设计单位或工程咨询单位承担。建设项目可行性研究工作有广义和狭义两种理解：①广义的可行性研究包括投资机会研究、初步可行性研究、详细可行性研究、评估和决策。如果机会研究表明项目效果不佳，就不再进行初步可行性研究；同样，如果初步可行性研究结论为不可行，则不必再进行详细可行性研究。②狭义的可行性研究指项目建议书审批通过后，对建设项目在技术上是否可行，经济上是否合理进行科学的、全面的分析和论证，并进行多方案比选，推荐最佳方案。

2. 可行性研究的作用

在投资决策之前，借助可行性研究，向投资者推荐技术经济最优的方案，使投资者明晰项目的财务获利能力、风险抵抗能力等，做出是否值得投资的决策；使主管部门领导明确，从政府角度看该项目是否值得支持和批准；向银行和其他资金供给者明确，该项目能否按期或提前偿还他们提供的资金。通过可行性研究，从而使项目的投资决策建立在科学性和可靠性基础上，实现投资决策科学化，减少和避免投资决策失误，提高项目投资的经济效益。

在建设项目的全寿命周期中，前期工作具有决定性意义，起着非常重要的作用。而作为建设项目决策阶段的核心和重点的可行性研究工作，一经批准，将在整个项目周期发挥极其重要的作用。具体表现在以下几个方面：

（1）作为建设项目投资决策的依据。可行性研究从市场、技术、工程建设、经济、社会、环境等多方面对建设项目进行全面综合分析和论证，根据其结论进行投资决策可以大大提高投资决策的科学性。

（2）作为编制设计文件的依据。可行性研究报告一经审批通过，意味着该项目正式批准立项，可以进行初步设计。在可行性研究工作中，对项目选址、建设规模、生产流程、设备选型等方面都进行了比较详细的论证和研究,设计文件的编制应以可行性研究报告为依据。

(3) 作为向银行贷款的依据。在可行性研究工作中,详细预测了项目的财务效益、经济效益及贷款偿还能力。世界银行等国际金融组织,均把可行性研究报告作为申请建设项目贷款的先决条件。我国的金融机构在审批建设项目贷款时,也都以可行性研究报告为依据,对建设项目进行全面、细致的分析评估,确认项目的偿还能力及风险抵抗能力,才做出是否贷款的决策。

(4) 作为建设单位与各协作单位签订合同和协议的依据。在可行性研究工作中,对建设规模、主要生产流程及设备选型等都进行了充分的论证。建设单位在与有关协作单位签订原材料、燃料、动力、工程建设、设备采购等方面的协议时,应以批准的可行性研究报告为基础,保证预定建设目标的实现。

(5) 作为地方政府、环保部门和规划部门审批项目的依据。建设项目开工前,须地方政府批拨土地,规划部门审查项目是否符合城市规划,环保部门审查项目对环境的影响。这些审查都以可行性研究报告中总图布置、环境及生态保护方案等方面的论证为依据。因此,可行性研究报告为建设项目申请建设执照提供了依据。

(6) 作为施工组织、工程进度安排及竣工验收的依据。可行性研究报告对以上工作都有明确的要求,所以可行性研究又是检验施工进度及工程质量的依据。

(7) 作为项目后评估的依据。建设项目后评估是在项目建成运营一段时间后,评价项目实际运营效果是否达到目标。建设项目的预期目标是在可行性研究报告中确定的,因此,后评估应以可行性研究报告为依据,评价项目目标的实现程度。

3.2.2 可行性研究的工作阶段

1. 机会研究（项目建议书）

机会研究主要是为了鉴别投资方向,寻找投资机会,选择投资项目,给出投资建议。具体地说,在一个确定的地区和部门内,根据自然资源、市场需求、国家产业政策和国际贸易的情况,通过调查、预测和分析研究,选择建设项目,寻找最优的投资机会。

机会研究阶段的工作比较粗略,一般根据类似建设项目来估算投资额和生产成本,初步分析投资效果,提供一个或一个以上可进行建设的投资项目或投资方案。这个阶段主要根据类似工程资料进行粗略估计,所估算的投资额和生产成本的精确程度控制在±30%范围内。这个阶段的工作成果为项目建议书,不同项目的项目建议书内容各有不同,但一般都包括以下几方面：

(1) 项目建设的必要性和依据。如需引进技术和进口设备,还要说明国内外技术差距情况及进口理由。

(2) 产品方案、拟建规模和建设地点的初步设想。

(3) 资源状况、建设条件、协作关系等的初步分析。

(4) 投资估算、资金筹措和还贷方案的设想。如需利用外资还要说明利用外资的可能性,以及偿还贷款能力的估计。

(5) 项目建设的进度安排。

(6) 项目经济效益和社会效益的估计。

(7) 项目的初步环境评价。

2. 初步可行性研究

项目建议书经有关部门（如计划部门）批准后，对于投资规模大、技术工艺又比较复杂的大中型骨干建设项目，需要先进行初步可行性研究。初步可行性研究又称为预可行性研究，是详细可行性研究前的预备性研究阶段。

对于机会研究认为可行、值得继续关注的建设项目，但又不能肯定该项目是否值得进行详细可行性研究时，就要做初步可行性研究，进一步判断拟建项目是否有较高的经济效益，是否有生命力。如果项目具有初步可行性，便可进入详细可行性研究阶段；否则，终止该项目的前期研究工作。初步可行性研究作为机会研究与详细可行性研究的过渡阶段，主要有以下两个方面作用：一是确定是否进行详细可行性研究；二是确定哪些关键问题需要进行专题辅助研究。

初步可行性研究的内容和结构与详细可行性研究基本相同，主要区别是所获资料的详尽程度不同、研究深度不同。对建设投资和生产成本的估算精度一般要求控制在 $\pm 20\%$ 范围内，研究时间为4～6个月，所需费用占投资总额的0.25%～1.25%。

3. 详细可行性研究

详细可行性研究又称为技术经济可行性研究，这个阶段要对项目进行细致的技术经济论证，重点对技术方案和经济效益进行分析评价，开展多方案比选，给出结论性意见。它是确定项目可行性和选择的依据，为项目决策提供技术、经济、社会、环境方面的评价依据，为项目的具体实施提供科学依据，是可行性研究的主要阶段，这一阶段的主要目标有：

(1) 提出项目建设方案。

(2) 效益分析和最终方案选择。

(3) 确定项目投资的最终可行性和选择依据标准对拟建项目提供结论性意见。

详细可行性研究的内容比较详尽，需要花费较多时间和精力，而且详细可行性研究还为下一步工程设计提供基础资料和决策依据。因此，在这个阶段建设投资和生产成本估算精度应控制在 $\pm 10\%$ 范围内；大型项目研究工作所花费的时间为8～12个月，所需费用占投资总额的0.2%～1.0%；中小型项目研究工作所花费的时间为4～6个月，所需费用占投资总额的1.0%～3.0%。

4. 评价和决策

项目评价和决策是决策部门组织和授权咨询公司或有关专家，代表项目业主和出资人对拟建项目可行性研究报告进行全面的审核和再评价，分析判断项目可行性研究的可靠性和真实性，提出评价意见，最终决策该项目是否可行，确定最佳投资方案。项目评价与决策是在可行性研究报告基础上进行的，内容包括：

(1) 全面审核项目可行性研究报告中反映的各项情况是否属实。

(2) 分析项目可行性研究报告中各项指标计算是否正确，包括各种参数、基础数据、定额费率的选择。

(3) 从企业、国家和社会各方面综合分析和判断项目的经济效益和社会效益。

(4) 分析判断项目可行性研究的可靠性、真实性和客观性，对项目作出最终的投资决策。

(5) 形成项目评估报告。

由于可行性研究各阶段的目的、任务、要求各不相同，各阶段对基础资料的占有程度、研究深度和可靠程度也不相同。随着研究内容由浅入深，项目投资和成本估算的精度要求由粗到细，研究工作量由小到大，研究目标和作用逐步提高，因此工作所需时间和费用也逐渐增加。可行性研究各阶段要求见表 3.1。

表 3.1 可行性研究各阶段要求

阶　　段	机会研究	初步可行性研究	详细可行性研究	评价与决策
阶段特点	项目设想	项目初步选择	项目拟定	项目评估
成果与作用	编制项目建议书，为初步选择投资项目提供依据	编制初步可行性研究报告，判断是否有必要开展详细可行性研究	编制可行性研究报告，作为投资决策的基础和重要依据	给出项目评估报告，最终决策是否可行，确定最佳投资方案
估算精度	±30%	±20%	±10%	±10%
研究费用占总投资的百分比/%	0.2～1.0	0.25～1.25	大型项目 0.2～1.0/中小型项目 1.0～3.0	—
需要时间	1—3月	4—6月	8—12月/4—6月	—

3.2.3 可行性研究报告的编制

1. 可行性研究报告内容

可行性研究工作完成后，需要编写反映其全部工作成果的"可行性研究报告"。下面以一般工业建设项目可行性研究为例，说明可行性研究报告的主要内容：

(1) 总论。主要介绍项目提出的背景（改扩建项目要说明企业现有概况）、投资的必要性和意义、可行性研究的依据和范围、存在的问题与建议。

(2) 市场需求预测和拟建规模。市场需求预测是建设项目可行性研究的重要环节，通过市场调查和预测，了解市场对项目产品的需求程度和未来发展趋势。主要包括如下内容：

1) 项目产品在国内外市场的供需情况。通过市场调查和预测，调研国内外市场近期和未来的需求状况，预测市场未来趋势，摸清现有厂家的供应情况。

2) 项目产品的竞争和价格变化趋势。调研项目产品的竞争现状和未来竞争趋势，各厂家在竞争中所采取的应对方法和措施等。同时预测未来可能出现的产品最低销售价格，由此确定项目产品的允许成本，这关系到项目的生产规模、设备选择、协作情况等。

3) 影响市场渗透的因素。影响市场渗透的因素很多，如销售组织、销售策略、销售服务、广告宣传、推销技巧、价格政策等，必须逐一摸清，从而采取恰当的市场营销策略。

4）估计项目产品的渗透程度和生命力。在综合分析以上情况的基础上，对拟建项目的产品可能达到的渗透程度及其发展趋势、现在和未来的销售量以及产品的竞争力做出估计，并分析进入国际市场的可能性和前景。

（3）资源、原材料、燃料供应及公用设施条件。研究资源储量、品位、成分以及利用的条件；原料、辅助材料、燃料的种类、数量、质量、单价、来源和供应的可能性；所需公用设施的数量、供应方式和供应条件。

（4）项目的建设条件和项目位置选择。在项目建议书或初步可行性研究中规划选址已确定的建设地区和建设地点范围内，进行具体坐落位置的选择。调研包括建厂地区的地理位置，与原材料产地和产品市场的距离，建厂地理位置的气象、水文、地质、地形条件和社会经济现状，收集基础数据资料，分析交通运输、通信设施及水、电、气的供应状况和未来趋势。对项目位置进行多方案比较，并给出选择意见。

（5）项目设计方案。确定项目的构成范围、技术来源、生产方法，主要技术工艺和设备选型方案的比较，引进技术、设备的必要性及其来源国别的选择比较，设备的国外采购或与外商合作制造方案设想，对于改扩建项目还要说明对原有固定资产的利用情况。除此之外，还有项目土建工程总量的估算，以及土建工程布置方案的选择，包括场地平整、主要建筑和构筑物与厂外工程的规划，公用辅助设施和项目内外交通运输方式的比较和初步选择。

（6）环境保护和劳动安全。党的二十大报告指出"中国式现代化是人与自然和谐共生的现代化。人与自然是生命共同体"，又明确指出"我们坚持可持续发展，坚持节约优先、保护优先、自然恢复为主的方针""实现中华民族永续发展"等。因此项目建设中的环境保护非常重要。对项目建设地区的环境状况进行调查，分析拟建项目产生的废气、废水、废渣的种类、成分和数量，并预测其对环境的影响，提出"三废"治理的方案选择和回收利用情况；提出劳动保护、安全生产、城市规划、防震、防洪、防风、文物保护等要求以及采取相应的措施方案。

（7）节能与节水。节能主要包括节能措施和能耗指标分析，节水主要包括节水措施和水耗指标分析。

（8）企业组织和劳动定员。可行性研究在确定企业的生产组织形式和管理系统时，应根据生产纲领、工艺流程来组织相适应的生产车间和职能机构，保证合理完成产品的加工制造、储存、运输、销售等各项工作，并根据对生产技术和管理水平的需要，确定劳动定员总数、劳动力来源以及相应人员培训计划。

（9）项目的施工计划和进度要求。根据勘察设计、设备制造、工程施工、安装、试生产所需时间和进度要求，选择项目实施方案和总进度，并用横道图和网络进度计划图来表述最佳实施方案。

（10）投资估算和资金筹措。投资估算包括建设项目总投资估算，主体工程及辅助、配套工程的估算，以及流动资金的估算；资金筹措是研究落实资金的来源渠道、筹资方案，从中选择条件优惠的资金，并编制资金使用计划和贷款偿还计划。

（11）经济评价。项目的经济评价包括财务评价和国民经济评价。通过对不同的方案进行财务评价、国民经济评价，比选推荐优秀的建设方案。包括估算生产成本和销售收入，分析拟建项目预期效益及费用，计算财务内部收益率、净现值、投资回收期、借款偿还期等指标，评价项目的盈利能力、偿债能力等，判断项目在财务上是否可行；从国家整体的角度考察项目对国民经济的贡献，运用影子价格、影子汇率、影子工资和社会折现率等经济参数评价项目的合理性。

（12）社会评价。社会评价是分析拟建项目对当地社会的影响和当地社会条件对项目的适应性和可接受程度，评价项目的社会可行性。评价的内容包括项目对社会的影响分析、项目与所在地的互适性分析和社会风险分析，并得出社会评价结论。

（13）风险分析。项目风险分析贯穿于项目建设和生产运营的全过程。首先，识别风险，揭示风险来源。识别拟建项目在建设和运营中的主要风险因素，比如市场风险、技术风险、工程风险等；其次，风险评价，判断风险程度；最后，提出规避风险的对策，降低风险损失。

（14）可行性研究结论与建议。运用上述数据综合评价建设方案，从技术、经济、社会、财务等各方面论述建设项目的可行性，提出一个或几个方案供决策者参考。对比选择方案，说明各个方案的优缺点，给出建议方案及理由，并提出项目存在的问题以及改进意见。

综上，可行性研究报告的内容可概括为三大部分：一是市场研究，包括产品的市场调查和预测研究，是项目可行性研究的前提和基础，其主要任务是解决项目的"必要性"问题；二是技术研究，即技术方案和建设条件研究，是项目可行性研究的技术基础，主要解决项目技术上的"可行性"问题；三是效益研究，即项目经济效益的分析和评价，是项目可行性研究的核心部分，主要解决项目在经济上的"合理性"问题。市场研究、技术研究和效益研究共同构成项目可行性研究的三大支柱，其中经济评价是可行性研究的核心。

2. 可行性研究报告编制的依据

（1）国民经济发展长远规划，国家经济建设方针、任务和技术经济政策。按照国民经济发展长远规划、国家经济建设方针和政策以及地区和部门发展规划，确定项目的投资方向和规模。在宏观投资意向的框架下安排微观的投资项目，并结合市场需求，有计划地统筹安排好各地区、各部门与企业的产品生产和协作配套。

（2）项目建议书和委托单位的要求。项目建议书是做好各项准备工作和进行可行性研究的重要依据，只有经国家计划部门通过，并列入建设前期工作计划后，方可开展可行性研究的各项工作。建设单位在委托可行性研究任务时，应向承担可行性研究工作的单位，提出建设项目的目标和要求，并说明有关市场、原料、资金来源以及工作范围等情况。

（3）有关基础数据资料。项目位置选择、工程设计、技术经济分析需要可靠的自然、地理、气象、水文、地质、社会、经济等基础数据资料以及交通运输与环境保护资料。

（4）有关工程技术经济方面的规范、标准、定额。国家正式颁布的技术法规和技术标准以及有关工程技术经济方面的规范、标准、定额等，都是编制项目技术方案的基本依据。

(5) 国家或有关主管部门颁发的项目经济评价基本参数和指标。国家或有关主管部门颁布的有关项目经济评价基本参数主要包括基准收益率、社会折现率、固定资产折旧率、汇率、价格水平、工资标准、同类项目的生产成本等，采用的指标包括盈利能力指标、偿债能力指标等，这些参数和指标都是进行项目经济评价的基准和依据。

3. 可行性研究报告编制的要求

(1) 编制单位必须具备承担可行性研究的条件。项目可行性研究报告的内容涉及面广，而且还有一定的深度要求。因此，编制单位必须是具备一定的技术力量、技术装备、技术手段和实践经验等条件的工程咨询公司、设计院或专门单位。参加可行性研究的成员应由工业经济专家、市场分析专家、工程技术人员、机械工程师、土木工程师、造价工程师、企业管理人员、财会人员等组成。

(2) 确保可行性研究报告的真实性和科学性。可行性研究工作是一项技术性、经济性、政策性很强的工作，要求编制单位必须保持独立性和公正性，在调查研究的基础上，按客观情况实事求是地进行技术经济论证、技术方案比选，切忌主观臆断、行政干预，保证可行性研究的严肃性、客观性、科学性和可靠性，确保可行性研究报告的质量。

(3) 可行性研究的内容和深度要规范化和标准化。不同行业、不同项目的可行性研究内容和深度可以各有侧重和区别，但其基本内容要完整，文件要齐全，研究深度要达到国家规定的标准，按照国家颁布的有关文件的要求进行编制，以满足投资决策的要求。

(4) 可行性研究报告须签字与审批。可行性研究报告编制完成后，应由编制单位的行政、技术、经济方面负责人签字，并对研究报告质量负责。另外，还须上报主管部门审批。

3.3 投资估算的编制与审查

3.3.1 建设项目投资估算概述

1. 投资估算的概念

投资估算是指在整个投资决策过程中，依据现有的资料和方法，对建设项目的投资数额进行测算估计，估算项目从筹建、施工直至建成投产所需要的全部建设资金总额，并测算建设期内各年资金使用计划的过程。投资估算是建设前期编制项目建议书、可行性研究报告的重要组成部分，也是建设项目技术经济评价和投资决策的重要依据之一。投资估算的成果文件称为投资估算书，简称为投资估算。

按照我国现行的项目建议书和可行性研究报告审批要求，投资估算一经批准，即为项目投资的最高限额，一般情况下不得随意突破。因此，投资估算必须准确，误差太大必将导致决策失误。投资估算的准确性不仅影响到可行性研究工作质量和经济评价结果，也直接关系到下一阶段设计概算、施工图预算的编制，以及建设资金筹措方案。因此全面准确估算建设工程的工程造价，是可行性研究乃至整个决策阶段造价管理的重要任务。

2. 投资估算的作用

投资估算作为论证拟建项目的重要经济文件,既是建设项目技术经济评价和投资决策的重要依据,又是该项目实施阶段投资控制的目标值。投资估算在建设工程的投资决策、造价控制、筹集资金等方面都有重要的作用。

(1) 项目建议书阶段的投资估算,是项目主管部门审批项目建议书的依据之一,也是编制项目规划、确定建设规模的参考依据。

(2) 可行性研究阶段的投资估算,是项目投资决策的重要依据,也是研究、分析、计算项目投资经济效果的重要条件,当可行性研究报告被批准后,其投资估算额就作为设计任务书中下达的投资限额,即建设项目投资的最高限额,不得随意突破。

(3) 投资估算是设计阶段造价控制的依据,投资估算一经确定,即成为限额设计的依据,用以对各设计专业实行投资切块分配,作为控制和指导设计的尺度。

(4) 投资估算可作为项目资金筹措及制定建设贷款计划的依据,建设单位可根据批准的项目投资估算额,进行资金筹措和向银行申请贷款。

(5) 投资估算是核算建设项目固定资产投资需要额和编制固定资产投资计划的重要依据。

(6) 投资估算是建设工程设计招标、优选设计单位和设计方案的重要依据。在工程设计招标阶段,投标单位报送的标书包括项目设计方案、投资估算和经济性分析,招标单位根据投资估算对设计方案的经济合理性进行分析、比较,在此基础上,择优确定设计单位和设计方案。

3.3.2 投资估算的阶段划分及精度要求

3.3.2.1 国外投资估算的阶段划分和精度要求

在国外,如英美等国家,一个建设项目从投资设想到施工图设计,其间各个阶段对项目投资的预估额均称为估算,只是各个阶段设计的深度不同、技术条件和采用方法不同,对投资估算的准确度要求不同。英美等国将建设项目的投资估算分为以下五个阶段。

1. 投资设想阶段

在投资设想阶段,没有平面布置图、工艺流程图,也没有设备分析的情况下,根据假想条件比照同类型已投产项目的投资额,并考虑涨价因素来编制项目所需投资额,这一阶段称为毛估阶段,或称为比照估算。这一阶段投资估算的意义是判断一个项目是否需要进行下一步工作,对投资估算精度的要求比较低,允许误差大于±30%。

2. 投资机会研究阶段

在投资机会研究阶段,应在初步工艺流程图、主要生产设备的生产能力及项目建设的地理位置等已知情况的基础上,套用类似规模项目的单位生产能力建设费,进而估算拟建项目所需投资额,据此初步判断项目是否可行,或据此判断项目引起投资兴趣的程度。这一阶段称为粗估阶段,对投资估算精度要求误差控制在±30%以内。

3. 初步可行性研究阶段

在初步可行性研究阶段,已具有设备规格表、主要设备生产能力、项目的总平面布置、各建筑物的大致尺寸、公用设施的初步位置等,进而估算拟建项目的投资估算额。并据此确定拟建项目是否可行,或据此确定是否列入投资计划。这一阶段称为初步估算阶段,对投资估算精度要求误差控制在±20%以内。

4. 详细可行性研究阶段

在详细可行性研究阶段,项目的细节已经敲定,也已对建筑材料、设备进行询价,并进行了设计和施工的咨询,但工程图纸和技术说明尚不完备。可根据该阶段的投资估算额进行筹款。这一阶段称为确定估算,或称为控制估算,对投资估算精度要求误差控制在±10%以内。

5. 工程设计阶段

在工程设计阶段,已具有工程的全部设计图纸、详细的技术说明、材料清单、工程现场勘察资料等,进而根据图纸和单价逐项计算,汇总出项目所需要的投资额,并据此投资估算控制项目的实际建设。这一阶段称为详细估算,或称为投资估算,对投资估算精度的要求为误差控制在±5%以内。

3.3.2.2 我国投资估算的阶段划分与精度要求

在我国,投资估算是在初步设计之前的每个阶段都需要做的一项工作。在初步设计之前,根据需要可邀请设计单位参加编写项目规划和项目建议书,并委托设计单位承担项目的初步可行性研究、可行性研究以及设计任务书的编制工作。同时根据项目已经明确的技术经济条件,编制和估算精度不同的投资额,我国建设项目的投资估算可分为四个阶段。

1. 项目规划阶段的投资估算

这个阶段主要是根据国民经济的发展规划、地区发展规划和行业发展规划,编制建设项目的建设规划。按照项目规划的要求和内容,粗略地估算出建设项目所需的投资额,对投资估算精度的要求为允许误差大于±30%。

2. 项目建议书阶段的投资估算

按照项目建议书中的建设规模、产品方案、生产工艺、企业车间组成、初选的建设地点等,估算建设项目所需投资额,对投资估算精度要求误差控制在±30%以内。这个阶段的投资估算为项目进行技术经济论证提供依据,同时也是判断是否需要进入下一阶段,即可行性研究的依据。

3. 初步可行性研究阶段的投资估算

这个阶段的投资估算是在掌握了更详细、更深入资料的前提下,估算建设项目所需投资额,对投资估算精度要求误差控制在±20%以内。这个阶段投资估算的意义就是初步明确项目方案,为项目进行技术经济论证提供依据,同时确定是否进行详细可行性研究。

4. 可行性研究阶段的投资估算

可行性研究阶段的投资估算至关重要,是对项目进行较详细的技术经济分析,是决定项目是否可行,并作为比选出最佳投资方案的依据。这个阶段的投资估算经审查批准后,就是工程设计任务书中规定的项目投资限额,并据此列入项目年度基本建设计划。这个阶段的投资估算精度要求误差控制在±10%以内。

由于上述不同阶段投资估算的精度不同，调查研究越深入，掌握的资料越丰富，投资估算越准确。投资估算的阶段划分及精度要求见表3.2。

表3.2　　　　　　　　　投资估算的阶段划分及精度要求

阶 段 划 分	作 用	精 度 要 求
项目规划阶段	粗略匡算建设项目投资额	≥±30%
项目建议书阶段	按照项目建议书估算项目投资额；为技术经济论证提供依据，判断是否需要可行性研究的依据	≤±30%
初步可行性研究阶段	估算建设项目所需投资额；确定是否进行详细可行性研究	≤±20%
详细可行性研究阶段	决定项目是否可行，选择最佳投资方案的主要依据；编制设计文件、控制设计概算的主要依据	≤±10%

3.3.3　投资估算的编制

投资估算是估算项目从筹建、施工直至建成投产所需全部建设资金总额并测算建设期各年资金使用计划的过程。根据现行的《建设项目投资估算编审规程》（CECA/GC1—2015）规定，投资估算按照编制估算的工程对象划分，包括建设项目投资估算、单项工程投资估算和单位工程投资估算等。

3.3.3.1　投资估算文件组成

投资估算文件一般由封面、签署页、编制说明、投资估算分析、总投资估算表、单项工程估算表、主要技术经济指标等内容组成。

1. 编制说明

投资估算的编制说明一般包括以下内容：①工程概况；②编制范围，说明建设项目总投资估算中包含的和不包含的工程项目和费用，如果由几个单位共同编制时，应说明分工编制的情况；③编制方法；④编制依据；⑤主要技术经济指标，包括投资、用地和主要材料用量指标，当设计规模有远期、近期不同考虑时，或者土建与安装的规模不同时，应分别计算后再综合；⑥有关参数选定的说明，如土地拆迁、供电供水、考察咨询等费用的费率标准选用情况；⑦特殊问题的说明，包括采用新技术、新材料、新设备、新工艺必须说明的价格的确定，进口材料、设备、技术费用的构成与技术参数等，采用限额设计的工程还应对投资限额和投资分析作进一步说明，方案比选的工程还应对方案比选的经济指标作进一步说明。

2. 投资估算分析

（1）工程投资比例分析。一般民用项目需分析土建及装饰装修、给排水、消防、采暖、通风空调、电气等主体工程和道路、广场、围墙、大门、室外管线、绿化等室外附属工程占建设项目总投资的比例；一般工业项目需分析主要生产系统、辅助生产系统、公用工程（给排水、供电、通信、供气、总图运输等）、服务性工程、生活福利设施、厂外工程等占建设项目总投资的比例。

（2）各类费用构成占比分析。分析设备及工器具购置费、建筑工程费、安装工程费、工程建设其他费、预备费、建设期利息占建设总投资的比例，分析引进设备费占全部设备费的比例等。

(3) 分析影响投资的主要因素。

(4) 与国内类似工程项目进行比较，分析说明投资高低的原因。

3. 总投资估算的编制

总投资估算即为汇总各单项工程估算、工程建设其他费、基本预备费、涨价预备费、建设期利息、流动资金等。建设项目总投资估算构成和编制流程如图 3.2 所示：

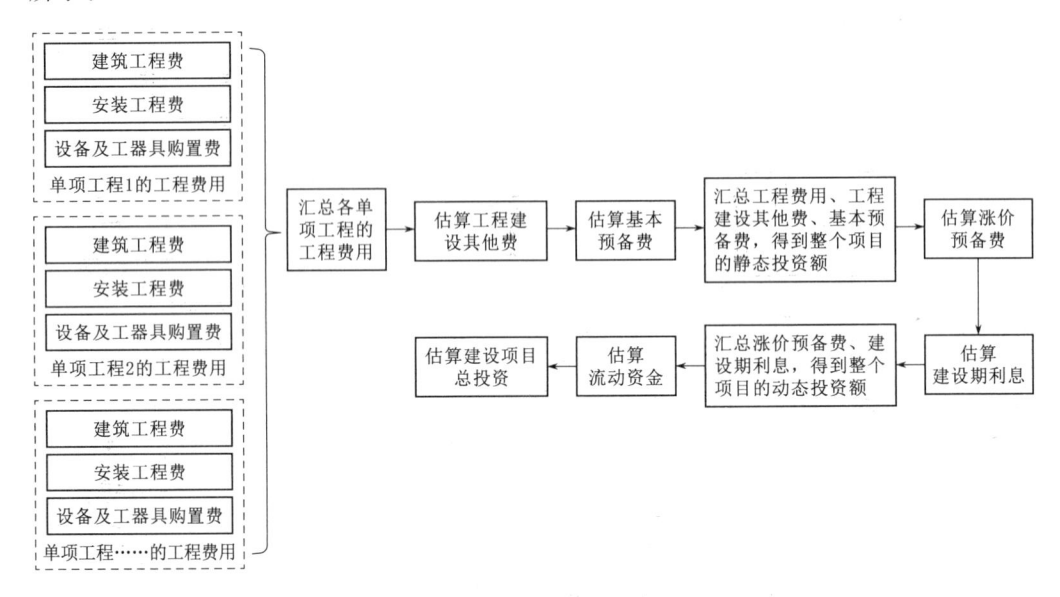

图 3.2 建设项目总投资估算构成和编制流程图

投资估算主要包括项目建议书阶段的投资估算和可行性研究阶段的投资估算。项目建议书阶段未考虑动态投资部分，而可行性研究阶段的投资估算编制一般包含静态投资部分、动态投资部分与流动资金估算三部分。主要编制流程如下：

(1) 分别估算各单项工程所需要的建筑工程费、设备及工器具的购置费和安装工程费，在汇总各个单项工程的工程费用基础上，估算工程建设其他费和基本预备费，完成工程项目静态投资部分的估算。

(2) 在静态投资部分估算的基础上，估算涨价预备费和建设期利息，完成工程项目动态投资部分的估算。

(3) 估算流动资金。

(4) 估算建设项目总投资。

4. 单项工程投资估算

单项工程投资估算应按建设项目划分的各个单项工程分别计算建筑工程费、设备及工器具购置费和安装工程费，组成单项工程的工程费用。

5. 工程建设其他费用估算

工程建设其他费用估算应按预期将要发生的工程建设其他各类费用，逐项详细估算其费用金额。

6. 主要技术经济指标

估算人员应根据项目特点，计算并分析整个建设项目、各个单项工程和主要单位工程的主要技术经济指标。

3.3.3.2 静态投资部分的估算方法

静态投资部分的估算需按照某个确定时间来进行，一般以项目开工的前一年为基准年。静态投资部分的估算方法很多，每种方法都有自己的适用条件和范围，而且误差程度也不同。一般情况下，在项目规划和建议书阶段，投资估算的精度较低，可以采用简单的匡算法，比如单位生产能力法、生产能力指数法、系数估算法、比例估算法等。如果条件允许，也可以采用指标估算法。在可行性研究阶段，投资估算精度要求高，需要采用相对详细的投资估算方法，即指标估算法。具体如图 3.3 所示。

3.4 静态投资部分的估算

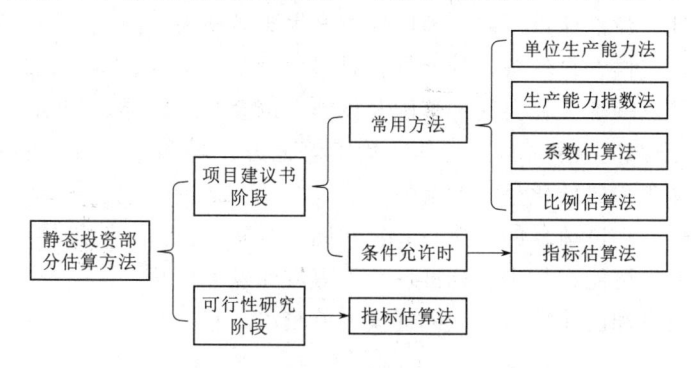

图 3.3 静态投资部分的估算方法图

1. 单位生产能力法

单位生产能力法是利用已经建成的类似项目的数据资料进行估算，即采用已建类似建设项目的单位生产能力投资乘以拟建项目的建设规模，即得到拟建项目的静态投资额。计算公式为

$$C_2 = \left(\frac{C_1}{Q_1}\right) Q_2 f \tag{3.1}$$

式中 C_1——已建类似项目的静态投资额；

C_2——拟建项目的静态投资额；

Q_1——已建类似项目的生产能力；

Q_2——拟建项目的生产能力；

f——不同时期、不同地点的定额、单价、费用变更等的综合调整系数。

这种方法把建设项目的静态投资额与其生产能力的关系看作是简单的线性关系，估算过程简单便捷。但是通常情况下，单位生产能力的投资会随着生产规模的增加而减少，因此，这种方法一般只适用于与已建项目在规模和时间上相近的拟建项目，一般两者的生产能力比值为 0.2~2，否则误差会较大。

【例 3.1】 某地拟建一座 200 套客房的豪华宾馆，另有一座同星级豪华宾馆最近在该地竣工，且掌握了以下资料：有 250 套客房，有门厅、餐厅、会议室、游泳池、网球场、健身房等设施,建设投资为 10250 万元。试估算新建项目的建设投资额(综合调整系数为 0.9)。

解 根据以上资料,用单位生产能力法估算:

$$拟建项目的建设投资额 = \frac{10250}{250} \times 200 \times 0.9 = 7380(万元)$$

现实工作中,由于找到与拟建项目完全类似的项目不太容易,通常把项目按其构成的车间、设施和装置进行分解,分别套用类似车间、设施、装置的单位生产能力的投资指标进行计算,然后汇总求得项目的总投资。这种方法主要用于新建项目的估算,十分简便,但要求估价人员掌握足够的典型工程的历史数据。

单位生产能力估算法误差较大,应用该估算方法时,需注意以下几点:

(1) 地区性。建设地点不同,地区性差异主要表现为:两地经济状况不同,地质水文情况不同,气候、自然条件的差异,材料、设备的来源、运输状况不同等。

(2) 配套性。一项工程会有许多配套设施,也会产生差异。例如,公用工程、辅助工程、场外工程和生活福利工程等,均随着地方差异和工程规模的变化而各不相同,并不与主体工程的变化呈线性关系。

(3) 时间性。建设项目的兴建不一定在同一时间建设,时间差异或多或少存在的,在这段时间内可能在技术、标准、价格等方面发生变化。

如果拟建项目和已建项目之间的规模相差较大,需要对单位生产能力估算法进行改进。

2. 生产能力指数法

生产能力指数法又称为指数估算法,是根据已经建成的类似项目生产能力和投资额来粗略估算同类的拟建项目静态投资额的方法,是对单位生产能力估算法的改进。计算公式为

$$C_2 = C_1 \left(\frac{Q_2}{Q_1}\right)^n f \tag{3.2}$$

式中 C_1——已建类似项目的静态投资额;
C_2——拟建项目的静态投资额;
Q_1——已建类似项目的生产能力;
Q_2——拟建项目的生产能力;
f——不同时期、不同地点的定额、单价、费用变更等的综合调整系数;
n——生产能力指数。

式(3.2)表明投资额与生产能力之间呈非线性关系。在正常情况下,$0 \leqslant n \leqslant 1$,$n$ 的取值与生产规模比值相关:如果已建类似项目规模和拟建项目规模相差不大,即生产规模比值为 0.5~2,生产能力指数 n 的取值近似为 1;如果生产规模比值为 2~50,且拟建项目生产规模扩大仅靠增大设备规模达到时,生产能力指数 n 的取值为 0.6~0.7;若依靠增加相同规格设备的数量达到时,生产能力指数 n 的取值为 0.8~0.9。一般拟建项目与已建项目生产能力的比值,不宜大于 50,在 10 以内效果较好,否则误差会增大。

3.3 投资估算的编制与审查

【例 3.2】 2004 年在某地兴建一座 30 万 t 合成氨的化肥厂，投资额为 28000 万元，假如 2026 年在该地开工兴建 45 万 t 合成氨的工厂，合成氨的生产能力指数为 0.81，则所需静态投资为多少？（假定从 2004 年至 2026 年每年年平均工程造价综合调整指数为 1.10）

解 拟建 45 万 t 合成氨工厂的投资额为

$$C_2 = C_1 \left(\frac{Q_2}{Q_1}\right)^{0.81} f = 28000 \times \left(\frac{45}{30}\right)^{0.81} \times (1.10)^{22} = 316541.77 (万元)$$

这种方法计算简单、速度快，但要求类似工程的资料可靠、条件基本相同或相近，否则误差就会增大。生产能力指数法与单位生产能力估算法相比，精确度略有提高，其误差可以控制在±20%以内。这种方法主要用于设计深度不足，拟建项目与类似项目的规模不同，设计定型并系列化，行业内相关指数和系数等基础资料完备的情况。尽管这种方法误差仍较大，但是这种估价方法不需要详细的工程设计资料，只需要知道工艺流程及规模即可，这是它独特的优势。在总承包工程报价时，承包商大都采用这种方法。

3. 系数估算法

系数估算法又称因子估算法，是以拟建项目的主体工程费或主要设备费为基数，以其他工程费占主体工程费或设备购置费的百分比为系数，估算拟建项目静态投资额的方法。这种方法简单易行，但是精度较低，一般也是用于项目建议书阶段。系数估算法的方法较多，我国常用方法包括设备系数法、主体专业系数法；世界银行项目投资估算常用的方法是朗格系数法。

(1) 设备系数法。设备系数法是根据已建成的同类项目的有关统计资料，将已建项目中建筑工程费、安装工程费、工程建设其他费分别与设备购置费相比得到的系数，运用到拟建项目中。以拟建项目设备购置费为基数，参照已建类似项目中各费用与设备费的比值系数，从而计算出拟建项目的建筑工程费、安装工程费、工程建设其他费等。其计算公式为

$$C = E(1 + f_1 P_1 + f_2 P_2 + f_3 P_3 + \cdots) + I \tag{3.3}$$

式中　　C——拟建项目的静态投资额；

　　　　E——根据拟建项目或装置的设备清单按当时当地价格计算的设备购置费；

$P_1, P_2, P_3, \cdots$——已建项目中建筑工程费、安装工程费及工程建设其他费等占设备购置费的比重；

$f_1, f_2, f_3, \cdots$——由于时间因素引起的定额、价格、费用标准等变化的综合调整系数；

　　　　I——拟建项目的其他费用。

【例 3.3】 A 地于 2026 年拟兴建一年产 40 万 t 甲产品的工厂，现获得 B 地 2023 年投产的年产 30 万 t 甲产品类似工厂的建设投资资料。B 地类似工厂的设备费 12400 万元、建筑工程费 6000 万元、安装工程费 4000 万元、工程建设其他费 2800 万元。若拟建项目的其他费用为 2500 万元，考虑 2023 年至 2026 年期间因时间因素导

致的设备费、建筑工程费、安装工程费、工程建设其他费的综合调整系数分别为 1.15、1.25、1.05、1.1，生产能力指数为 0.6。试估算拟建项目的总投资是多少？

解 先求出已建项目的建筑工程费、安装工程费、工程建设其他费占设备费的比例，即

建筑工程费占设备购置费的比例：$6000 \div 12400 = 0.4839$

安装工程费占设备购置费的比例：$4000 \div 12400 = 0.3226$

工程建设其他费占设备购置费的比例：$2800 \div 12400 = 0.2258$

然后估算拟建项目的静态投资额，即

$$C = E(1 + f_1 P_1 + f_2 P_2 + f_3 P_3 + \cdots) + I$$
$$= 12400 \times \left(\frac{40}{30}\right)^{0.6} \times 1.15 \times (1 + 1.25 \times 0.4839 + 1.05 \times 0.3226 + 1.1 \times 0.2258) + 2500$$
$$= 39646.71 (万元)$$

（2）主体专业系数法。采用系数估算法时，还可以把拟建项目中最主要、投资比重较大，且与生产能力直接相关的工艺设备的投资（包括运杂费及安装费）作为基数，根据同类型的已建项目的统计资料，计算出拟建项目的各专业工程，包括土建、暖通、给排水、管道、电气、电信及其他费用占工艺设备投资的百分比。求出拟建项目各专业的投资，然后把各部分投资费用相加之和，即为拟建项目的总费用。其计算公式为

$$C = E(1 + f_1 P'_1 + f_2 P'_2 + f_3 P'_3 + \cdots) + I \tag{3.4}$$

式中　　C——拟建项目的静态投资额；

E——根据拟建项目的设备清单按当时当地价格计算的主体设备的投资；

$P'_1, P'_2, P'_3, \cdots$——已建项目中各专业工程费用占工艺设备费用的百分比；

$f_1, f_2, f_3, \cdots$——由于时间因素引起的定额、价格、费用标准等变化的综合调整系数；

I——拟建项目的其他费用。

主体专业系数法与设备系数法看上去很相似，两者的计算原理是相同的，都是以拟建项目设备费为基数，再参照已建类似项目中各费用与设备费的比重系数，从而计算出拟建项目各项费用。因此，这两种方法也可以简单理解为"借系数"。但是这两种方法的计算基数不同，设备系数法的计算基数为拟建项目的设备购置费，而主体专业系数法的计算基数为拟建项目中与生产能力直接相关的主体专业设备的购置费，这里强调的设备是指主体专业中的工艺设备，不是所有设备购置费。然后再参照已建类似项目中其他专业与主体专业设备费的比重系数，例如参照已建类似项目中土建、采暖、管道、电气等与主体设备费的比例，计算出拟建项目各专业费用，最终汇总出拟建项目静态投资额。

【例 3.4】 拟建铸钢厂项目的主体工艺设备投资额为 3443.07 万元，与主体工艺设备投资有关的各专业工程投资系数见表 3.3，试用主体专业系数法计算主厂房的建筑安装工程费和设备购置费。

3.3 投资估算的编制与审查

表 3.3 与主体工艺设备投资有关的各专业工程投资系数

加热炉	汽化冷却	余热锅炉	自动化仪表	起重设备	供电与传动	建安工程
0.12	0.01	0.04	0.02	0.09	0.18	0.40

解 建筑安装工程投资＝3433.07×0.4＝1377.23（万元）

设备购置费＝3433.07×（1+0.12+0.01+0.04+0.02+0.09+0.18）
＝3433.07×1.46＝5026.88（万元）

（3）朗格系数法。朗格系数法是以设备购置费为基数，乘以适当的系数来推算项目的静态投资。这种方法在国内不常见，主要是世界银行项目投资估算中常采用的方法，其原理是将总成本费用中的直接成本和间接成本分别计算，再合成为项目的静态投资。其计算公式为

$$C = E(1 + \sum K_i)K_c = EK_L \tag{3.5}$$

式中 C——拟建项目的静态投资额；

E——根据拟建项目的设备清单按当时当地价格计算的设备购置费；

K_i——管线、仪表、建筑物等项费用的估算系数；

K_c——管理费、合同费、应急费等项目费用的总估算系数；

K_L——朗格系数。

朗格系数也表示为静态投资与设备费之比，见式（3.6）。朗格系数的取值及包含内容见表 3.4。

$$K_L = \frac{C}{E} = (1 + \sum K_i)K_c \tag{3.6}$$

表 3.4 不同项目朗格系数的取值及包含内容

项目类型		固体流程	固流流程	液体流程
朗格系数 K_L		3.1	3.63	4.74
内容	（a）包括基础、设备、绝热、油漆及设备安装费	\multicolumn{3}{c}{$E×1.43$}
	（b）包括上述在内和配管工程费	(a)×1.1	(a)×1.25	(a)×1.6
	（c）装置直接费	\multicolumn{3}{c}{(b)×1.5}
	（d）包括上述在内和间接费	(c)×1.31	(c)×1.35	(c)×1.38

朗格系数法估算投资的步骤如下：

1）计算设备到达现场的费用。

2）根据计算出的设备费乘以系数 1.43，得出包括设备、基础、绝热工程、油漆工程和设备安装在内的总费用。

3）第 2）步结果分别乘以 1.1、1.25、1.6，得出包括配管（管道工程）在内的总费用。

4）第 3）步结果乘以 1.5，得到包括建筑工程、电气及仪表工程在内的直接费用。

5）第 4）步结果分别乘以 1.31、1.35、1.38，得到包括间接费在内的总投资估

算额。

【例 3.5】 某世界银行贷款的农机项目,根据方案提出的主要设备,按照现行市场价格计算,该项目的设备到达现场的费用为 22040 万元,估算项目的静态投资及间接费用。

解 农机的生产流程属于固体流程,因此采用朗格系数时数据采用固体流程的数据。

费用 1) $=E\times1.43=22040\times1.43=31517.2$(万元),即设备、基础、绝热、油漆及设备安装费为 31517.2 万元。

费用 2) $=E\times1.43\times1.1=22040\times1.43\times1.1=34668.92$(万元),则其中配管(管道工程)费:$34668.92-31517.2=3151.72$(万元)。

费用 3) $=E\times1.43\times1.1\times1.5=52003.38$(万元),即装置直接费为 52003.38 万元。

费用 4) $=E\times1.43\times1.1\times1.5\times1.31=68124.43$(万元),则间接费:$68124.43-52003.38=16121.05$(万元)。

因此,该项目的静态投资为 68124.43 万元,间接费为 16121.05 万元。

朗格系数法是国际上估算一个工程项目或一套装置的费用时,采用较为广泛的方法。但是应用朗格系数法进行工程项目或装置估价的精度仍不是很高。主要原因是装置规模大小不同、不同地区自然地理条件差异、不同地区经济条件差异、不同地区气候条件差异、主要设备材质不同、设备费用变化较大而安装费用变化较小等。

朗格系数法是以设备购置费为计算基础,对于石油、石化、化工工程而言,设备费用所占的比重一般占 45%~55%,同时一项工程中每台设备含有的管道、电气、自控仪表、绝热、油漆等都有一定的规律。所以只要对各种不同类型工程的朗格系数掌握准确,估算精度仍可以较高,朗格系数法估算误差为 10%~15%。

4. 比例估算法

比例估算法参照的是已建项目中设备购置费占整个项目静态投资的比例,然后估算出拟建项目的主要设备购置额,即可按比例求出拟建项目的静态投资。计算公式为

$$I=\frac{1}{K}\sum_{i=1}^{n}Q_{i}P_{i} \qquad (3.7)$$

式中 I——拟建项目的静态投资额;

K——已建项目主要设备购置费占已建项目投资的比例;

Q_i——第 i 种设备的数量;

P_i——第 i 种设备的单价(到厂价);

n——主要设备种类数。

比例估算法主要用于设计深度不足,拟建项目与类似项目中主要设备的投资比重比较大,在行业内系数的基础资料完备的情况下使用。

系数估算法与比例估算法都是先求出拟定项目的设备费,然后再向类似项目借系数或比例,最终求出拟建项目的静态投资额。不同的是系数估算法借用的系数是类似项目中各费用与设备费比值的系数,而比例估算法借用的系数是类似项目中主要设备

占静态投资额的比例。

【例 3.6】 拟建某项目需 A 设备 900 台，B 设备 600 套，单价分别是 5 万元和 6 万元。已建同类项目的主要设备投资占静态投资的比例为 60%，试用比例估算法估算拟建项目静态投资额。

解 拟建项目静态投资额：(900×5+600×6)/60%=13500(万元)

5. 指标估算法

在可行性研究阶段，为了保证编制精度，一般采用指标估算法。指标估算法是依据建设项目各组成部分的投资估算指标，对单位或单项工程进行估算，进而估算建设项目总投资。估算过程如下：

首先，将拟建建设项目分解为以单项工程或单位工程为单位，按建设内容纵向划分为各个主要生产系统建设费用、辅助生产系统建设费用、公用设施建设费用、服务性工程费用、生活福利设施建设费用以及各项其他工程建设费用；同时按费用性质横向划分为建筑工程、设备及工器具购置费、安装工程等费用。

其次，根据各种具体的投资估算指标，进行各单位工程或单项工程投资的估算，在此基础上汇总编制形成拟建项目的各个单项工程费用和拟建项目的工程费用投资估算。条件具备时，可对于投资有重大影响的主体工程估算出分部分项工程量，套用相关综合定额（概算指标）或概算定额进行编制。

最后，再按相关规定估算工程建设其他费、基本预备费等，形成拟建建设项目的静态投资。

这种计算方法精确率较高，误差率大概在 10% 左右。静态投资中设备购置费和基本预备费一般按照公式计算，工程建设其他费一般是按照合同价或者是文件中规定的收费标准来计算，因此估算的重点在于建筑工程费用和安装工程费用。

(1) 建筑工程费用估算。建筑工程费用是指为建造永久性建筑物和构筑物所需要的费用。其估算方法一般包括单位建筑工程投资估算法、单位实物工程量投资估算法和概算指标投资估算法。

1) 单位建筑工程投资估算法。采用已建项目的单位建筑工程量投资乘以拟建建筑工程总量来计算。工业与民用建筑物和构筑物的一般土建及装修按单位建筑面积（m^2）投资，仓库、工业窑炉砌筑按单位容积（m^3）投资，水库按水坝单位长度（m）投资，铁路路基按单位长度（km）投资，矿山掘进按单位长度（m）投资，乘以拟建建筑工程量计算建筑工程费。比如：某写字楼的建筑工程费为 5000 元/m^2，拟建类似工程总建筑面积为 1 万 m^2，那么该工程建筑工程费为两者乘积，即为 5000 万元。

2) 单位实物工程量投资估算法。是以单位实物工程量投资乘以实物工程总量计算。土石方工程按每立方米投资，矿井巷道衬砌工程按每延长米投资，路面铺设工程按每平方米投资，乘以相应的实物工程总量计算建筑工程费。

3) 概算指标投资估算法。对于没有上述估算指标或类似工程造价资料时，可采用概算指标估算法。这种方法通常需要较为详细的工程资料，包括建筑材料价格和工程费用指标，工作量较大。计算如下：

$$建筑工程费 = \sum 分部分项实物工程量 \times 概算指标 \qquad (3.8)$$

前两种方法比较简单，适合于有适当估算指标或类似工程造价资料时使用；如果没有适当的估算指标或类似工程的造价资料，可以采用各分部分项工程的概算指标乘以相应的概算工程量进行估算，但这样需要较为详细的工程资料，工作量较大。实际工作中，应根据具体的条件和要求选用。

(2) 设备及工器具购置费估算。设备购置费根据项目主要设备表及价格、费用资料编制，工器具购置费按设备费的一定比例计取。对于价值高的设备应按台（套）估算购置费，对于价值低的设备，可按类估算，国内设备和进口设备应分别估算。

(3) 安装工程费用估算。安装工程费一般以设备费为基数区分不同类型进行估算。

1) 工艺设备安装费估算：以单项工程为单元，根据单项工程的专业特点和各种具体的投资估算指标，按设备费百分比估算指标进行估算；或根据单项工程设备总重，采用元/t估算指标进行估算。即

$$安装工程费 = 设备原价 \times 设备安装费率(\%) \qquad (3.9)$$

$$安装工程费 = 设备吨重 \times 单位重量(t) 安装费指标 \qquad (3.10)$$

2) 工艺金属结构、工艺管道估算：以单项工程为单元，根据设计选用的材质、规格，以t为单位，套用技术标准、材质和规格、施工方法相适应的投资估算指标或类似工程造价资料进行估算。计算表达式如下：

$$安装工程费 = 质量总量 \times 单位质量安装费指标 \qquad (3.11)$$

3) 工艺窑炉砌筑和保温工程安装费估算：以单项工程为单元，以"t""m^2""m^3"为单位，套用技术标准、材质和规格、施工方法相适应的投资估算指标或类似工程造价资料进行估算。计算表达式如下：

$$安装工程费 = 质量(体积、面积)总量 \times 单位质量安装费指标 \qquad (3.12)$$

4) 电气设备及自控仪表安装费估算：以单项工程为单元，根据该专业设计的具体内容，采用相适应的投资估算指标或类似工程造价资料进行估算，或根据设备台（套）数、变配电容量、装机容量、桥架质量、电缆长度等工程量，采用其综合单价指标来估算。计算表达式如下：

$$安装工程费 = 设备工程量 \times 单位工程量安装费指标 \qquad (3.13)$$

(4) 工程建设其他费用估算。工程建设其他费用的估算应结合拟建项目的具体情况，有合同或协议明确的费用按合同或协议列入；无合同或协议明确的费用，根据国家和各行业部门、工程所在地地方政府的有关工程建设其他费用定额（规定）和计算办法估算。

(5) 基本预备费。基本预备费的估算一般是以建设项目的工程费用和工程建设其他费用之和为基础，乘以基本预备费率进行计算，如式（3.14）所示。基本预备费的费率大小，应根据建设项目所处的设计阶段和具体的设计深度，在估算中采用的各项估算指标与设计内容的贴近度，以及项目所属行业主管部门的具体规定来确定。

$$基本预备费 = (工程费用 + 工程建设其他费用) \times 基本预备费率(\%) \qquad (3.14)$$

对（1）～（5）的估算费用进行汇总，形成拟建项目的静态投资估算。使用指标

估算法时，应注意以下情况：

1) 影响投资估算精度的因素主要包括价格变化、现场施工条件、项目特征的变化等。因此，在应用指标估算法时，应根据不同地区、建设时期、建设条件进行调整。因为地区、时期不同，人工、材料与设备的价格均有差异，调整方法可以以人工、主要材料消耗量和工程量为计算依据，也可以按不同工程项目的万元工料消耗定额确定不同的系数。在有关部门颁布定额或人工、材料价差系数（物价指数）时，可以据其调整。

2) 采用指标估算法进行投资估算绝不能生搬硬套，必须对工艺流程、定额、价格及费用标准进行分析，经过实事求是的调整与换算后，才能提高其精确度。

3.3.3.3 动态投资部分的估算方法

动态投资部分估算主要包括价差预备费、建设期贷款利息两部分。这两部分的估算请见第 2 章 2.5 小节和 2.6 小节。如果是涉外项目，还应计算汇率的影响。这里主要介绍一下汇率变化对涉外项目的影响。

汇率是两种不同货币之间的兑换比率，或者是一种货币表示的另一种货币的价格。汇率变化意味着一种货币相对于另一种货币的升值或贬值。由于涉外项目投资包含人民币以外的币种，需要按照相应汇率把外币投资额换算为人民币投资额，所以汇率变化会对涉外项目的投资额产生影响。

外币对人民币升值，项目从国外市场购买材料设备所支付的外币金额不变，但换算成人民币的金额增加。从国外借款，本息所支付的外币金额不变，但换算成人民币的金额增加；外币对人民币贬值，项目从国外市场购买材料设备所支付的外币金额不变，但换算成人民币的金额减少。从国外借款，本息所支付的外币金额不变，但换算成人民币的金额减少。

估计汇率变化对建设项目投资的影响，是通过预测汇率在项目建设期内的变动程度以估算年份的投资额为基数计算求得。

3.3.3.4 流动资金的估算

流动资金是针对生产经营性项目，在投产运营后为进行正常的生产运营，用于购买原材料、燃料、支付工资和其他一些经营费用所需要的周转资金。这笔营运资金被周转使用，但又被长期占用，它不包含运营过程中所需要的临时性的营运资金。流动资金的估算一般采用分项详细估算法。对于个别情况或者小型项目，可以采用扩大指标估算法。

3.5 流动资金的估算

1. 分项详细估算法

分项详细估算法是通过对流动资产与流动负债分别估算，进而估算占用的流动资金。计算公式为

$$流动资金 = 流动资产 - 流动负债 \tag{3.15}$$

针对式 (3.15)，需对流动资产和流动负债的主要构成要素进行分项估算，进而估算流动资金。流动资产的构成要素包括应收账款、预付账款、存货、库存现金；流动负债包括应付账款和预收账款两部分。流动资金等于流动资产减去流动负债。

因为流动资金被周转使用，因此在估算时首先需要计算各类流动资产和流动负债

的年周转次数，然后再分项估算占用的资金额。分项详细估算法的估算步骤如下：

(1) 计算周转次数。周转次数是指流动资金各构成要素在一年内完成多少个生产过程。周转次数通常用一年的天数除以流动资金的最低周转天数。一年的天数通常按360天计算。

$$周转次数 = 360 \div 流动资金的最低周转天数 \tag{3.16}$$

各类流动资产和流动负债的最低周转天数，可参照同类企业的平均周转天数，并结合项目自身的特点来确定，或按照部门或行业的规定来确定。

(2) 对流动资产估算。包括对应收账款、存货、库存现金、预付账款分别进行估算，具体如下：

1) 应收账款的估算。应收账款是企业对外赊销商品或提供劳务，但尚未收回的资金。应收账款的估算公式如下：

$$应收账款 = 年经营成本 \div 应收账款周转次数 \tag{3.17}$$

应收账款的估算需要以经营成本为基数，因此实际上流动资金估算应在经营成本估算之后进行。经营成本可以理解为：经营成本＝总成本费用－折旧费－摊销费－利息支出。

2) 存货的估算。存货是指企业为了销售或为未来生产耗用而储备的各种物资，包括原材料、辅助材料、维修备件、包装物、燃料、商品，以及仍然处在生产过程中的在产品和产成品等。所以估算存货的表达式为

$$存货 = 外购原材料和燃料 + 其他材料 + 在产品 + 产成品 \tag{3.18}$$

$$外购原材料和燃料费 = 年外购原材料和燃料费 \div 按种类分项周转次数 \tag{3.19}$$

$$其他材料费 = 年外购其他材料费 \div 其他材料周转次数 \tag{3.20}$$

$$在产品 = (年外购原材料和燃料费 + 年工资及福利费 + 年修理费$$
$$+ 年其他制造费用) \div 在产品周转次数 \tag{3.21}$$

$$产成品 = (年经营成本 - 年其他营业费用) \div 产成品周转次数 \tag{3.22}$$

累计上述外购原材料和燃料费、其他材料、在产品和产成品的估算，即为存货的估算。

3) 库存现金的估算。流动资金中的现金是指货币现金，是企业生产运营过程中，停留于货币形态的那部分资金。包括企业的库存现金和银行存款。现金估算的公式为

$$现金 = (年工资及福利费 + 年其他费用) \div 现金周转次数 \tag{3.23}$$

4) 预付账款的估算。预付账款是企业为购买各类材料、半成品或服务而预先支付的款项。计算公式为

$$预付账款 = 外购商品或服务的年费用金额 \div 预付账款周转次数 \tag{3.24}$$

上述应收账款、存货、现金、预付账款的估算完成后，累加即为流动资产的估算。

(3) 流动负债的估算。流动负债是指在一年或超过一年的一个营业周期内，需要偿还的各种债务，包括短期借款、应付票据、预收账款、应付工资、应付福利费、应交税金等。在可行性研究中，流动负债的估算可以只考虑应付账款和预收账款两项，

其计算表达式如下：

$$应付账款 = 外购原材料、燃料动力费以及其他材料年费用 \div 应付账款周转 \tag{3.25}$$

$$预收账款 = 预收的营业收入年金额 \div 预收账款的周转次数 \tag{3.26}$$

应付账款、预收账款这两项计算出来之后，累加起来即是流动负债。

经过上面三步的估算，得出流动资产和流动负债两个估算数据，根据流动资产减去流动负债即可估算流动资金。

【例 3.7】 某项目设计定员 1100 人，工资和福利费按照每人每年 7.2 万元估算，每年其他费用为 860 万元（其中，其他制造费用 660 万元）；年外购原材料、燃料费估计为 19200 万元；年经营成本为 21000 万元，年销售收入为 33000 万元，年修理费占年经营成本 10%，年预付账款为 800 万元，年预收账款为 1200 万元。各类流动资产与流动负债最低周转天数分别为：应收账款 30 天，现金 40 天，应付账款 30 天，存货 40 天，预付账款 30 天，预收账款 30 天。试编制流动资金估算表。

解 首先，计算流动资产：

① 应收账款：应收账款 = 21000 ÷ (360 ÷ 30) = 1750（万元）

② 存货：外购原材料、燃料费用 = 19200 ÷ (360 ÷ 40) = 2133.33（万元）

在产品 = (19200 + 7.2 × 1100 + 21000 × 10% + 660) ÷ (360 ÷ 40) = 3320（万元）

产成品 = 21000 ÷ (360 ÷ 40) = 2333.33（万元）

因此，存货 = 2133.33 + 3320 + 2333.33 = 7786.66（万元）

③ 现金：现金 = (7.2 × 1100 + 860) ÷ (360 ÷ 40) = 975.56（万元）

④ 预付账款：预付账款 = 800 ÷ (360 ÷ 30) = 66.67（万元）

综上，流动资产 = 1750 + 7786.66 + 975.56 + 66.67 = 10578.89（万元）

其次，计算流动负债：

① 应付账款 = 19200 ÷ (360 ÷ 30) = 1600（万元）

② 预收账款 = 1200 ÷ (360 ÷ 30) = 100（万元）

因此，流动负债 = 1600 + 100 = 1700（万元）

综上，流动资金 = 10578.89 - 1700 = 8878.89（万元）

估算出流动资金后，要编制流动资金估算表。由于分项详细估算法估算的精确度较高，一般在可行性研究阶段，会采用分项详细估算法。在项目建议书阶段，精确度要求不高的情况下，可以采用扩大指标估算法。

2. 扩大指标估算法

扩大指标估算法是根据已建同类企业的实际资料，求得各类流动资金占销售收入、或经营成本、或总成本费用、或建设投资的比率，究竟是占谁的比例，根据行业内部习惯确定，也可以依据行业或部门给定的参考值或经验来确定比率。比率确定以后，根据各类流动资金比率，乘以拟建工程中相应的费用基数，就可得出各类年流动资金额。扩大指标估算法的计算公式可以总结为

$$各类年流动资金额 = 年费用基数 \times 各类流动资金比率 \tag{3.27}$$

扩大指标估算法简单易行，但准确度不高，适用于精确度要求不高的项目建议书

阶段。

由于流动资金被长期占用，因此流动资金的筹集需要通过长期负债和资本金的途径来解决。这里的流动资金，一般要求在投产前一年开始筹集。借款部分按全年计算利息，流动资金的利息应计入生产期间的财务费用，项目计算期末收回全部的流动资金。

需要注意的是，在不同生产负荷下的流动资金，应按不同生产负荷所需要的各项费用分别估算，而不能直接按照100％生产负荷下的流动资金，应乘以生产负荷百分比求得。

3.3.4 投资估算的审查

在建设项目各阶段所形成的投资估算、设计概算、施工图预算、承包合同价、结算价及竣工决算之间，存在着前者控制后者，后者补充前者的相互作用关系，只有保证投资估算的正确性，才能保证后续造价控制在合理范围内，确保投资控制目标能够实现。投资估算审查是保障项目正确决策的前提之一。投资估算的正确与否关系到建设项目财务评价和经济分析是否正确，从而影响其在经济上是否可行。为了保证建设项目投资估算的准确性和估算质量，必须加强对投资估算编制的正确性进行审查。在审查投资估算时，应注意以下几点。

3.3.4.1 审查投资估算的编制依据

审查编制依据的时效性和准确性。投资估算涉及的数据资料很多，例如相关的定额、参数、标准和有关规定，以及同类项目的投资、设备和材料价格、运杂费费率等。依据这些资料时，要注意他们的时效性和准确性，必要时需进行调整。

3.3.4.2 审查投资估算的构成内容

审查投资估算的构成内容，主要审查投资估算内容的完整性和构成的合理性。审查投资估算包括的工程内容与规划要求是否一致，是否漏掉了某些辅助工程、室外工程的建设费用等。生产装置的技术水平和自动化程度是否符合规划要求的先进程度，是否考虑了项目将采用的高新技术、新材料、新设备以及新结构、新工艺等导致的投资额变化等。

3.3.4.3 审查投资估算的估算方法及其正确性

不同估算方法都有各自的适用条件和范围，并具有不同的精度，选用的投资估算方法要与项目的客观情况相适应，不得超出其适用范围，保证投资估算的质量。

投资者决策用的投资估算一般不宜使用单一的估算方法，而是综合使用几种方法，相互补充，相互校对。对于投资额不大，一般规模的工程项目，适宜采用类比或系数估算法。审查投资估算时，应对投资估算所采用方法的适用条件、范围、计算是否正确进行评价；应对工程量、设备、材料及价格等是否正确合理进行评价；对投资比例是否合理，费用或费率是否存在漏项少算，是否有意压价或高估冒算、提高标准等进行评价；必须进口的国外设备数量是否经过核实，价格是否合理（是否经过三家以上供应厂商的询价和对比），是否考虑汇率、税金、利息、物价上涨指数等因素进行评价。

本 章 回 顾

在全过程造价管理过程中，最为关键的是建设前期即决策阶段。本章首先介绍了项目投资决策和工程造价之间的关系，以及决策阶段影响工程造价的主要因素，并对可行性研究的概念、作用、阶段划分及可行性研究报告的编制进行介绍；其次对投资估算的概念、内容及审查进行介绍。

拓 展 阅 读

都江堰水利工程

都江堰位于成都平原西部岷江，建于公元前256年，是战国时期秦国蜀郡太守李冰父子率众修建的一座大型水利工程，是全世界至今为止年代最久、唯一留存、以无坝引水为特征的宏大水利工程，至今2000多年仍在发挥巨大效益。

都江堰水利工程主要由鱼嘴分水堤、飞沙堰溢洪道、宝瓶口进水口三大部分构成，科学解决了江水自动分流、自动排沙、控制进水流量等问题，消除了水患，使川西平原成为"水旱从人"的"天府之国"。

岷江是长江上游的一条较大的支流，从灌县流经成都平原，每当春夏山洪暴发时，江水奔腾而下，由于河道狭窄，常常引起洪灾。洪水一退，又是沙石千里。灌县岷江东岸的玉垒山阻碍江水东流，造成东旱西涝。

都江堰的主体工程是将岷江分成两条，一条引入成都平原，既可分洪减灾，又可引水灌田，变害为利。李冰召集有治水经验的农民，对当地地形和水情作了实地勘察，决定凿穿玉垒山引水。在没有火药（火药发明于东汉时期）不能爆破的情况下，他用火烧石，使岩石爆裂（热胀冷缩原理），终于在玉垒山凿穿了一个宽20m，高40m，长80m的缺口。因形状酷似瓶口，故取名"宝瓶口"，把开凿玉垒山分离的石堆叫"离堆"。

宝瓶口引水工程完成后，虽然起到了分流和灌溉的作用，但因江东地势较高，江水难以流入宝瓶口，李冰率众又在距玉垒山不远的岷江上游和江心筑分水堰，用装满卵石的大竹笼放在江心堆成一个狭长的小岛，形如鱼嘴，岷江流经鱼嘴，被分为内外两江。外江仍遵循原来河道，内江经过宝瓶口流入成都平原。

为进一步起到分洪和减灾作用，在分水堰与离堆之间，又修建一条长200m的溢洪道流入外江，以保证内江无灾害，溢洪道前修有弯道，江水形成环流，江水超过堰顶时洪水中夹带的泥石便流入外江，这样便不会淤塞内江和宝瓶口，故取名"飞沙堰"。为了观测和控制内江水量，又雕刻了三个石人，放于水中，让人们知道"枯水不淹足，洪水不过肩"。

都江堰工程实现了总体目标最优（岷江水在鱼嘴分流）；选址最优（在岷江出水口与川西平原接合部，在鱼嘴处80%泥沙进入外江，飞沙堰10%进入外江，余下

10%在鱼嘴到宝瓶口河道);地形合理利用(枯水时大部分水流入内江,洪水时大部分流入外江);成本做到最低。

都江堰每年都接待不少国内外游客,其中不乏水利专家。他们仔细观看了整个工程的设计后,都对它独具匠心的科学水平惊叹不止。

李冰父子用智慧、坚持和汗水深耕细作,造就了都江堰水利工程的伟大奇迹,科学解决江水无坝分流、自动排沙、控制进水流量等关键问题,达到引水灌田、分洪减灾的目的,也成就了成都平原迅速崛起为秦国粮仓,为秦国完成统一奠定基础。

我们在学习与工作中应秉承精益求精的工匠精神,立志建设流芳百世的工程作品,造福社会,并认识到作为未来工程师肩上的责任和使命,从而自觉提高自身专业素养。

思考题与习题

第4章 设计阶段建设工程造价管理

● **知识目标**
1. 掌握设计阶段影响工程造价因素
2. 掌握设计阶段工程造价控制措施
3. 掌握限额设计的思想
4. 掌握民用建筑设计的评价指标
5. 掌握工业建筑设计的评价指标
6. 掌握工程设计方案的优化途径
7. 掌握价值工程优化方案设计思路
8. 掌握设计概算的方法及其作用
9. 掌握施工图预算的概念、编制与审查

● **能力目标**
1. 理解设计方案评价指标
2. 掌握三阶段造价管理内容及控制措施
3. 能够采用价值工程评价工程项目设计方案优劣及进行限额设计
4. 熟悉编制设计概算方法，会审查设计概算
5. 熟悉编制施工图预算方法，会审查施工图预算

● **价值目标**
1. 培养学生诚实守信的品质、树立正确的价值观
2. 培养学生严谨求实的工作态度，增强职业责任感
3. 培养学生爱国精神、历史责任感、坚定文化自信、增强使命担当

案例1：深圳某展览馆工程项目，建筑面积约4.2万 m^2，在决策阶段投资估算为5.9亿元。在设计阶段，对建筑主体设计、智能化系统设计、幕墙工程设计、室内装饰设计、建筑泛光照明设计、景观设计等实行设计招标，提出了限额设计要求；聘请了设计顾问公司实施设计监理工作。由于采取了一系列的设计管理措施，对项目造价进行了有效控制，使项目实际造价控制到4.9亿元，节省了投资。

案例2：某市妇幼保健医院大楼，立项时可行性研究报告的规模为4.5万 m^2，投资估算是1.56亿元。设计单位与甲方确定的设计方案中，建筑面积确定为5.8万 m^2，为了节省时间，业主没有重新报发展改革委立项，投资仍按照1.56亿元。初步设计完成的建筑面积也是5.8万 m^2，为了能和立项投资额一致，设计概算删减了一系列专业科室建设的费用，投资概算为1.559亿元，没有突破立项投资。在初步设计评审中，专

家也提出过质疑，但建设方强势要求不增加。专家也没有坚持，于是初步设计批复顺利通过。当施工图设计完成后，施工图预算为 2.17 亿元。这时比立项投资多出近 40%，事实上在施工过程中依然会有很多需要补充，比如专业科室、电梯、医用砌体、室内装修等，多出的费用难以想象。建设后期，建设方不得不降低材料、仪器设备、装修等标准来控制投资，该项目的建设水平可想而知。

因此，设计阶段的造价管理与控制是整个建设工程造价管理的重点，设计是否经济合理对工程造价控制具有十分重要的意义。

建设工程设计是在可行性研究批准之后、开始施工之前，根据已批准的设计任务书，为具体实现拟建项目的技术、经济要求，拟定建筑、安装及设备制造等所需的规划、图纸、数据等技术文件的工作。设计阶段是建设工程由计划变为现实具有决定性意义的工作阶段，是决定建筑产品价值形成的关键阶段。设计阶段造价管理是指在设计阶段造价管理人员密切配合设计人员，协助处理好项目的技术先进性和经济合理性之间的关系，通过推行限额设计和标准化设计等，在对多方案技术经济分析基础上优化设计方案，从而主动影响工程造价，达到有效控制工程造价的目的。

4.1 设计阶段建设工程造价管理概述

4.1.1 设计阶段建设工程造价管理的意义

决策阶段之后设计阶段成为工程造价管理的关键阶段。设计文件是工程施工的依据，拟建工程在施工过程中能否保证质量、进度和节约投资，在很大程度上取决于设计质量的优劣。工程建成后，能否获得满意的经济效果，除了项目投资决策外，设计工作也起着决定性作用。设计阶段工程造价管理的意义主要体现在以下几方面。

4.1.1.1 提高资金利用效率和投资控制效率

在设计阶段进行工程造价计价与控制，可以使造价构成更合理，提高资金利用效率。设计阶段通过编制设计概算，了解工程造价的构成，分析资金分配的合理性，并利用价值工程原理分析项目各个组成部分功能与成本的匹配程度，调整项目功能与成本使其更趋于合理，从而提高资金的利用效率。另外，通过对投资估算、设计概算、施工图预算的分析，了解工程各组成部分的投资比例，将比例较大部分作为投资控制的重点，进而提高投资控制效率。

4.1.1.2 造价控制更主动

设计阶段造价控制能充分体现事前控制的思想。因为设计的每一笔都需要投资来实现，而设计阶段是项目要实施而未实施阶段，调整、改动都比较容易，为了减少设计变更造成的工程造价增加，把好设计关尤为重要。通常人们把控制理解为目标值与实际值的比较，当实际值偏离目标值时分析其原因，确定下一步对策。这对于批量生产的制造业是有效的管理方法。但是对于建设工程而言，由于建设产品具有单件性、价值大的特点，这种管理方法只能发现偏差，不能消除偏差，更不能预防偏差。一旦发生偏差，损失往往很大。在设计阶段进行造价控制，是为了使造价管理具有前瞻性和预见性。设计阶段造价控制，可以先按一定质量标准，提出拟建工程每一分部或分项工程的计划支出费用报表，即造价计划，然后当详细设计编制出来之后，对工程的每一分部或分项工程计算造价，对照造价计划所列指标进行审核，预先发现差异，主动采取控制措施消除差异，使设计更经济。

4.1.1.3 便于技术与经济相结合

设计人员在设计过程中往往更关注工程的使用功能，力求采用比较先进的技术方法实现项目所需功能，而对经济因素考虑较少。如果在设计阶段吸收造价工程师参与设计全过程，在制定方案时就能充分考虑其经济后果，设计成果将能达到技术和经济的统一。另外，投资限额一旦确定，设计只能在确定的限额内进行，有利于建筑师发挥个人创造力，选择一种最经济的方式实现技术目标，从而确保设计方案能较好地体现技术与经济的结合。

4.1.1.4 控制工程造价效果显著

设计的不同阶段对工程造价的影响程度不同，随着设计的逐步深入，工程项目的构成情况逐渐明确具体，可以优化的空间越来越小，对工程造价影响程度逐步下降。图4.1反映了建设前期各阶段影响工程项目投资的一般规律：初步设计对工程造价的影响程度达75%~95%，技术设计对工程造价的影响达35%~75%，而施工图设计对工程造价的影响程度达5%~35%。因此，当项目投资决策确定以后，设计阶段是控制工程造价的关键阶段。

4.1.2 设计阶段划分及其造价管理内容

我国基本建设项目的设计一般包括初步设计、施工图设计两个阶段，称为"两阶段设计"。对于技术复杂有一定难度，又缺乏设计经验的工程项目，或特殊建设工程或重大项目，可以按初步设计、技术设计和施工图设计三个阶段进行，称为"三阶段设计"。对于小型建设项目，技术上较为简单的，经项目主管部门同意可简化为施工图设计一阶段进行。随着设计工作逐步深入，设计的不同阶段工程造价管理内容又有所不同。

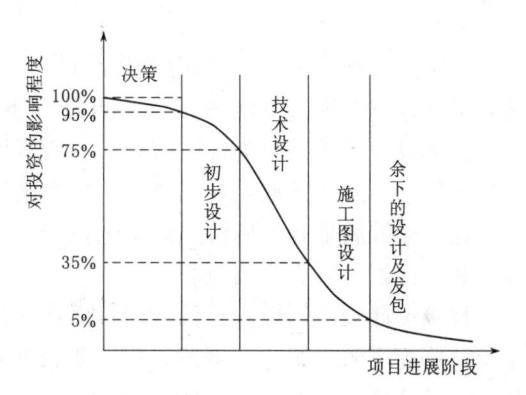

图4.1 建设前期各阶段对投资的影响程度

4.1.2.1 设计准备阶段

设计人员与造价咨询人员紧密合作，通过对项目建议书和可行性研究报告内容的分析，充分了解业主方对项目设计的总体思路和要求，特别是工程应具备的各项使用功能要求，了解和掌握各种有关的外部条件和客观情况，包括地形、气候、地质、自然环境等自然条件；城市规划对建筑物的要求；水、电、气、通信等基础设施状况；项目所能提供的资金、材料、施工技术和装备等以及可能影响工程的其他客观因素。

4.1.2.2 方案设计阶段

设计人员应与使用者和规划部门充分交换意见，考虑项目与周围环境的相容性和协调性，对工程主要内容（包括功能与形式）的安排进行布局设想，提出方案。方案设计的内容包括设计说明书，总平面图及建筑设计图，设计委托书或合同中规定的透视图、鸟瞰图、模型等。造价人员根据方案设计图纸和说明书，编制各专业工程造价估算书。对于不太复杂的工程，这一阶段可以省略，把工作并入初步设计阶段。

4.1.2.3 初步设计阶段

初步设计是整个设计构思基本形成的阶段，也是设计阶段中的关键性阶段。通过初步设计进一步明确拟建工程在指定地点、规定期限内进行建设的技术可行性和经济合理性；制定主要技术方案，并根据初步设计图纸和说明书及概算定额编制初步设计总概算和主要技术经济指标。

设计总概算是确定建设项目的投资额、编制固定资产投资计划的依据，是签订建设工程总包合同、贷款总合同、实行投资包干的依据；同时也可以作为控制建设工程拨款、组织主要设备订货、进行施工准备及编制技术设计文件或施工图设计文件等的依据。设计总概算一经批准，即为控制拟建项目工程造价的最高限额。

4.1.2.4 技术设计阶段

技术设计阶段又称扩大初步设计阶段，是对于技术复杂而又无设计经验或特殊的建设工程或重大项目，将初步设计再进一步扩大具体化，是各种技术问题的定案阶段。技术设计所研究和决定的问题，与初步设计大致相同，但需要根据更详细的勘查资料和技术经济计算加以补充修正。技术设计的详细程度应能确定设计方案中重大技术问题，能够满足有关试验、设备选择等方面的要求，能够根据技术设计进行施工图设计和提出设备订货明细表等。

技术设计除了体现初步设计的整体意图外，还要考虑施工的简便易行。如果对初步设计所确定的方案有所更改，应对更改部分编制修正概算。对于不太复杂的工程，技术设计阶段可以省略，把这个阶段的一部分工作纳入初步设计，另一部分留待施工图设计阶段进行。在技术设计阶段，根据技术设计图纸和说明书及概算定额，编制更加准确的设计概算，即修正设计概算。

4.1.2.5 施工图设计阶段

施工图设计主要是为工程实施编制详细蓝图。通过详细的图样，把设计者的意图和全部设计结果表达出来。作为施工的依据，施工图设计是工程设计和工程施工的桥梁。根据施工图纸和说明书及预算定额，编制施工图预算，用以核实施工图设计阶段的造价是否超过批准的初步设计概算。以施工图预算为基础进行招投标的工程，则以中标的施工图预算作为确定承包合同价的依据，也作为结算工程价款的依据。

4.1.2.6 设计交底和配合施工

在施工图发出后，工程正式开工前，设计人员须到施工现场，与建设方、施工方及监理方等共同会审施工图纸，设计人员介绍设计意图和技术要求，解释设计文件，进行技术交底，并修改不符合实际和有错误的图样。此外，对现场提出的设计问题，应予以解答，并配合现场施工、各阶段验收、参加试运转和竣工验收以及进行全面的工程设计总结等。

4.1.3 设计阶段建设工程造价管理的方法

1. 加强方案估算、设计概算和施工图预算的编制与审查

设计阶段加强对设计方案估算、初步设计概算和施工图预算的编制与审查至关重要。实际工作中经常出现方案估算不完整，限额设计目标值缺乏合理性，设计概算不准确，施工图预算不精确，影响到设计各阶段造价控制目标的确定，最终不能达到造价目标控制设计工作的目的。

方案估算须建立在分析测算基础上，能够全面、真实地反映各个方案所需造价。在方案的投资估算过程中，要多考虑影响造价的因素，例如施工工艺和方法的不同、施工现场情况的不同等，都会使按照经验估算的造价发生变化。设计单位须对各类设计资料进行分析测算，以掌握大量一手资料数据，为方案的造价估算积累有效数据。

设计概算不准确，与施工图预算相差甚远的现象也时常发生。究其原因主要是初步设计深度不够、概算编制人员缺乏责任心、概算与设计脱节、概算错误较多等。要提高概算质量，首先，必须加强设计人员与概算编制人员之间的联系和沟通；其次，提高概算编制人员的素质，增强责任心，多深入实际，丰富现场工作经验；再次，加强对设计概算的审查，概算审查可以避免重大错误发生，避免不必要的经济损失，设计单位要建立三审制度，即自审、审核、审定，大的设计单位还应建立概算抽查制度。概算审查不仅局限于设计单位，建设单位和概算审批部门也应加强对初步设计概算的审查，严格概算的审批，有效控制工程造价。

施工图预算是签订施工承包合同，确定承包合同价，进行工程结算的重要依据。其质量的高低直接影响施工阶段造价的控制。提高施工图预算的质量可以通过加强对编制施工图预算的单位和人员资质的审查，并改善对他们的管理方式来实现。

2. 设计方案的优化和比选

为提高建设工程投资效果，从选择建设地址、工程总平面布置，到最后结构构件的设计，都应进行多方案比选，从中选择技术先进、经济合理的最佳设计方案，或者对现有的设计方案进行优化，使其更加经济合理。在设计过程中，可利用价值工程对设计方案进行比较，对不合理的设计提出改进意见，从而达到控制造价、节约投资的目的。

3. 推广限额设计和标准化设计

限额设计是设计阶段造价控制的重要手段，它能够有效控制"三超"现象的发生，使设计单位加强技术与经济对立统一管理，克服设计概预算本身的失控对工程造价带来的负面影响。另外，推广成熟的、行之有效的标准化设计不但能提高设计质量，而且能提高设计效率，节约成本；同时因为标准化设计使用标准构配件，压缩现场工作量，有利于工程造价的控制。

4. 推行设计索赔及设计监理等制度，加强设计变更管理

设计索赔和设计监理等制度的推行，提高了人们对设计工作的重视程度，从而使设计阶段的造价控制得以有效开展，同时也促进设计单位建立完善的管理制度，提高设计人员的质量意识和造价意识。另外，设计图纸变更发生得越早，造成的经济损失越小；反之则损失越大。工程设计人员应建立施工轮训和继续教育制度，尽可能避免

设计与施工脱节的现象发生，尽量避免设计变更的发生。对非发生不可的变更，应尽量控制在设计阶段且要先算账后变更、层层审批等方法，以使投资得到有效控制。

4.2 设计阶段影响工程造价的主要因素

党的二十大报告明确指出"实施全面节约战略，推进各类资源节约集约利用"。设计阶段更需考虑未来各种资源的节约利用，以降低工程造价，提高资源利用效率。由于建设工程类别不同，在设计阶段需要考虑的影响工程造价的因素也有所不同，下面就工业与民用建设项目，分别介绍其设计阶段影响工程造价的因素。

4.2.1 工业建设工程设计阶段影响工程造价的主要因素

工业建设工程设计中，影响工程造价的主要因素有总平面设计、工艺设计、建筑设计等。

4.2.1.1 总平面设计

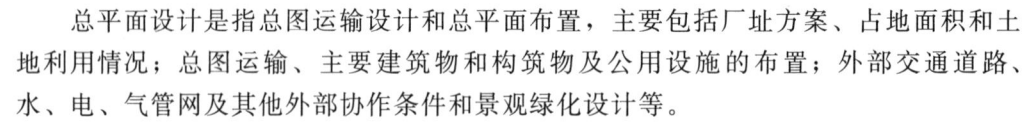

总平面设计是指总图运输设计和总平面布置，主要包括厂址方案、占地面积和土地利用情况；总图运输、主要建筑物和构筑物及公用设施的布置；外部交通道路、水、电、气管网及其他外部协作条件和景观绿化设计等。

总平面设计是否合理对于整个设计方案的经济合理性有重大影响。正确合理的总平面设计可大大减少建设工程量，节约建设用地，节省建设投资，加快建设进度，降低工程造价和项目运行后的使用成本，并为企业创造良好的生产组织、经营条件和生产环境，还可以为城市建设或工业区创造完美的建筑艺术环境。

总平面设计中影响工程造价的因素包括现场条件、占地面积、功能分区、运输方式的选择。

1. 现场条件

现场条件是制约设计方案的重要因素之一，对工程造价的影响主要体现在：地质、水文、气象条件等影响基础形式选择、基础埋深（持力层、冻土线），地形地貌影响平面及室外标高的确定，场地大小、邻近建筑物、地上附着物等影响平面布置、建筑层数、基础形式及埋深等。因此，总平面布置应适应建设地点的气候、地形、工程地质、水文地质等自然条件，因地制宜，为生产和运输创造有利条件；力求减少土方工程量，避免大挖大填，填方与挖土应尽可能平衡；建筑物的布置应避开滑坡、断层、危岩等不良地段，以及采空区、软土层区等，力求以最少的费用获得良好的生产条件。

2. 占地面积

占地面积的大小一方面影响征地费用的高低，另一方面也会影响管线布置成本及项目建成后运营的运输成本。因此在满足建设项目基本使用功能的基础上，应尽可能节约用地。另外，还应妥善处理建设项目长远规划与近期建设的关系，近期建设项目的布置应集中紧凑，并适当留有发展余地。在符合防火、卫生和安全距离并满足使用功能的条件下，应尽量减少建筑物、生产区之间的距离，尽量考虑多层厂房，以增加场地的有效使用面积。

3. 功能分区

无论是工业建筑还是民用建筑都有许多功能,这些功能之间相互联系、相互制约。合理的功能分区既可以使建筑物的各项功能充分发挥,又可以使总平面布置紧凑、降低成本。对于工业建筑,合理的功能分区还可以使生产工艺的流程顺畅,从全生命周期造价管理考虑还可以使运输简便,降低项目建成后的运营成本。

4. 运输方式选择

不同的建设项目可以有不同的运输方式选择,不同的运输方式其运输效率和运输成本不同。例如,有轨运输运量大、运输安全,但需要一次性投入大量资金;无轨运输不需要一次性投入大量资金,但运量小、安全性较差。如果仅从降低工程造价的角度来看,应尽可能选择无轨运输,可以减少占地,节约投资;但如果考虑到项目运营的需要或运量较大的情况,则有轨运输往往比无轨运输成本低。因此,要综合考虑建设项目生产工艺流程、功能区要求、建设场地等具体情况,选择经济合理的运输方式。

综上,总平面设计对工程造价的影响因素可以归纳如下,见表4.1。

表 4.1　　　　　　　　总平面设计对工程造价的影响因素

序号	影响因素	具 体 内 容
1	现场条件	地质、水文、气象条件等影响基础形式和埋深,地形地貌影响标高,场地大小、邻近建筑物、地上附着物等影响平面布置、层数、基础形式和埋深
2	占地面积	征地费用、管线布置成本及建成后运营阶段的运输成本
3	功能分区	合理的功能分区既可以降低建设工程造价,又可以降低运营成本
4	运输方式	综合考虑生产工艺流程、功能区要求、建设场地等具体情况,选择经济合理的运输方式

4.2.1.2　工艺设计

工艺设计是工程设计的核心,是根据工业企业生产的特点、功能来确定。工艺设计一般包括生产方法的确定、工艺流程设计和生产设备的选择等。工艺设计标准高低,不仅直接影响工程建设投资大小和建设进度,而且还决定着未来企业的产品质量、数量和经营费用。在工艺设计过程中,影响工程造价的因素主要包括以下几方面:

1. 生产方法的确定

(1) 所选生产方法是否合适体现在是否先进适用。落后的生产方法不但会影响产品的生产质量,而且在生产过程中也会造成较高的维护费用,同时还需要追加投资改进生产方法;但是太先进的生产方法往往需要较高的技术获取费,如果不能与企业的生产要求及生产环境相匹配,将会带来不必要的浪费。

(2) 生产方法合理性还表现在是否符合原料路线。不同工艺路线往往要求不同原料路线。选择生产方法时要考虑工艺路线对原料规格、型号、品质的要求,原料供应是否稳定可靠。

（3）所选的生产方法应符合绿色生产的要求。如果生产方法不符合绿色生产要求，项目主管部门往往要求投资者追加绿色环保设施，必将带来工程造价的提高。

2. 工艺流程设计

工艺流程设计是工艺设计的核心。合理的工艺流程应既能保证主要工序生产的稳定性，又能根据市场变化在产品生产的品种、规格、数量上保持一定的灵活性。工艺流程设计与场内运输、管线布置联系紧密。工艺流程的合理布置首先在于保证主要生产工艺流程无交叉和逆行现象，并使生产线路尽可能短，从而节约占地，减少技术管线的工程量，节约造价。

3. 设备选型与设计

设备选型的依据是企业对生产产品的工艺要求。在工艺设计中确定了生产工艺流程后，须根据生产规模和工艺流程的要求，选择设备型号和数量，并对一些标准设备和非标准设备进行设计。设备选型重点要考虑设备的使用性能、经济性、可靠性和可维修性等。设备的使用性能包括设备要满足产品生产工艺的技术要求、设备的生产率、与其他系统的配套性、灵活性及其对环境的污染情况等；设备的经济性包括选择设备时，应考虑设备的购置费不高，而且维修费较为节省，同时能源消耗较少，并节省劳动力等；设备的可靠性是指设备功能在时间上的稳定性，或者说在规定时间内、规定条件下无故障地完成功能的能力，包括设备的精度及精度的保持性、机器零件的耐用性、功能的可靠程度、操作是否安全等；设备的可维修性是指设备维修的难易程度，一般地，若设备设计合理、结构简单、零部件组装合理、维修时零部件易拆易装，容易检查，零部件的通用性、标准性及互换性好，那么维修性就好。

工艺和设备的选择是相互依存、紧密相连的，应选择能满足生产工艺要求，达到生产能力的最适用的设备。在工业建筑中，设备购置费占建设投资很大的比例，设备选型不仅影响着工程造价，而且对生产方法及产品质量也有着决定性作用。

4.2.1.3 建筑设计

在建筑设计部分，要在考虑合理施工组织和施工条件的基础上，重点考虑工程的立体、平面设计和结构方案及工艺要求等。建筑设计中影响工程造价的主要因素包括以下几个方面：平面形状、流通空间、建筑层高、层数、建筑物的体积与面积、建筑结构和建筑材料、柱网布置等。

1. 平面形状

通常建筑物平面形状越简单，它的单位面积造价就越低。因为不规则的建筑物将导致室外工程、排水工程、砌体工程及屋面工程等复杂化，从而增加工程费用。即使在相同的建筑面积下，建筑平面形状不同，建筑周长系数也不同，建筑周长系数公式如下：

$$K_{周} = \frac{建筑物周长}{建筑面积} \tag{4.1}$$

$K_{周}$表示单方建筑面积所占外墙长度，该指标主要评价建筑物平面形状是否合理。指标越低，平面形状越合理。通常情况下，建筑周长系数$K_{周}$越低，设计越经济。$K_{周}$随着圆形、正方形、矩形、T形、L形的次序依次增大。虽然圆形建筑周长系数最低，但是圆形建筑物施工复杂，施工费用一般比矩形建筑增加 20%～30%，所以其墙体工程量所节约的费用并不能使建设工程造价降低。另外，虽然正方形建筑既有利于施工，又能降低工程造价，但是若不能满足建筑物美观、采光和使用要求，则毫无意义。因此，建筑物平面形状的设计应在满足建筑物使用功能的前提下，降低建筑周长系数，充分注意建筑平面形状简洁、布局合理，从而降低工程造价。

2. 流通空间

在满足建筑物使用要求的前提下，应将流通空间减少到最小，这是建筑物平面经济布置的主要目标之一。因为门厅、走廊、过道、楼梯以及电梯井的流通空间都不能为了获利目的而加以使用，但是却需要相当多的采光、采暖、装饰、清扫等方面的费用。

3. 建筑层高

在建筑面积不变的情况下，建筑层高增加会引起各项费用的增加。如墙与隔墙及其粉刷等装饰费用的提高；楼梯间造价和电梯设备费用的增加；供暖空间体积的增加导致热源及管道增加；卫生设备、上下水管道长度增加。另外，施工垂直运输量增加，从而也可能导致屋面造价的增加；由于层高增加而导致建筑物总高度增加很多时，还可能增加基础的造价和结构造价。

据相关资料分析，单层厂房层高每增加 1m，单位面积造价增加 1.8%～3.6%，年度采暖费用增加约 3%；多层厂房的层高每增加 0.6m，单位面积造价增加 8.3% 左右。因此，随着层高的增加，单位建筑面积造价也在不断增加。

4. 建筑层数

建设工程总造价随着建筑层数增加而提高。但是当建筑层数增加时，单位建筑面积所分摊的土地费用及外部流通空间费用将有所降低，从而使单位面积造价发生变化。建筑层数对造价的影响，因建筑类型和结构形式不同而不同。层数不同，荷载不同，对基础和结构形式的要求也不同。如果增加一个楼层不影响建筑物的基础和结构形式，单位建筑面积的造价可能会降低。但是当建筑物超过一定层数时，结构和基础形式就须改变，单位造价通常会增加。建筑物越高，电梯及楼梯的造价也将有提高的趋势，建筑物的维护费用也将增加，但是采暖费用有可能下降。

对于工业厂房层数的选择，应重点考虑生产性质和生产工艺的要求。如果需要大跨度、拥有大型生产设备和起重设备、生产时有较大振动、散发大量热量或烟尘的重型工业建筑，采用单层厂房是经济合理的；如果工艺紧凑、设备和产品重量不大，要求恒温、恒湿条件的各种轻型车间，为充分利用场地，减少基础工程量，缩短交通线路、工程管线和围墙长度，降低单方造价，可采用多层厂房。确定多层厂房的经济层数主要有两个因素：一是厂房展开面积的大小，展开面积越大，经济层数越可增多；二是厂房宽度和长度，宽度和长度越大，则经济层数越能增多，造价也随之降低。

5. 建筑物的体积与面积

随着建筑物体积和面积增加，工程总造价会提高，但一般会引起单位面积造价的降低。对于同一工程项目，固定费用不一定会随着建筑体积和面积的扩大而有明显变化，一般情况下，单位面积固定费用会相应减少。对于工业建筑，在不影响生产能力的条件下,厂房、设备布置力求紧凑合理,采用大跨度、大柱距的平面设计形式,提高平面利用系数,从而降低工程造价。

6. 建筑结构和建筑材料

建筑结构是指建筑工程中由基础、梁、板、柱、墙、屋架等构件所组成的起骨架作用、能承受直接和间接荷载的空间受力体系。建筑结构按所用建筑材料不同,可分为砌体结构、钢筋混凝土结构、钢结构、木结构和组合结构等。建筑结构的选择既要满足力学要求,又要考虑其经济性。而建筑材料一般占直接工程费的70%,降低材料费用,不仅可以降低直接工程费,而且也会导致间接费的降低。

采用先进的结构形式和轻质高强度建筑材料,能减轻建筑物自重,简化基础工程,减少建筑材料和构配件的费用及运费,并能提高劳动生产率和缩短建设工期,经济效果十分明显。因此,建筑结构和建筑材料选择是否合理,不仅直接影响到工程质量、使用寿命、耐火抗震性能,而且对施工费用、工程造价有很大的影响。

对于大中型工业厂房一般选用钢筋混凝土结构;对于多层房屋或大跨度建筑,选用钢结构明显优于钢筋混凝土结构。由于各种建筑体系的结构各有利弊,在选用结构类型时应结合实际,因地制宜,采用经济合理的结构形式。

7. 柱网布置

柱网布置是确定柱子的行距(跨度)和间距(每行柱子中相邻两个柱子的间距)的依据。另外对于柱网,还须站在可持续发展的角度加以布置,随着科技飞速发展,生产设备和生产工艺也须随之变化,为了适应这种变化,厂房的跨度和间距应适当增大,以保证厂房有较大的灵活性,避免生产设备和生产工艺的改变受柱网布置的限制。

对于工业建筑,柱网布置对梁板配筋及基础的大小都会产生较大的影响,从而对工程造价和厂房面积的利用效率都有较大的影响。柱网的选择与厂房中有无吊车、吊车的类型及吨位、屋顶的承重结构以及厂房高度等因素有关。对于单跨厂房,当柱间距不变时,跨度越大单位面积造价越低。因为除屋架外,其他结构分摊在单位面积上的平均造价随跨度的增大而减少。对于多跨厂房,当跨度不变时,中跨数量越多越经济。这是因为柱子和基础分摊在单位面积上的造价减少了。

4.2.2 民用建设工程设计阶段影响工程造价的主要因素

民用建设工程的设计是根据建筑物的功能要求,确定建筑标准、结构形式、建筑物空间与平面布置以及建筑群体的配置等。民用建筑一般包括公共建筑和住宅建筑两大类。住宅建筑是民用建筑中最主要、最大量的建筑形式,因此这里主要介绍住宅建筑设计中影响工程造价的主要因素。

4.2.2.1 住宅小区建设规划中影响工程造价的主要因素

住宅小区是人们日常生活相对完整、独立的居住单元,是城市建设的组成部分,所以住宅小区建设规划须根据小区的功能要求,确定各构成部分的合理层次与关系,据此安排住宅建筑、公共建筑、管网、道路及绿地的布局,确定合理人口与建筑密度、房屋间距和建筑层数,布置公共设施项目、规模及服务半径,以及水、电、热、煤气的供应等,并划分包括土地开发在内的上述各部分的投资比例。小区规划设计的

4.2 设计阶段影响工程造价的主要因素

核心是提高土地利用率。

1. 占地面积

住宅小区的占地面积不仅直接决定着土地使用费的高低,而且影响着小区内道路、管线长度和公共设施的多少,而这些费用对小区建设投资的影响通常很大,约占小区建设投资的20%。因此,用地面积指标在很大程度上影响着小区建设的总造价。

2. 建筑群体的布置形式

建筑群体的布置形式对用地的影响不容忽视,通过采取高低搭配、点条结合、前后错列以及局部东西向布置、斜向布置或拐角单元等布置来节省用地。在保证小区居住功能的前提下,合理布置道路,充分利用小区内的边角用地,有利于提高土地利用效率,降低小区的总造价。另外,适当集中公共设施,因为公共设施分散建设占地多,如果能将相关的公共设施集中布置在一栋楼内,不仅方便群众,而且还节约用地。有的公共设施也可以放在住宅底层或半地下室。

4.2.2.2 民用住宅建筑设计中影响工程造价的主要因素

民用住宅建筑设计中影响工程造价的因素包括建筑平面形状和周长系数、层高、住宅层数、单元组成、户型和住户面积、住宅建筑结构的选择、设备选型等。

1. 建筑平面形状和周长系数

与工业建筑设计类似,虽然圆形建筑$K_{周}$最小,但由于施工复杂,施工费用较矩形建筑增加20%~30%,因此墙体工程量的减少不能使建设工程造价降低,而且使用面积有效利用率不高、用户使用不便。因此,一般建造矩形和正方形住宅,既有利于施工又能降低造价,使用也方便。在矩形住宅建筑中又以长宽之比为2:1为佳。一般住宅以3~4个单元、房屋长度60~80m较为经济。对于民用建筑,尽量减少结构面积比例,增加有效面积。住宅结构面积与建筑面积之比称为结构面积系数。结构面积系数越小,设计越经济。

2. 层高

住宅的层高直接影响工程造价。根据综合测算,住宅层高每降低10cm,可降低造价1.2%~1.5%。层高降低可提高住宅区的建筑密度,节约土地成本及市政设施费。但是层高设计中还须考虑采光与通风问题,层高过低不利于采光及通风,因此,民用住宅的层高以2.8m为宜。

3. 住宅层数

民用建筑住宅层数在一定幅度内增加具有降低造价、使用费用和节约用地的优点。表4.2分析了砖混结构的多层住宅造价与层数之间的关系。

表4.2　　砖混结构的多层住宅造价与层数的关系　　%

住宅层数	1层	2层	3层	4层	5层	6层
单方造价系数	138.05	116.95	108.38	103.51	101.68	100
边际造价系数		−21.1	−8.57	−4.87	−1.83	−1.68

由表4.2可知,随着住宅层数的增加,单方造价系数(以6层单方造价为计算基数,单方造价系数为单方造价与6层单方造价的比值)逐渐降低,即层数越多越经

济。但是边际造价系数也在逐渐减小，说明随着层数的增加，单方造价系数下降幅度减缓。根据《住宅设计规范》(GB 50096—2011)的规定，7层及7层以上住宅或住户入口层楼面距室外设计地面的高度超过16m时必须设置电梯，需要较多的交通面积，如过道及走廊要加宽，还需要补充设备，如供水设备和供电设备等。当住宅层数超过一定限度时，受到较强的风力荷载，需要提高结构强度，改变结构形式，工程造价将大幅度上升。

例如，砖混结构的多层住宅，单方造价随着层数的增加而降低。层数设置6层最为经济，如果超过6层需要加装电梯和补充设备，尤其是高层住宅，要考虑较强的风荷载，需要改变结构形式，工程造价会大幅度上升。因此，中小城市建造多层住宅较为经济，大城市可以沿主要街道建设一部分高层建筑，以合理利用空间，美化城市。

4. 单元组成、户型和住户面积

据统计三居室住宅比两居室降低1.5%左右的工程造价，四居室又比三居室降低3.5%的工程造价。衡量单元组成、户型设计的指标是结构面积系数，该系数越小则设计方案越经济。因为结构面积小，有效面积随之增加。结构面积系数除与房屋结构有关外，还与房屋外形及其长度和宽度有关，同时也与房间的平均面积大小和户型组成有关。住户平均面积越大，内墙、隔墙在建筑面积中所占比重就越小。

5. 住宅建筑结构的选择

住宅建筑结构设计的根本出发点主要是为了保证建筑物结构的安全、可靠，保证住宅建筑的使用功能能够得到正常发挥，并保证建筑物的使用寿命，提高建筑物的性价比。随着我国工业化水平的提高，住宅工业化建筑体系的结构形式多种多样，考虑工程造价时应根据实际情况，因地制宜、就地取材，采用适合本地区的经济合理的结构形式。

6. 设备选型

现代建筑越来越依赖于设备。对于住宅项目来说，楼层越多设备系统越庞大，如高层建筑物内部空间的交通工具电梯，室内环境的调节设备如空调、通风、采暖等，各个系统的分布占用空间都在考虑之列，既有面积、高度的限额，又有位置的优选和规范的要求，因此，设备配置是否得当，直接影响建筑产品整个寿命周期的成本。

4.2.3 设计阶段影响工程造价的其他因素

除上述因素之外，设计阶段影响工程造价的因素还包括其他内容，主要有以下几点：

1. 设计单位和设计人员的知识水平

设计单位和设计人员的知识水平对工程造价的影响客观存在。为有效降低工程造价，首先，设计单位和设计人员要充分利用现代设计理念，运用科学设计方法优化设计成果；其次，善于将技术与经济相结合，运用价值工程理论优化设计方案；最后，设计单位和设计人员应及时与造价咨询单位沟通，让造价咨询人员能够在前期设计阶段参与项目，达到技术与经济的完美结合。

2. 项目利益相关者

设计单位和设计人员在设计过程中要综合考虑建设单位、施工单位、监管机构、咨询单位、运营单位等利益相关者的要求和利益,并通过利益诉求的均衡以达到和谐目的,避免后期出现频繁的设计变更而导致工程造价增加。

3. 风险因素

设计阶段承担有重大的风险,它对后面的工程招标和施工有着重要的影响。该阶段是确定建设工程总造价的一个重要阶段,决定着建设工程的总体造价水平。

4.2.4 设计方案的评价指标

设计方案的评价指标是方案评价的衡量标准,对于技术经济分析的准确性和科学性具有重要的作用。评价指标要充分反映工程项目满足功能需求的程度,以及为取得工程的使用价值所需投入的社会必要劳动和必要资源的消耗量。不同类型的建筑,使用目的及功能要求不同,评价的侧重点也不相同。这里结合设计阶段影响工程造价的主要因素,主要介绍工业与民用建设工程设计方案的评价指标。

4.2.4.1 工业建设工程设计评价指标

工业建设工程设计由总平面设计、工艺设计及建筑设计三部分组成,它们之间相互关联、相互制约。因此,对各设计方案进行技术经济分析与评价,是保证总设计方案经济合理的前提。

1. 总平面设计评价指标

总平面设计的目的是在保证生产、满足工艺要求的前提下,根据自然条件、运输条件及城市规划等具体情况,确定建筑物、构筑物、交通路线、地上地下技术管线及绿化美化设施的配置,设计符合该企业生产特性的统一的建筑整体。在布置总平面时,应充分考虑管道、交通路线、人流、物流等是否经济合理。

工业项目总平面设计要求:注意节约用地,不占或少占农田;必须满足生产工艺过程的要求;合理组织厂内外运输,选择方便经济的运输设施和合理的运输路线;必须符合城市规划的要求;总平面布置应适应建设地点的气候、地形、水文地质等自然条件。工业项目总平面设计的评价指标包括面积指标、比率指标、工程量指标、功能指标和企业将来经济条件指标。

(1) 面积指标。面积指标包括厂区占地面积、建筑物和构筑物占地面积、永久性堆场占地面积、建筑占地面积(建筑物和构筑物占地面积+永久性堆场占地面积+露天仓库占地面积)、厂区道路占地面积、工程管网占地面积、绿化面积。

(2) 比率指标。比率指标包括建筑系数、土地利用系数和绿化系数。

建筑系数一般指厂区或厂区围墙内的建筑物、构筑物、露天仓库及堆场、操作场地等的占地面积与整个厂区建设用地面积之比。这是反映总平面设计用地是否经济合理的指标,建筑系数大,表明布置紧凑,用地节约,又可缩短管线长度,降低工程造价。其公式如下:

$$建筑系数 = \frac{建筑占地面积}{厂区占地面积} \tag{4.2}$$

土地利用系数是指厂区内建筑物、构筑物、露天仓库及堆场、操作场地、铁路、道路、广场、排水设施及地下管线等所占面积与整个厂区建设用地面积之比。它综合反映总平面布置的经济合理性和土地利用效率。其公式如下:

$$土地利用系数 = \frac{建筑占地面积 + 厂区道路占地面积 + 工程管网占地面积}{厂区占地面积} \quad (4.3)$$

绿化系数是指厂区内绿化面积与厂区占地面积之比，综合反映厂区的环境质量水平。

（3）工程量指标。工程量指标包括场地平整土石方量、地上及地下管线工程量、防洪设施工程量、围墙长度及绿化面积等。这些指标综合反映了总平面设计中功能分区的合理性及设计方案对地势地形的适应性。

（4）功能指标。功能指标包括生产流程短、流畅、连续程度，场内运输便捷程度，安全生产满足程度等。

（5）企业将来经营条件指标。企业将来经营条件指标指铁路、公路等每吨货物运输费用、经营费用等。

2. 工艺设计评价指标

首先，工艺设计以可行性研究中市场分析为基础，考虑技术发展最新动态，选择先进适用的技术方案。其次，设备选型与设计应能满足生产工艺要求，达到相应生产能力。具体的设备选型还须注意标准化、通用化和系列化。高效率的先进设备要符合技术先进、安全可靠、经济合理的原则。设备选择应立足国内，对于国内不能生产的关键设备，进口时须与现有的工艺流程相适应，并与现有相关设备配套，不重复引进。设备选型与设计还须考虑建设地点的实际情况和动力、运输、资源等具体条件。最后，工艺设计方案的评价属于互斥项目比选，不同的工艺技术方案会产生不同的投资效果，因此评价指标可采用净现值、净年值、差额内部收益率等。

3. 建筑设计评价指标

在建筑平面布置和立面形式选择上，应满足生产工艺要求，根据生产需要必须采用切合实际的先进技术，从建筑形式、材料和结构的选择、结构布置和环境保护等方面采取措施以满足生产工艺对建筑设计的要求。对于建筑设计的评价，其主要评价指标有单位面积造价、建筑物周长与建筑面积比、厂房展开面积、厂房有效面积与建筑面积比、工程全寿命成本等。

（1）单位面积造价。建筑物平面形状、层数、层高、柱网布置、建筑结构及建筑材料等因素都会影响单位面积造价。因此，单位面积造价是一个综合性很强的指标。

（2）建筑物周长与建筑面积比。该指标主要用于评价建筑物平面形状是否合理，指标越低，平面形状越合理。

（3）厂房展开面积。该指标主要用于确定多层厂房的经济层数，展开面积越大，经济层数越可以增加。

（4）厂房有效面积与建筑面积比。该指标主要用于评价柱网布置是否合理，合理的柱网布置可以提高厂房有效使用面积。

（5）工程全寿命成本。工程全寿命成本包括工程造价及工程建成后的使用成本，这是一个评价建筑物功能水平是否合理的综合性指标。一般情况下，功能水平低，工程造价低，但使用成本高；功能水平高，工程造价高，但使用成本低。工程全寿命成本最低时，功能水平最合理。

4.2.4.2 民用建设工程设计评价指标

民用建设工程设计要坚持"适用、安全、经济、美观"的原则,下面就公共建筑、住宅建筑设计评价指标作以说明:

1. 公共建筑设计评价指标

公共建筑类型较多,具有共性的评价指标有占地面积、建筑面积、使用面积、辅助面积、有效面积、平面系数、建筑体积、建筑密度、单位指标(m^2/人、m^2/床、m^3/座等)。其中,建筑面积是指建筑平面中建筑物外墙外围所围成空间的水平面积之和;使用面积是指建筑物各层平面中直接为生活使用的净面积之和;辅助面积指建筑平面中不直接供住户生活的室内净面积,包括楼梯、过道、卫生间、厨房、储藏室等;有效面积指建筑平面中可供使用的面积,包括使用面积和辅助面积;结构面积是指建筑平面中结构所占的面积,因此,建筑面积包括有效面积和结构面积。平面系数指标反映了平面布置的紧凑合理性。其公式如下:

$$平面系数 K = \frac{使用面积}{建筑面积} \tag{4.4}$$

建筑密度是指建筑物的覆盖率,即建筑物的基底面积总和与占地面积之和的比率。它反映了某一特定地区的空地率和建筑密度程度。如果建筑密度高,意味着该地区有许多建筑物,建筑物之间的空隙相对较小;相反,则表明建筑物的数量较少,间距较大。其公式如下:

$$建筑密度 = \frac{建筑基底面积之和}{规划建设用地面积} \tag{4.5}$$

2. 住宅建筑设计评价指标

对于住宅建筑设计,其评价指标主要包括平面系数、建筑周长指标、建筑体积指标、平均每户建筑面积、户型比等。

(1) 平面系数。平面系数用来衡量平面布置是否紧凑合理,同公共建筑的平面系数一样,但有以下四种表达形式:

$$平面系数 K_1 = \frac{居住面积}{有效面积} \tag{4.6}$$

$$平面系数 K_2 = \frac{辅助面积}{有效面积} \tag{4.7}$$

$$平面系数 K_3 = \frac{结构面积}{建筑面积} \tag{4.8}$$

$$平面系数 K_4 = \frac{居住面积}{建筑面积} \tag{4.9}$$

式(4.6)~式(4.9)中,居住面积是指住宅建筑各层平面中居室的使用面积,厨房、卫生间、过道等辅助面积不计在内。对于住宅建筑,应尽量减少结构面积比例,增加有效面积。

(2) 建筑周长指标。居住建筑加大进深,则单元周长缩小,可节约用地,减小墙体体积,降低造价。建筑周长指标体现为单元周长指标和建筑周长指标两方面:单元周长指标是单元墙体周长与单元建筑面积之比,建筑周长指标是建筑周长与建筑占地面积之比。

(3) 建筑体积指标。指建筑体积与建筑面积之比,是衡量层高的指标。其公式如下:

$$建筑体积指标 = \frac{建筑体积}{建筑面积}(m^3/m^2) \qquad (4.10)$$

(4) 平均每户建筑面积。该指标等于建筑面积与总户数之比,是衡量住宅标准高低的指标,也用来控制设计面积。其公式如下:

$$平均每户建筑面积 = \frac{建筑面积}{总户数}(m^2/户) \qquad (4.11)$$

(5) 户型比。指各种不同居室数的户数占总户数的比例。比如一居室户、两居室户、三居室户、多居室户占总户数的比例是多少,是评价户型结构是否合理的指标。

3. 居住小区设计的评价指标

居住小区设计应根据居住小区基本功能和要求,合理安排住宅建筑、公共建筑、绿化、管网和道路等,合理确定小区的居住建筑密度、居住建筑面积密度、居住面积密度、居住人口密度等。小区规划设计的核心问题是提高土地利用率,因此必须在节约用地的前提下,既要为居民创造方便、舒适、优美的环境,又要能体现独特的城市风貌。居住小区设计方案中常用的评价指标见表 4.3。

表 4.3 居住小区设计方案评价指标

序号	指标	计算公式
1	建筑用地利用率	建筑用地利用率 = $\frac{居住小区建筑面积}{居住小区占地总面积} \times 100\%$
2	建筑毛密度	建筑毛密度 = $\frac{居住和公共建筑基底面积}{居住小区占地总面积} \times 100\%$
3	居住建筑净密度	居住建筑净密度 = $\frac{居住建筑基底面积}{居住建筑占地总面积} \times 100\%$
4	居住面积密度	居住面积密度 = $\frac{居住面积}{居住小区占地面积} \times 100\%$
5	居住建筑面积密度	居住建筑面积密度 = $\frac{居住建筑面积}{居住建筑占地面积} \times 100\%$
6	人口毛密度	人口毛密度 = $\frac{居住人数}{居住小区占地总面积} \times 100\%$
7	人口净密度	人口净密度 = $\frac{居住人数}{居住建筑占地面积} \times 100\%$
8	绿化比率	绿化比率 = $\frac{居住小区绿化面积}{居住小区占地面积} \times 100\%$
9	居住建筑工程造价	居住建筑工程造价 = $\frac{工程造价}{居住建筑面积} \times 100\%$

居住建筑基底面积指建筑物接触地面的自然层建筑外墙或结构外围水平投影面积。建筑基底面积既不等同于底层建筑面积,也不是基础外轮廓范围内的面积。它的

计算规则是：对于规则的建筑，按外墙墙体的外围水平面积计算；对室外有顶盖，有立柱的走廊、门廊、门厅等的不规则形状和造型的建筑，应按立柱外边线水平面积计算；对有立柱或墙体落地的凸阳台、凹阳台、平台的建筑，均按立柱外边线或者墙体外边线水平面积计算；悬挑不落地的阳台（不论凹凸）、平台、过道等，均不计算。公共建筑基底面积同居住建筑基底面积。

居住面积是指居住建筑各层平面中直接供住户生活使用的室内净面积之和，不包括过道、厨房、卫生间、厕所等辅助面积。

居住建筑占地面积是指居住建筑所占有的实际用地面积，一般是指首层占用的地块面积。在建筑学中有三种计算方式：①居住建筑实际占地的面积，包括地下（埋在地下）看不见部分；②竖直墙的外围地面，肉眼看得见的部分；③整个建筑物竖直向地面投影范围面积。一般采用第3种计算方式比较常见。不论采取哪种方式计算，最终的居住建筑占地面积是以城乡规划主管部门发放的建筑工程规划许可证记载的为准，该规划许可证上记载的面积是最具有法律效力的。

4.3 限 额 设 计

4.3.1 限额设计的概念

限额设计是按照批准的可行性研究报告中的投资估算额进行初步设计，按照批准的初步设计概算进行施工图设计，同时各专业在保证使用功能的前提下，按照施工图预算造价限额编制施工图设计中各个专业设计文件，并且严格控制技术设计和施工图设计的不合理变更，保证不突破总投资限额的工程设计过程。

限额设计不是一味地节约投资，因为在限额设计中，工程使用功能不能减少，技术标准不能降低，工程规模也不能削减。限额设计是将上阶段设计审定的投资额和工程量先分解到各个专业，再分解到各单位工程和分部工程，通过层层分解，实现对投资限额的控制，同时也能实现对设计规模、设计标准、工程量与概预算指标等各个方面的控制。影响工程设计静态投资的项目都应作为限额设计的控制对象。

4.3.2 限额设计的实施

4.3.2.1 限额设计的目标

1. 限额设计目标的确定

投资决策阶段是限额设计的关键，限额设计目标根据批准的可行性研究报告及其投资估算确定。限额设计目标由项目经理或总设计师提出，经主管院长审批下达，其总额度一般只下达直接工程费的90%，以便项目经理或总设计师和科室主任留有一定的调节指标。专业之间或专业内部对于节约下来的单项费用，未经批准，不能相互调用。

虽然限额设计是设计阶段控制造价的有效方法，但是设计过程是一个从概念到实施不断深入的过程，限额的确定难免会产生偏差或错误，因此限额设计应以合理的限额为目标。如果目标值定得过低，这个目标值很容易被突破，限额设计无法实施；如果目标值定得过高，会造成投资浪费。限额设计目标值绝不是建设单位或权力部门随意给出的，而是对整个建设项目投资分解后，对各个单项工程、单位工程、分部分项工程给出科学、合理、可行的控制额度。在设计过程中，一方面要严格按照限额目标，选择合理的设计标准进行设计；另一方面要不断分析限额的合理性，若限额目标值确定不合理，必须重新进行投资分解，修改或调整限额设计目标值。

2. 采用优化设计，确保限额目标的实现

优化设计时须根据问题性质，选择不同优化方法。对于一些确定性问题，如投资、资源消耗、时间等有关条件已确定的，可采用线性规划、动态规划等方法进行优化；对于一些非确定性问题，可以采用排队论、对策论等方法进行优化；对于涉及流量的问题，可以采用图与网络理论进行优化。优化设计的步骤一般包括：首先，分析设计对象的综合数据资料，确定设计目标；其次，根据设计对象的数据特征选择合适的优化方法，并构建模型；最后，借助相关的优化软件对问题求解，并分析计算结果的可行性，对模型进行调整，直到得到满意结果为止。优化设计不仅可以选择最佳设计方案，提高设计质量，而且能够有效控制投资。

4.3.2.2 限额设计的实施

限额设计贯穿于项目可行性研究、初步勘察、初步设计、详细勘察、技术设计、施工图设计的各个阶段，在每个阶段中贯穿于各个专业的每一道工序。限额设计实施的全过程，实际上就是建设项目投资目标管理的过程，即目标分解、目标实施及信息反馈的控制循环过程。限额设计流程可用图4.2来表示。

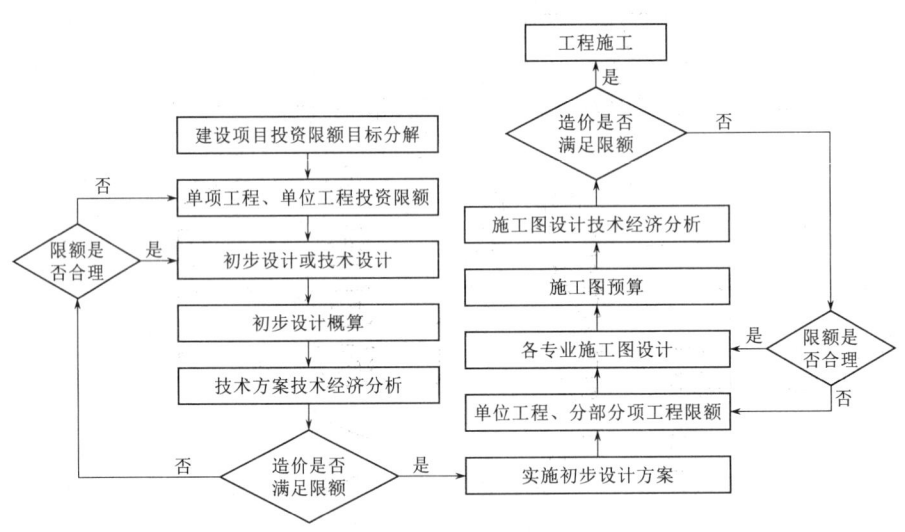

图 4.2 限额设计流程图

1. 目标分解

目标分解即是进行投资分配和工程量控制，这是实施限额设计的有效途径和主要方法。设计任务书获批后，设计单位在设计之前应在设计任务书总框架内先将审定的投资额合理分配到建筑、结构、电气、给水排水和暖通等各专业，然后再分解到各单项工程、单位工程，甚至分部工程中，作为初步设计的造价控制目标。工程量控制是

4.3 限额设计

实现限额设计的主要途径，工程量的大小直接影响工程造价，但是工程量的控制应以设计方案的优选为手段，不应牺牲工程质量和安全。这必然要改变以往先出图纸再算造价的传统方式，改变为"以价定量"。

2. 目标实施及信息反馈

目标实施通常包括限额初步设计和限额施工图设计两个阶段。

（1）限额初步设计阶段。初步设计应严格按照分配的限额目标进行方案规划和设计。在初步设计之前，项目总设计师应将设计任务书规定的设计原则、投资限额向设计人员交底，将投资限额分专业下达到相应设计人员，发动设计人员认真研究实现投资限额的可能性，切实进行多方案比选，对各个技术经济方案的关键设备、工艺流程、总图方案、总图建筑和各项费用指标进行比较和分析，从中选出既能达到工程要求，又不超过投资限额的方案，作为初步设计方案。

如果发现设计方案或某项费用指标超过任务书的投资限额，应及时反映，并提出解决问题的办法，不能等到设计概算编制后才发觉概算超限额，再被迫通过减项目、减设备来压低造价，这样不但影响设计进度，而且造成设计上的不合理，给施工图设计超限额埋下隐患。

在初步设计方案完成后，由工程造价管理专业人员及时编制初步设计概算，并进行初步设计方案的技术经济分析，判断造价是否满足限额，如果不满足则进一步判断限额是否合理，并重新进行初步设计，直至满足限额要求。初步设计只有在满足各项功能要求并符合限额设计目标的前提下，才能作为下一阶段的限额目标予以批准。

（2）限额施工图设计阶段。已批准的初步设计及初步设计概算是施工图设计的依据。在施工图设计中，无论是建设项目总造价，还是单项工程造价，均不应超过初步设计概算造价。设计单位按照造价控制目标确定施工图设计的构造、材料和设备选用。施工图设计应把握两个标准：一是质量标准；二是造价标准。同时应遵循各目标协调并进的原则，防止偏废其中任何一个，既要防止只顾质量而放松经济要求的倾向，也不能因为经济上的限制而消极地降低质量，因此必须在造价限额的前提下优化设计。

3. 设计变更

由于初步设计受外部条件制约和主观认识局限，往往造成施工图设计，甚至施工过程中的局部修改和变更。这是使设计、建设更趋完善的正常现象，但是这样会导致已确认设计概算的变化。这种变化在一定范围内是允许的，但必须经过核算和调整。如果施工图设计变化涉及建设规模、产品方案、工艺流程或设计方案的重大变更，使原初步设计失去指导施工图设计的意义时，必须重新编制或修改初步设计文件，并重新报原审查单位审批，投资控制额以新批准的文件为准。

对于非发生不可的设计变更，应尽量提前，变更发生得越早，对工程造成的损失越小，反之越大。如果在设计阶段变更，只需修改图纸；如果在采购阶段变更，不仅需要修改图纸，而且设备、材料还须重新采购；如果在施工阶段变更，除上述费用外，已施工的工程还须拆除。因此，尽可能把设计变更控制在设计阶段初期。

需要注意：限额设计中的限额是指建设项目的一次性投资，而对项目建成后的使用费、维护费、项目使用期满后的报废拆除费则考虑较少,因此,限额设计效果良好,但项目的全寿命费用不一定经济。当考虑建设项目全寿命周期成本时,按照限额要求设计出的方案不一定具有最佳的经济性,此时也可考虑突破原有限额,重新选择设计方案。

4.3.2.3 限额设计的纵向控制和横向控制

限额设计的造价控制可以从两个角度入手:一是按照限额设计过程从前往后依次进行控制,称为纵向控制;二是对设计单位及其内部各专业、科室和设计人员进行考核,实施奖惩,进而保证设计质量,称为横向控制。

1. 纵向控制

纵向控制是指限额设计贯穿各个阶段。首先,投资决策阶段是限额设计的关键,从投资决策阶段的可行性研究开始,应在多方案技术经济分析和评价后确定最终方案,提高投资估算的准确度,合理确定限额设计目标;其次,初步设计阶段应按审定的可行性研究阶段的投资估算,重视方案选择,将设计概算控制在批准的投资估算内;再次,施工图设计阶段是设计单位出最终成果文件的阶段,应按照批准的初步设计方案进行限额设计,施工图预算需控制在批准的设计概算范围内;最后,项目施工阶段,现场实际问题需要设计变更,要尽量控制减少设计变更,使造价控制在限额之内。

2. 横向控制

横向控制是指建立和加强设计单位内部的管理制度和经济责任制,明确设计单位及其内部各专业科室以及设计人员的职责和相应的权力,实行在考核各专业完成设计任务质量和实现限额指标好坏的基础上的奖惩制度,进而保证设计质量的一种控制方法。

首先,必须明确各设计单位以及设计单位内部各专业科室对限额设计所负的责任,将责任层层分解,落实到个人。将工程投资按专业进行分配并分段考核,下一阶段指标不得突破上一阶段指标值,责任落实越接近于个人,效果越明显;其次,需建立健全奖惩制度。设计单位在保证工程质量、安全和不降低工程功能的前提下,采用新材料、新工艺、新设备、新方案节约了投资额,应根据节约投资额的多少,对设计单位给予奖励。因设计单位设计错误、漏项或扩大规模和提高标准而导致工程静态投资超支,要视其超支比例扣减相应比例的设计费。

4.4 建设工程设计方案技术经济评价与优化

4.4.1 设计方案技术经济评价与优化的原则和程序

4.4.1.1 设计方案技术经济评价与优化应遵循的原则

建设工程设计方案评价是对设计方案进行技术经济分析、比较和评价,从而选择技术先进、结构坚固耐用、功能适用、造型美观、环境协调、经济合理的最优设计方案,为决策提供科学依据。

4.4 建设工程设计方案技术经济评价与优化

1. 设计方案必须处理好经济合理性与技术先进性相统一的原则

经济合理性要求工程造价尽可能地低，如果一味追求经济效果，可能会导致项目的功能水平下降，无法满足使用要求；如果技术先进性追求尽善尽美，功能水平先进，则可能导致工程造价偏高。因此设计者应妥善处理好两者的关系。一般情况下，要在满足使用者要求的前提下，尽可能降低工程造价，也可以在资金限制范围内，尽可能提高项目功能水平。

2. 设计方案必须兼顾建设和使用，遵循项目全寿命费用最低的原则

造价高低会影响项目将来的使用成本。如果单纯降低工程造价，建造质量得不到保障，将导致使用过程维护费用升高，甚至发生重大事故，给社会和人民财产安全带来严重损害。因此，在设计过程中，应兼顾建设过程和使用过程，力求项目全寿命费用最低，做到成本低、维护少、使用费用省。

3. 设计方案经济评价的动态性原则

设计方案经济评价的动态性是指在经济评价时考虑资金的时间价值，即资金在不同时点存在价值的差异。这一原则不仅对经营性的工业建筑适用，也对使用费用呈增加趋势的民用建筑适用。资金的时间价值反映了资金在不同时点的分配及相关成本，对于经营性项目，影响到投资回收期的长短；对于民用建设项目，则影响到项目在使用过程中各种费用在远期与近期的分配。动态性原则是工程经济中的一项基本原则。

4. 设计必须兼顾近期投入与远期发展相统一的原则

一项工程建成后，往往在很长时间内发挥作用。如果按照眼前的要求进行设计，在不远的将来可能会出现由于功能水平无法满足需要而重新建造。但是，如果按照未来的需要设计工程，又会出现由于功能水平高而资源闲置浪费。所以，设计者要兼顾近期和远期要求，选择项目合理的功能水平。同时，也要根据未来发展需要，适当留有发展余地。

5. 设计方案应符合可持续发展的原则

可持续发展原则反映在工程设计方面，主要是设计应符合科学发展观，"坚持以人为本，树立全面、协调、可持续的发展观，促进经济社会和人的全面发展"，要求从粗放的扩大投资和简单建设转向提高科技含量、减少环境污染、绿色、节能、环保等可持续发展型设计方案。目前我国大力提倡和推广环保型建筑、绿色建筑等都是科学发展观的具体体现。绿色建筑遵循可持续发展原则，以高新技术为主导，针对建设工程全寿命的各个环节，通过科学的整体设计，全方位体现"节约能源、节省资源、保护环境、以人为本"的基本理念，创造高效低耗、无废无污、健康设施、生态平衡的建设环境，提高建筑的功能、效率与舒适性水平。这将成为我国未来建筑业发展的方向。这一点要在设计中体现出来。

4.4.1.2 设计方案技术经济评价与优化的基本程序

（1）按照功能要求、技术标准、投资限额的要求，结合工程所在地实际情况，探讨和提出可能的设计方案。

（2）从所有可能的设计方案中初步筛选出各方面都较为满意的方案作为比选方案。

4.5 设计方案的评价与优化

(3) 根据设计方案的评价目的，明确评价的任务和范围。
(4) 确定能反映方案特征，并能满足评价目的的指标体系。
(5) 根据设计方案计算各项指标，并对比参数。

(6) 根据方案评价目标，确定方案各评价指标的权值，通过对评价指标的分析计算，排出方案的优劣次序，并给出推荐方案。

(7) 综合分析，提出技术优化建议。

(8) 对技术优化建议进行组合搭配，确定优化方案。

(9) 实施优化方案并总结备案。

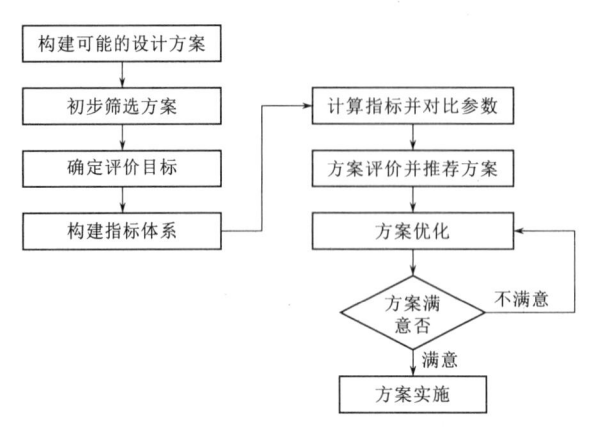

图 4.3 设计方案评价与优化的基本程序图

设计方案评价与优化的基本程序如图 4.3。在设计方案评价与优化过程中，构建合理的指标体系并采取有效的评价方法进行评价及方案优化，是最基本和最重要的工作内容。

4.4.2 设计方案技术经济评价方法

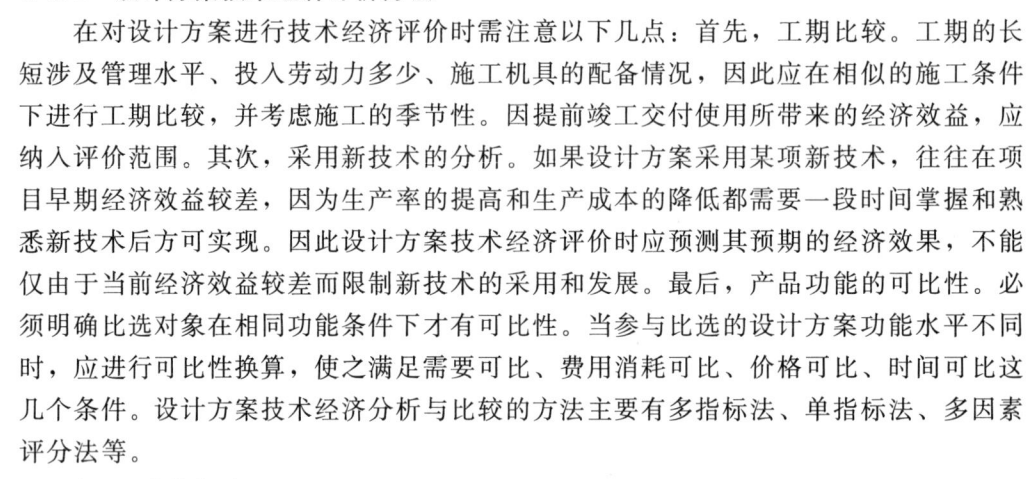

在对设计方案进行技术经济评价时需注意以下几点：首先，工期比较。工期的长短涉及管理水平、投入劳动力多少、施工机具的配备情况，因此应在相似的施工条件下进行工期比较，并考虑施工的季节性。因提前竣工交付使用所带来的经济效益，应纳入评价范围。其次，采用新技术的分析。如果设计方案采用某项新技术，往往在项目早期经济效益较差，因为生产率的提高和生产成本的降低都需要一段时间掌握和熟悉新技术后方可实现。因此设计方案技术经济评价时应预测其预期的经济效果，不能仅由于当前经济效益较差而限制新技术的采用和发展。最后，产品功能的可比性。必须明确比选对象在相同功能条件下才有可比性。当参与比选的设计方案功能水平不同时，应进行可比性换算，使之满足需要可比、费用消耗可比、价格可比、时间可比这几个条件。设计方案技术经济分析与比较的方法主要有多指标法、单指标法、多因素评分法等。

4.4.2.1 多指标法

多指标法是指对反映建筑产品功能和耗费特点的若干技术经济指标的计算、分析、比较，评价设计方案的经济效果。多指标法的评价指标主要包括工程造价、主要材料消耗、劳动消耗、工期四类指标：工程造价指标是反映建设工程一次性投资的综合货币指标，根据分析和评价工程项目所处阶段，可依据设计概（预）算予以确定。例如每平方米建设工程造价、给排水工程造价、采暖工程造价、通风工程造价、设备安装工程造价等。主要材料消耗指标是指从实物形态的角度反映主要材料的消耗数量，如钢材消耗量指标、水泥消耗量指标、木材消耗量指标等。劳动消耗指标用来反映劳动消耗量，包括现场施工和预制加工厂的劳动消耗。工期指标是指建设工程从开

4.4 建设工程设计方案技术经济评价与优化

工到竣工所消耗的时间,可用来评价不同方案对工期的影响。

从建设项目全寿命工程造价管理的角度考虑,仅用这四类指标还不能完全满足设计方案的评价,还需要考虑建设工程全寿命期成本,并考虑工期成本、质量成本、安全成本及环保成本等诸多因素。多指标评价法又可分为多指标对比法和多指标综合评分法。

1. 多指标对比法

多指标对比法是采用一组适用的指标,将各个对比方案的相应指标值逐一列出,然后一一对比分析,根据指标值的高低分析判断方案的优劣。利用这种方法首先需要将指标体系中的各个指标,按其在评价中的重要性分为主要指标和辅助指标。主要指标是指能够比较充分地反映工程技术经济特点的指标,是确定工程项目经济效果的主要依据。辅助指标在技术经济分析中处于次要地位,是主要指标的补充,当主要指标不足以说明方案的技术经济效果优劣时,辅助指标就成为进一步进行技术经济分析的依据。

采用多指标对比法对不同设计方案进行评价时,如果某一方案的所有指标都优于其他方案,则为最佳方案;如果各方案的其他指标都相同,只有一个指标相互之间有差异,则该指标最优的方案就是最佳方案。这两种情况对于优选决策来说都比较简单,但实际中这两种情况很少发生。在大多情况下,不同方案各有所长,而且各种指标对方案经济效果的影响程度也不相同,这样就使得分析工作复杂化。有时,也会因方案的可比性而产生客观标准不统一的现象。因此,在综合分析时,要特别注意检查对比方案在使用功能和工程质量方面的差异,并分析这些差异对各指标的影响,避免导致错误的结论。

经过综合分析,应给出以下结论:分析对象的主要技术经济特点及适用条件,现阶段实际达到的经济效果,找出提高经济效果的潜力和途径以及采取的主要措施,预期经济效果等。

【例 4.1】 以内浇外砌建筑体系为对比标准,用多指标对比法评价内外墙全现浇建筑体系。评价结果见表 4.4。

表 4.4 多指标对比法评价内外墙全现浇建筑体系

项目名称			单位	对比标准	评价对象	比较结果
建筑指标	设计型号			内浇外砌	内外墙全现浇	
	建筑面积		m²	9000	9000	0
	有效面积		m²	7680	7980	300
	层数		层	8	8	0
	外墙厚度		cm	36	30	−6
技术经济指标	±0 以上土建造价		元/m²(建筑面积)	85	95	10
			元/m²(有效面积)	96	107	11
	主要材料消耗量	水泥	kg/m²	150	170	20
		钢材	kg/m²	10.18	22	11.82

续表

项目名称		单位	对比标准	评价对象	比较结果
技术经济指标	施工工期	天	230	220	−10
	±0以上工日消耗	工日/m²	2.82	2.68	−0.14
	建筑自重	kg/m²	1296	1086	−210
	房屋服务年限	年	120	120	0

分析：根据建筑指标对比分析可知，两类建筑具有可比性。然后对比其技术经济指标，从比较结果可知，与内浇外砌建筑体系对比，全现浇建筑体系的优点有：有效面积大、用工省、自重轻、施工工期短，缺点是造价高、主要材料消耗量大等。

2. 多指标综合评分法

首先对设计方案设定若干评价指标，并按其重要程度确定各指标权重；然后确定评分标准，就各设计方案对各指标的满足程度打分；最后计算各方案的加权得分，以加权得分最高者为最优设计方案。该方法的关键是评价指标的选取及其权重的确定。计算公式为

$$S = \sum_{i=1}^{n} w_i S_i \tag{4.12}$$

式中　S——设计方案的总得分；

S_i——某设计方案第i个指标的得分；

w_i——评价指标i的权重；

n——评价指标的个数。

【例 4.2】　某工程项目有三个备选设计方案，根据该项目的特点拟采用工程造价、建设工期、施工技术方案、三材消耗量等进行比较分析，并确定了各指标的权重，各方案各项得分采用10分制。经专家打分，各方案得分情况见表4.5，试选择最优设计方案。

表 4.5　　　　　　　　各指标权重及方案得分

评价指标	权重	方案A得分	方案B得分	方案C得分
工程造价	0.3	8	9	9
建设工期	0.2	9	8	7
施工技术方案	0.3	8	9	7
三材消耗量	0.2	8	7	8

解　计算各方案的加权得分：

$S_A = 0.3 \times 8 + 0.2 \times 9 + 0.3 \times 8 + 0.2 \times 8 = 8.2$

$S_B = 0.3 \times 9 + 0.2 \times 8 + 0.3 \times 9 + 0.2 \times 7 = 8.4$

$S_C = 0.3 \times 9 + 0.2 \times 7 + 0.3 \times 7 + 0.2 \times 8 = 7.8$

由计算可知，方案B的加权得分最高，因此方案B最优。

这种评价方法综合了定性分析和定量分析的优点，可靠性高，应用较为广泛。其优点在于它避免了多指标间相互矛盾的现象，评价结果是明确的、唯一的。但这种方

法在确定权重及评分过程中存在主观臆断成分。由于分值是相对的,因而不能直接判断各方案的各项功能的实际水平。如果评价时各指标的权重很难确定,需要采用其他评价方法,如单指标法。

4.4.2.2 单指标法

单指标法是以单一指标为基础对建设工程技术方案进行综合分析与评价的方法。单指标可以是效益性指标,也可以是费用性指标。效益性指标主要对于其收益或者功能有差异的多方案比选,常用的有投资回收期法。对于专业性强的工程设计方案和建筑结构方案的比选,更常见的是尽管设计方案不同,但方案的收益或功能没有较大差异,这种情况下可采用单一的费用指标,即费用法来选择方案。

1. 费用法

费用法根据是否考虑资金时间价值分为综合费用法和全寿命期费用法。

(1) 综合费用法。综合费用法也称为静态费用法,综合费用包括方案投产后的年度使用费、方案的建设投资以及由于工期提前或延误而产生的收益或亏损等。该方法的基本出发点在于将建设投资和使用费结合起来考虑,同时考虑建设周期对投资效益的影响,以综合费用最小为最佳方案。综合费用法是一种没有考虑资金时间价值的静态评价方法,只适用于建设周期较短的工程。由于综合费用法只考虑费用,未能反映功能、质量、安全、环保等方面的差异,因而只有在方案的功能、建设标准等条件相同或基本相同时才能采用。静态费用法的数学表达式为

$$C_{年} = KE + V \tag{4.13}$$

$$C_{总} = K + VT \tag{4.14}$$

式中 $C_{年}$——年费用;

$C_{总}$——项目总费用;

K——总投资额;

E——投资效果系数,是投资回收期的倒数;

V——年使用成本;

T——投资回收期。

(2) 全寿命期费用法。全寿命期费用法也称为动态费用法,建设工程全寿命期费用除包括筹建、征地拆迁、咨询、勘察、设计、施工、设备购置费以及贷款利息支付等与工程建设有关的一次性投资费用外,还包括工程完成后交付使用期内经常发生的费用支出,如维修费、设施更新费、采暖费、电梯费、空调费、保险费等,这些费用统称为使用费,按年计算时称为年度使用费。全寿命期费用法是一种考虑了资金时间价值的动态评价方法。由于不同技术方案的寿命期一般不同,因此常采用费用年值法,而不是费用现值法,以费用年值最小者为最优方案。对于寿命期相同的设计方案,可采用费用现值法、费用年值法等。对于一些设计方案,如果建成后在日常使用费上没有明显的差异或以后的日常使用费难以估计时,可直接用投资(造价)来比较优劣。计算公式为

$$PC = \sum_{i=0}^{n} CO_t(P/F, i_c, t) \tag{4.15}$$

$$AC = PC(A/P, i_c, n) = \sum_{i=0}^{n} CO_t(P/F, i_c, t)(A/P, i_c, n) \tag{4.16}$$

式中 PC——费用现值；

CO_t——第 t 年的现金流出量；

AC——费用年值；

i_c——基准折现率；

$(P/F, i_c, t)$——一次支付现值系数；

$(A/P, i_c, n)$——等额支付资本回收系数。

【例 4.3】 某乡村振兴项目为扩大经营规模，在 3 个设计方案中进行选择：

方案 1：改建现有工程，一次性投资需 2545 万元，年经营成本为 760 万元。

方案 2：扩建现有工程，一次性投资需 3340 万元，年经营成本为 670 万元。

方案 3：新建工程，一次性投资需 4360 万元，年经营成本为 650 万元。

如果三个方案的寿命期相同，所在行业的标准投资效果系数为 10%，试用费用法选择最优方案。其中（P/A，8%，10）＝6.71。

解 如果不考虑资金时间价值，采用静态费用法：

由公式 $C_年 = KE + V$ 可知：

$$C_{年1} = 0.1 \times 2545 + 760 = 1014.5(万元)$$

$$C_{年2} = 0.1 \times 3340 + 670 = 1004(万元)$$

$$C_{年3} = 0.1 \times 4360 + 650 = 1086(万元)$$

因为 $C_{年2}$ 最小，故扩建现有工程最优。

如果考虑资金时间价值，采用动态费用法：

因为三个方案的寿命期相同，可以分别计算其费用现值：

方案 1：改建现有工程，$PC_1 = 2545 + 760（P/A，8%，10）= 2545 + 760 \times 6.71 = 7644.6$（万元）

方案 2：扩建现有工程，$PC_2 = 3340 + 670（P/A，8%，10）= 3340 + 670 \times 6.71 = 7835.7$（万元）

方案 3：新建工程，$PC_2 = 4360 + 650（P/A，8%，10）= 4360 + 650 \times 6.71 = 8721.5$（万元）

因此，选择费用现值最小的方案 1，即选择改建现有工程。

根据计算结果，建设期一次性投资最少，方案不一定最优。当用静态和动态方法时，其结论并不一致。这说明在设计方案评价选择时，当比较项目建设的一次性投资的，最好采用动态费用法进行优选。

2. 投资回收期法

设计方案的比选往往比选各方案的功能水平与成本。功能水平先进的设计方案一般需要较多投资，方案实施过程中的效益一般也比较好。用方案实施过程中的效益回收投资，即投资回收期反映初始投资补偿速度，衡量设计方案也非常必要。投资回收期越短的设计方案越好。

4.4 建设工程设计方案技术经济评价与优化

不同设计方案的比选实际上是互斥方案的比选,首先要考虑方案的可比性问题。当相比较的各设计方案都能满足相同需要时,只需比较它们的投资和经营成本大小,可采用差额投资回收期比较。差额投资回收期是指在不考虑资金时间价值的情况下,用投资大的方案比投资小的方案所节约的经营成本,回收差额投资所需的时间。其计算公式为

$$\Delta P_t = \frac{K_2 - K_1}{C_1 - C_2} \quad (4.17)$$

式中 ΔP_t——差额投资回收期;
K_2——方案2的投资额;
K_1——方案1的投资额,且 $K_2 > K_1$;
C_2——方案2的年经营成本,且 $C_2 < C_1$;
C_1——方案1的年经营成本。

当 $\Delta P_t \leqslant P_c$(基准投资回收期)时,投资大的方案优;反之,投资小的方案优。如果相比较的两个方案年业务量不同,则需将投资和经营成本转化为单位业务量的投资和成本,然后再计算差额投资回收期,进行方案比选。此时差额投资回收期的计算公式为

$$\Delta P_t = \frac{K_2/Q_2 - K_1/Q_1}{C_1/Q_1 - C_2/Q_2} \quad (4.18)$$

式中 Q_1、Q_2——各设计方案的年业务量;
其他符号含义同前。

【例4.4】 某乡村振兴项目有两个设计方案,方案1总投资为1600万元,年经营成本为300万元,年产量为1000件;方案2总投资为1200万元,年经营成本为400万元,年产量为800件。基准投资回收期为3年,试选择最优设计方案。

解 根据差额投资回收期的计算公式,投资回收期为

$$\Delta P_t = \frac{K_2/Q_2 - K_1/Q_1}{C_1/Q_1 - C_2/Q_2} = \frac{1600/1000 - 1000/800}{400/800 - 300/1000} = 1.75(\text{年})$$

因为 ΔP_t 小于基准投资回收期3年,所以投资大的方案1较优。

4.4.3 建设工程设计方案的优化途径

设计优化是使设计质量不断提高的有效途径,是控制工程造价的有效方法。设计方案优化的目的在于论证拟采用的设计方案技术上是否先进可行,功能上是否满足需要,经济上是否合理,使用上是否安全可靠。优化设计方案的途径主要有以下几个方面。

4.4.3.1 设计招标与设计竞选

1. 设计招标

设计招标是建设单位就拟建工程的设计任务通过报刊、网络或其他媒介,发布招标公告,吸引设计单位参加设计投标以获得众多的设计方案,经审查获得投标资格的设计单位按招标文件的要求,在规定时间内提交投标书,从中择优确定中标单位来完成工程设计任务。设计招标主要是设计方案招标,工业项目可进行可行性研究方案招标。设计招标有公开招标和邀请招标两种方式,可以是工程项目一次性总招标,也可

分单项工程招标、专业工程招标。

2. 设计方案竞选

设计方案竞选可采用公开竞选，也可采用邀请竞选，由组织单位直接向有承担该项工程设计能力的三个及以上设计单位发出设计方案竞选邀请书。方案竞选的第一名往往是设计任务书的承担者，但也不是必然的，可以把中选方案作为设计方案的基础，把其他方案的优点加以吸收、综合，集思广益，这样更符合设计的特点。建设工程特别是大型建筑设计的发包，习惯上采用设计方案竞选方式。设计方案竞选有利于设计方案的选择，有利于控制投资，中选项目所给出的投资估算或设计概算一般能控制在竞选文件规定的投资范围内。

4.4.3.2 运用价值工程优化设计方案

1. 价值工程的概念

价值工程是一种科学的技术经济分析方法，它是以提高产品价值为目的，通过有组织的创造性工作，寻求用最低的寿命周期成本，可靠地实现产品的必要功能，以获得最佳综合效益的一种管理技术，其表达式为

$$V = \frac{F}{C} \tag{4.19}$$

式中　　F——研究对象的功能；

　　　　C——研究对象的成本；

　　　　V——研究对象的价值。

例如住宅的主要功能是提供居住空间，基础的功能是承受荷载等。企业生产的目的是通过生产获得用户期望的功能，而其结构、材质等是实现这些功能的手段，目的是主要的，手段可以广泛选择。因此，价值工程的出发点应满足使用者对功能的需求。在此基础上，再来研究其结构、材质等问题。

式（4.8）中成本 C 是指寿命周期成本，是产品在寿命周期内所花费的全部费用，包括建造成本和使用成本。价值工程的目标是以最低的生命周期成本，使产品具备其必须具备的功能。简言之，就是以提高研究对象的价值为目标。功能与成本的比值，相当于人们常说的"合不合算""值不值得"。

价值工程的特点可以概括为：价值工程的目标是以最低的寿命周期成本，使产品具备它必须具备的功能；价值工程的核心是功能分析，其功能分为必要功能和不必要功能，必要功能是用户所要求的功能以及与实现用户所需功能有关的功能；价值工程强调不断改革和创新，将产品功能和成本达到合理匹配，要求功能定量化，是技术分析和经济分析的有机结合；价值工程应是以集体智慧开展的有计划、有组织的管理活动。

2. 提高产品价值的途径

（1）提高功能，降低成本，使得价值大幅提高，这是最理想的途径。例如：目前25层左右的高层住宅项目往往设计为短肢剪力墙结构，相对于传统的框架-剪力墙结构、全剪力墙结构而言，既提高了其功能，又降低了项目成本。

（2）保持功能不变，降低成本。例如：某项目的空调制冷系统，如果采用机械制

冷系统，即氟利昂制冷，需要投入资金 50 万元。如果结合项目本身具体情况改为人防地道风降温，功能不变，只需投入资金 5 万元，而且后期运行费、耗电量、维修费等也大大降低。

(3) 保持成本不变，提高功能水平。例如：目前建设工程中的人防工程，是为了备战需要而投资建设。如果设计时考虑和平与战争相结合，将部分人防工程作为地下商场、地下餐厅、停车场等使用，在投资不变的情况下，将大大提高人防工程的功能，增加经济效益。

(4) 成本稍有增加，但功能水平大幅提高。例如，某地区对部分住宅进行节能改造，增加外墙保温系统，采用双层断桥铝合金窗，虽然增加了一些投资，但是从使用期节能保温、调节房屋温度及舒适度来说，功能提高了很多。

(5) 功能水平稍有下降，但成本大幅下降。例如，某市地铁线路，原计划在甲、乙两地之间修建 A、B、C 三个地铁站，每个地铁站的成本在 1 亿元左右。通过对该段线路进行价值工程研究，调整 A、C 两个地铁站的位置，可以不必建设 B 地铁站。虽然调整使得甲乙段之间的乘客出入地铁的方便程度比原方案差了一点，但是仍然在设计标准允许范围内，而整个工程的建设成本大幅下降。

根据价值工程的表达式，提高产品价值的途径有以上 5 种。但需要注意：价值分析并不是单纯追求降低成本，也不是片面追求提高功能，而是力求处理好功能与成本的对立统一关系，提高它们之间的比值，研究产品功能和成本的最佳配置。

3. 设计阶段实施价值工程的意义

在施工阶段实施价值工程提高建设工程价值的作用是有限的。要使建设工程的价值大幅提高，获得较高经济效益，必须首先在设计阶段应用价值工程，使建设工程的功能与成本合理匹配。

(1) 实施价值工程可以使建筑产品的功能更合理。工程设计实质上是指对建筑工程的功能进行设计，而价值工程的核心就是功能分析。价值工程的实施可以使设计人员更准确了解用户所需和建筑产品各项功能之间的比重，同时还可以考虑各方建议，使设计更加合理。

(2) 实施价值工程可以有效地控制工程造价。价值工程是对研究对象的功能与成本之间的关系进行系统分析，设计人员参与价值工程，可以避免在设计时只重视功能而忽视成本的倾向。因此在明确功能的前提下，发挥设计人员的创造性，从多种实现功能的方案中选取最合理的方案。这样既保证了用户所需功能的实现，又有效控制了工程造价。

(3) 实施价值工程可以节约社会资源。实施价值工程，既可以避免一味降低工程造价而导致研究对象功能水平偏低，也可以避免一味降低使用成本而导致功能水平偏高，使工程造价、使用成本及建筑产品功能合理匹配，设计出物美价廉的建筑产品，提高投资效益，节约社会资源消耗。

4. 价值工程的工作程序

价值工程是一项有组织的管理活动，涉及面广，研究过程复杂，须按照一定的程序进行。开展价值工程活动一般分为 4 个阶段，12 个步骤，见表 4.6。

表 4.6　　　　　　　　　　　价值工程的工作程序

阶　　段	步　　骤	各阶段应解决的问题
准备阶段	1. 对象选择； 2. 组成价值工程工作小组； 3. 制订工作计划	确定价值工程的研究对象
分析阶段	4. 搜集整理信息资料； 5. 功能系统分析； 6. 功能评价	确定研究对象的功能、成本及其价值
创新阶段	7. 方案创新； 8. 方案评价； 9. 提案编写	提出替代方案、评估新方案的成本及能否满足要求
实施阶段	10. 审批； 11. 实施与检查； 12. 成果鉴定	制订实施计划，组织实施并跟踪检查。对实施后的技术经济效果进行鉴定

5. 价值工程在设计方案优化中的主要工作内容

（1）价值工程的对象选择。设计方案优化应以对造价影响较大的部分作为价值工程的优化对象。ABC 分析法是价值工程对象选择的常用方法之一，其基本原理是"关键的少数和次要的多数"，抓住关键的少数可以解决问题的大部分。在价值工程中，把占成本 70%～80% 而占零部件 10%～20% 的零部件划分为 A 类部件，把占成本 10%～20% 而占零部件 70%～80% 的零部件划分为 C 类部件，其余为 B 类部件。将成本比重大、品种数量少的 A 类作为实施价值工程的重点。

（2）功能分析。在设计阶段首先要进行功能分析，不同的建筑产品有不同的使用功能，反映建筑物的使用要求。例如，住宅工程一般从以下方面分析：平面布置、采光通风、层高与层数、牢固耐久、三防设施（防火、防震和防空）、建筑造型、室内外装饰、环境设计（日照、绿化和景观）、技术参数（使用面积系数、每户平均用地指标等）、施工便利性等。

（3）功能评价。评价各项功能，确定功能评价系数，并计算实现各项功能的现实成本，以计算价值系数。价值系数小于 1 的，应该在功能水平不变的条件下降低成本，或在成本不变的条件下提高功能水平；价值系数大于 1 的，如果是重要的功能，应提高成本，保证重要功能更好的实现，如果该功能不重要，可以不做改变。

（4）分配目标成本。根据限额设计的要求，确定研究对象的目标成本，并以功能评价系数为基础，将目标成本分摊到各项功能上，与各项功能的现实成本进行对比，确定成本改进期望值，成本改进期望值大的，应重点改进。

（5）方案优化。根据价值分析结果及目标成本分配结果的要求，使设计方案更加合理。

【例 4.5】　试运用价值工程方法对某购物中心项目的设计方案优选过程进行分析。

分析：（1）首先对购物中心进行功能定义和分析。把购物中心作为一个完整独立的"产品"进行功能定义和分析，考虑如下因素：平面布局，采光通风（包括保温、隔热、隔声），防火、防震和防烟设施，坚固耐用，建筑造型，室外装修，室内装饰，环境设计，容易清洁，技术参数（包括平面系数、平均用地等指标）。这些因素基本表达了购物中心的功能，因为它们的重要性不同，需确定其相对重要系数。确定相对重要系数有多种方法，这里采用加权评分法。业主、客户、设计人员分别以百分制对各功能评分，将业主意见放在首位，结合客户、设计单位意见综合评分，三者权重分别设定为50%、35%和15%，并求出各功能的重要系数，见表4.7。

表 4.7 功能评分及重要性系数

功能		业主评分		客户评分		设计单位评分		重要系数 λ $(0.5S_1+0.35S_2+0.15S_3)/100$
		分值 S_1	$0.5S_1$	分值 S_2	$0.35S_2$	分值 S_3	$0.15S_3$	
适用	F_1 平面布局	40	20	37	12.95	35	5.25	0.382
	F_2 采光通风	12	6	10	3.5	8	1.2	0.107
安全	F_3 牢固耐用	20	10	20	7	15	2.25	0.1925
	F_4 防火、防震和防烟设施	8	4	8	2.8	10	1.5	0.083
美观	F_5 建筑造型	5	2.5	6	2.1	8	1.2	0.058
	F_6 室外装修	3	1.5	8	2.8	7	1.05	0.0535
	F_7 室内装修	3	1.5	5	1.75	4	0.6	0.0385
其他	F_8 环境设计	4	2	3	1.05	5	0.75	0.038
	F_9 容易清洁	3	1.5	2	0.7	3	0.45	0.0265
	F_{10} 技术参数	2	1	1	0.35	5	0.75	0.021
合计		100	50	100	35	100	15	1

（2）已知设计方提供了5个方案作为评价对象，求其成本系数，见表4.8。

表 4.8 备选方案成本及成本系数

方案名称	主要特征	单方造价/(元/m²)	成本系数
A	4层框架结构，底层层高6m，上部层高4.5m，240mm内外砖墙，桩基础，半地下室储存间，外装修好，室内设备较好	2100	0.2188
B	4层框架结构，底层层高5m，上部层高4m，240mm内外砖墙，120mm非承重内砖墙，独立基础，外装修较好	1750	0.1823
C	4层框架结构，底层层高5m，上部层高4m，240mm内外砖墙，沉管灌注桩基础，外装修一般，内装修和设备较好，半地下室储存间	1850	0.1927
D	3层框架结构，底层层高5m，上部层高4m，空心砖内墙，独立基础，外装修及设备一般	1900	0.1979
E	4层框架结构，底层层高6m，上部层高4m，240mm内外砖墙，120mm非承重内砖墙，独立基础，外装修较好	2000	0.2083

这里各方案成本系数=某方案成本或造价/各方案成本或造价之和，例如 A 方案的成本系数=2100/（2100+1750+1850+1900+2000）=2100/9600=0.2188，以此类推，分别求出 B、C、D、E 方案的成本系数，见表 4.8。

（3）求功能评价系数 F。采用 10 分制加权评分法，请专家对 5 个方案的 10 项功能的满足程度分别评定分数，根据功能重要系数，得出各方案功能评价系数，见表 4.9。

表 4.9　　　　　　　　　方案功能评价及功能评价系数计算表

评 价 因 素		方 案 名 称				
功能因素	重要系数 λ	A	B	C	D	E
F_1	0.382	10	10	9	8	9
F_2	0.107	9	7	8	8	9
F_3	0.1925	10	9	8	9	10
F_4	0.083	10	10	10	10	10
F_5	0.058	9	8	8	8	9
F_6	0.0535	9	8	8	8	9
F_7	0.0385	9	9	8	8	9
F_8	0.038	9	9	9	9	9
F_9	0.0265	10	10	9	10	9
F_{10}	0.021	6	8	9	6	6
方案功能总分		9.621	9.145	8.634	8.4075	9.2125
功能评价系数		0.2137	0.2031	0.1918	0.1868	0.2046

表 4.9 中，采用各功能重要系数 λ 与各功能因素得分乘积合计即为各方案的功能总分；各方案的功能总分与各方案功能总分合计的比值即为各方案功能评价系数。具体见表 4.9。

（4）求出价值系数（V），并进行方案评价，见表 4.10。

表 4.10　　　　　　　　　价值系数计算表

方 案 名 称	功能评价系数 F	成本系数 C	价值系数 V	最　　优
A	0.2137	0.2188	0.9767	
B	0.2031	0.1823	1.114	最佳方案
C	0.1918	0.1927	0.9953	
D	0.1868	0.1979	0.9439	
E	0.2046	0.2083	0.9822	

由表 4.10 可知，B 方案价值系数最大，故 B 方案为最佳方案。

（5）已知 B 方案的预算成本为 1656 万元，限额设计要求该建设工程目标成本为 1600 万元，然后以主要分部工程为对象进一步开展价值工程分析。已知各分部工程评分值及预算成本见表 4.11。试分析各功能项目的功能系数、目标成本及成本改进期望值,并确定功能改进顺序。功能改进分析计算见表 4.12。

表 4.11　　　　　　　　各分部工程评分值及目前成本

功能项目	功能得分	预算成本/万元	功能项目	功能得分	预算成本/万元
基础工程	20	385	水电安装工程	26	321
主体结构工程	40	650	合计	100	1656
装饰装修工程	14	300			

表 4.12　　　　　　　　功能改进分析计算

功能项目	功能指数	预算成本/万元	目标成本/万元	成本改进期望值/万元	功能改进顺序
基础工程	20/100=0.20	385	0.20×1600=320	65	2
主体结构工程	40/100=0.40	650	0.40×1600=640	10	3
装饰装修工程	14/100=0.14	300	0.14×1600=224	76	1
水电安装工程	26/100=0.26	321	0.26×1600=416	−95	4
合计	1	1656	1600	56	

由上述计算结果可知,应首先降低装饰装修工程费用,其次是基础工程,再次是主体结构工程,最后适当增加水电安装工程费用。

4.4.3.3　推广标准化设计,优化设计方案

标准化设计又称为定型设计、通用设计,是建设标准化的组成部分。各类建设工程的构件、配件、通用的建筑物、构筑物、公用设施等,只要有条件都应该实施标准化设计。常用的标准有国家强制性标准 GB 和推荐性标准 GB/T,行业标准 JG(建工行业标准)、JC(建材行业标准)、JT(交通行业标准),地方标准 DB,企业标准 QB 等。

因为标准化设计是将大量成熟的、行之有效的实践经验和科技成果,按照统一简化、协调选优的原则,提炼为设计规范和设计标准,所以设计质量比一般设计质量高。另外,由于标准化设计采用的都是标准构配件,建筑构配件和工具式模板的制作过程可以从工地转移到专门的工厂中批量生产,使施工现场变为"装配车间"和机械化浇筑场所,把现场的工程量压缩到最低限度。各类建设工程设计部门制定与执行不同层次的设计标准规范,对于提高设计阶段的投资控制水平是十分必要的。

在设计阶段投资控制中,对不同用途和要求的建筑物,应按统一的建筑模数、建筑标准、设计规范、技术规定等进行设计。如果房屋或构筑物整体不便于定型化,应将其中重复出现的建筑单元、房间和主要结构节点构造,在构配件标准化基础上定型化。建筑物和构筑物的柱网、层高及其他构件参数尺寸应力求统一化,在满足使用要求的情况下,尽可能具有通用互换性。

广泛推广标准化设计的优势在于:首先,能够加快设计速度,缩短设计周期,节约设计费用,一般可以加快设计速度 1~2 倍,从而使施工准备工作和定制预制构件等生产准备工作提前,缩短整个建设周期;其次,可使工艺定型,提高工人技术水平、劳动生产率和节约材料，有利于较大幅度降低建设投资；再次，由于标准构配件的生产可以大批量生产，便于预制厂统一安排，发挥规模经济的作用，可加快施工准备和定制预制构件等工作，使施工速度大大加快；最后，设计标准是经过多次反复实践，加以检验和补充完善的，所以能较好地贯彻执行国家技术经济政策，合理利用资源和材料设备，考虑施工、生产、使用和维修的要求，便于工业化生产。

4.5 设计概算的编制与审查

4.5.1 设计概算的概念及作用

4.5.1.1 设计概算的概念

设计概算是在投资估算的控制下由设计单位根据初步设计或扩大初步设计的图纸及说明，利用国家或地区颁布的概算定额、概算指标、费用定额或取费标准等资料，或参照类似工程预（决）算文件，编制和确定的建设项目从筹建到竣工交付使用所需全部建设费用的文件。设计概算的成果文件称为设计概算书，简称为设计概算。设计概算书是初步设计文件的重要组成部分，是投资估算的延伸和细化。设计概算的特点是编制相对简略，无须达到施工图预算的准确程度。在报请审批初步设计或扩大初步设计时，作为完整的技术文件必须附有相应的设计概算。

设计概算的编制采用单位工程概算、单项工程综合概算和建设项目总概算三级概算编制。当建设项目为一个单项工程时，可采用单位工程概算、建设项目总概算两级概算编制。

1. 单位工程概算

单位工程概算以初步设计文件为依据，按照规定程序、方法和依据，计算单位工程建设费用的成果文件，是编制单项工程综合概算的依据，是单项工程综合概算的组成部分。单位工程概算按其工程性质分为单位建筑工程概算和单位设备及安装工程概算两类。具体见图4.4。

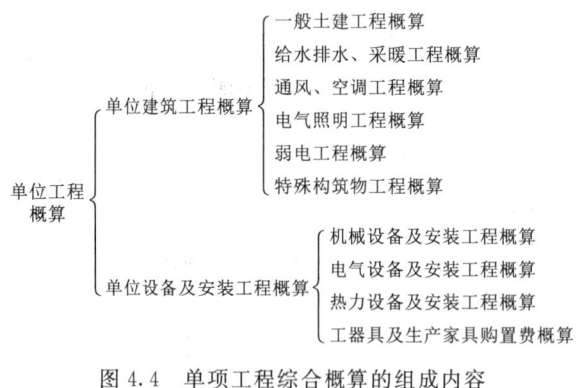

图4.4 单项工程综合概算的组成内容

2. 单项工程综合概算

单项工程综合概算是以单项工程为编制对象，是确定一个单项工程所需建设费用的文件，它是由单项工程中的各个单位工程概算汇总编制而成的，是建设项目总概算的组成部分。

3. 建设项目总概算

建设项目总概算是以初步设计文件为依据，在单项工程综合概算的基础上计算建设项目概算总投资的成果文件，是确定整个建设项目从筹建到竣工验收所需全部费用的文件。它是由各单项工程综合概算、工程建设其他费用概算、预备费概算、建设期利息概算和生产经营性项目铺底流动资金概算汇总编制而成。

4.5.1.2　设计概算编制的作用

(1) 设计概算是编制固定资产投资计划,确定和控制基本建设投资的依据。设计概算投资应包括建设项目从立项、可行性研究、设计、施工、试运行到竣工验收等全部建设资金。按照规定,编制年度固定资产投资计划,确定计划投资总额及其构成数额,要以批准的初步设计概算为依据,没有批准的初步设计文件及其概算,建设工程不能列入年度固定资产投资计划。

政府投资项目设计概算一经批准,将作为控制建设项目投资的最高限额。在工程建设过程中,年度固定资产投资计划安排、银行拨款或贷款、施工图设计及其预算、竣工决算等,未经批准都不能突破这一限额,确保对国家固定资产投资计划的严格执行和有效控制。如果确需突破,须报原审批部门批准。

(2) 设计概算是考核设计方案经济合理性和优选设计方案的依据。设计人员根据设计概算进行设计方案技术经济分析、多方案评价及优选方案,以提高工程项目的设计质量和经济效果。

(3) 设计概算是控制施工图设计和施工图预算的依据。设计概算为施工图设计确定了投资控制目标,设计单位必须按照批准的初步设计和总概算进行施工图设计,施工图预算不得突破设计概算。

(4) 设计概算是编制招标控制价和投标报价的依据。招标单位以设计概算作为编制招标控制价和评标定标的依据。承包单位也必须以设计概算为依据,编制合适的投标报价,以便在投标竞争中取胜。

(5) 设计概算是签订建设工程合同和贷款合同的依据。建设工程合同价款是以设计概算为依据,且总承包合同价款不得超过设计总概算的投资额。银行贷款或各单项工程的拨款累计总额不能超过设计概算。当项目投资计划所列支投资额与贷款突破设计概算时,必须查明原因,之后由建设单位报请上级主管部门调整或追加设计概算总投资。

(6) 设计概算是"三算"对比、考核建设工程成本和投资效果的依据。通过"三算"对比,可以分析和考核建设工程项目投资效果的好坏,同时验证设计概算的准确性,有利于加强设计概算管理和建设项目的造价管理工作。

4.5.2　设计概算的编制

设计概算是从最基本的单位工程概算编制开始逐级汇总,依次形成单项工程综合概算、建设项目总概算。

4.5.2.1　设计概算的编制依据

(1) 国家、行业和地方政府有关法律、法规、规章、规程等。

(2) 批准的可行性研究报告及投资估算、设计图纸等有关资料。

(3) 颁布的概算指标、概算定额、费用定额等,还包括建设项目设计概算编制办法。

(4) 有关部门发布的人工、材料价格,有关设备原价及运杂费率、造价指数等。

(5) 建设场地的自然条件和施工条件。

(6) 项目的技术复杂程度,以及新技术、专利使用情况等。
(7) 建设地区的自然、技术、经济条件等资料。
(8) 有关文件、合同、协议等。

4.5.2.2 单位工程概算的编制

单位工程概算是由单位建筑工程概算和单位设备及安装工程概算组成。其中单位建筑工程设计概算的编制方法有概算定额法、概算指标法、类似工程预算法等;单位设备及安装工程概算方法有预算单价法、扩大单价法、概算指标法等。单位工程概算编制方法汇总如图4.5所示。

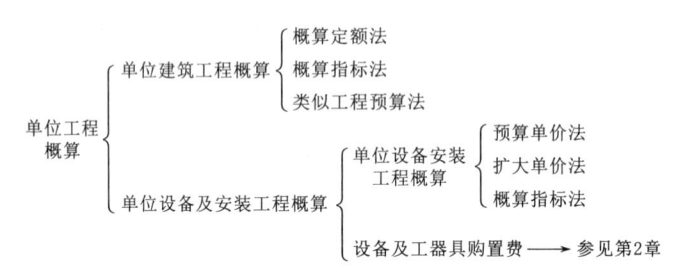

图4.5 单位工程概算编制方法

1. 单位建筑工程概算的编制方法

(1) 概算定额法。

1) 概算定额法的概念。概算定额法又称扩大单价法或扩大结构定额法,是采用概算定额编制单位建筑工程概算的方法。它是根据设计图纸资料和概算定额的项目划分计算工程量,并套用概算定额单价,计算汇总后再计取相关费用,便可得出单位工程概算造价。概算定额法与利用预算定额编制单位工程施工图预算的方法基本相同,不同之处在于编制概算套用的是概算定额,采用的工程量计算规则是概算工程量计算规则。

2) 概算定额法编制设计概算的步骤如下。

a. 按照概算定额分部分项工程先后顺序,列出各分部分项工程(或扩大分项工程或扩大结构构件)的名称并计算其工程量。将计算所得各分部分项工程量按概算定额编号顺序,填入工程概算表内。计算时采用的原始数据必须以初步设计图纸所标识的尺寸或初步设计图纸能读出的尺寸为准。有些无法直接计算的零星工程,如台阶、散水、厕所蹲台等,可根据概算定额的规定,按主要工程费用的百分率(一般5%~8%)计算。

b. 确定各分部分项工程的概算定额单价。工程量计算完毕后,逐项套用相应概算定额单价和人工、材料消耗指标,然后分别填入工程概算表和工料分析表。如遇设计图中的分项工程项目名称、内容与采用的概算定额手册中相应项目不符时,则按规定对定额进行换算后才可套用。

有些地区根据地区人工工资、物价水平和概算定额编制了与概算定额配合使用的扩大单位估价表,该表确定了概算定额中各扩大分部分项工程或扩大结构构件所需的全部人工费、材料费、施工机具费之和,即概算定额单价。在采用概算定额法编制概算时,可将扩大分部分项工程量,乘以扩大单位估价表中的概算定额单价计算直接工

4.5 设计概算的编制与审查

程费。概算定额单价的计算公式为

概算定额单价＝概算定额人工费＋概算定额材料费＋概算定额机械台班使用费
＝（概算定额中人工消耗量×人工单价）＋（概算定额中材料消耗量
×材料预算单价表）＋概算定额中机具台班消耗量×机具台班单价）
(4.20)

c. 根据分部工程的工程量和相应的概算定额单价计算人工、材料、施工机具费用。

d. 计算企业管理费、利润和增值税。

e. 汇总单位工程概算造价。

概算定额法适用于初步设计达到一定深度，建筑结构及尺寸比较明确，能够按照初步设计平面图、立面图、剖面图计算楼地面、墙身、顶棚、门窗和屋面等概算定额子目所要求的扩大分项工程工程量，方可采用这种方法。概算定额法编制精度较高，但工作量大，计算较烦琐。

【例 4.6】 拟建一栋建筑面积为 7260m² 的教学楼，试按给出的工程量和扩大单价（表 4.13）编制该教学楼土建工程设计概算造价和每平方米造价。按有关规定标准计算得到措施项目费为 350000 元。各项费率分别为：企业管理费费率为人工、材料、机具费用之和的 15%，利润率为人工、材料、机具和企业管理费之和的 8%，增值税税率为 9%。

表 4.13　　　　某教学楼土建工程量和扩大单价

序号	分部工程名称	单位	工程量	扩大单价/元
1	基础工程	10m³	140	2500
2	混凝土及钢筋混凝土	10m³	190	7000
3	砌筑工程	10m³	240	4000
4	地面工程	100m²	30	1000
5	楼面工程	100m²	50	1500
6	屋面工程	100m²	70	3800
7	门窗工程	100m²	40	5500

解 根据已知条件和表 4.13 数据，得出该教学楼土建工程概算造价，见表 4.14。

表 4.14　　　　某教学楼土建工程概算造价计算

序号	分部工程名称	单位	工程量	扩大单价/元	合价/元
1	基础工程	10m³	140	2500	350000
2	混凝土及钢筋混凝土	10m³	200	7000	1400000
3	砌筑工程	10m³	240	4000	960000
4	地面工程	100m²	30	1000	30000
5	楼面工程	100m²	50	1500	75000
6	屋面工程	100m²	25	3800	95000
7	门窗工程	100m²	40	5500	220000

续表

序号	分部工程名称	单位	工程量	扩大单价/元	合价/元
A	人、材、机费用合计		上述7项之和		3130000
B	企业管理费		A×15%		469500
C	利润		(A+B)×8%		287960
D	增值税		(A+B+C)×9%		349871
	概算造价		A+B+C+D		4237331
	每平方米造价/(元/m²)		(A+B+C+D)/7260		584

（2）概算指标法。概算指标法是利用概算指标编制单位建筑工程概算的方法，用拟建厂房、住宅的建筑面积或体积乘以技术条件相同或基本相同工程的概算指标得出人工费、材料费、施工机具使用费合计，然后按规定计算出企业管理费、利润和税金等，编制出单位建筑工程概算的方法。

概算指标法适用于：初步设计深度不够，不能准确计算工程量，但工程设计技术比较成熟而又有类似工程概算指标可以参考时，采用此方法。由于拟建工程往往与类似工程概算指标的技术条件不尽相同，而且概算指标编制年份的人工、材料、施工机具台班（简称"人、材、机"）等价格与拟建工程当时当地的价格也不一样。因此须对概算指标进行调整，调整方法有以下两种：

1）调整概算指标中的每平方米（或立方米）造价。这种方法是将原概算指标单价进行调整，扣除每平方米（或立方米）原概算指标中与拟建工程结构不同部分的造价，增加每平方米（或立方米）拟建工程与概算指标结构不同部分的造价，使其成为与拟建工程结构相同的概算单价。计算表达式如下：

$$结构变化修正概算指标[元/m^2(m^3)] = J + Q_1 P_1 - Q_2 P_2 \quad (4.21)$$

式中 J——原概算指标；

Q_1——概算指标中换入结构的工程量；

Q_2——概算指标中换出结构的工程量；

P_1——概算指标中换入结构的单价；

P_2——概算指标中换出结构的单价。

2）调整概算指标中的人工、材料、设备、施工机具使用费。这种方法是先将原概算指标中每 $100m^2$（或 $1000m^3$）建筑面积（或体积）中的人、材、机消耗量进行调整，扣除原概算指标中与拟建工程结构不同部分的人、材、机消耗量，增加拟建工程与概算指标结构不同部分人、材、机消耗量，使其成为与拟建工程结构相同的每 $100m^2$（或 $1000m^3$）建筑面积（体积）人、材、机数量。其计算表达式为

$$\begin{aligned}结构变化修正概算指标的人、材、机数量 =\ & 原概算指标的人、材、机数量\\ & + 换入结构件工程量 \times 相应定额工、料、\\ & \quad 机消耗量 - 换出结构件工程量\\ & \times 相应定额人、材、机消耗量\end{aligned} \quad (4.22)$$

人、材、机修正概算费用＝原概算指标人、材、机费用＋∑(换入人、材、机数量
$$\times 拟建地区相应单价)-\sum(换出人、材、机数量$$
$$\times 原概算指标的人、材、机单价) \qquad (4.23)$$

以上两种方法，前者是直接修正概算指标单价，后者是修正概算指标人、材、机数量。两者的计算原理是相同的。

【例 4.7】 拟在某镇新建一中学，其建筑面积为 3000m²，按当地概算指标手册查出同类土建工程单位造价为 938 元/m²，其中，人、材、机费用合计为 680 元/m²，采暖工程为 90 元/m²，给水排水工程为 70 元/m²，照明工程为 160 元/m²。新建中学的设计资料与概算指标相比较，其结构构件有部分不同。设计资料表明，外墙为 1.5 砖外墙，而概算指标中外墙为 1 砖墙。根据概算指标手册编制期采用的当地土建工程预算价格，外墙带形毛石基础的直接工程费为 480 元/m³，1 砖外墙的直接工程费为 660 元/m³，1.5 砖外墙的直接工程费为 678 元/m³；概算指标中每 100m² 中含外墙带形毛石基础为 4m³，1 砖外墙为 15.5m³。新建工程资料表明，每 100m² 中含外墙带形毛石基础为 5.6m³，1.5 砖外墙为 23.6m³。根据当地造价主管部门颁布的新建项目土建、采暖、给排水、照明等专业工程造价综合调整系数分别为 1.25、1.28、1.23、1.30。请计算调整后的每平方米土建工程修正概算指标和新建中学的概算造价。

解 土建工程中结构构件变更中人、材、机费用修正概算指标计算，见表 4.15。

表 4.15 结构变化引起的单价调整

项目/序号	结构构件名称	单 位	数量 /m³(每平方米含量)	单价 /(元/m³)	单位面积价格 /(元/m²)
	土建工程中人、材、机费用				680
1	换出部分				
1.1	外墙带形毛石基础	m³	0.04	480	19.2
1.2	1 砖外墙	m³	0.155	660	102.3
	换出合计	元			121.5
2	换入部分				
2.1	外墙带形毛石基础	m³	0.056	480	26.88
2.2	1.5 砖外墙	m³	0.236	678	160.01
	换入合计	元			186.89

土建工程每 100m² 人、材、机费用修正指标：680－121.5＋186.89＝745.39(元/m²)

经调整后的概算指标 $=745.39\times\dfrac{938}{680}\times 1.25=1285.25(元/m²)$

拟建中学的概算造价＝(1285.25＋90×1.28＋70×1.23＋160×1.3)×3000＝5083650(元)

(3) 类似工程预算法。类似工程预算法是利用技术条件与编制对象相类似的已完工程或在建工程的预算造价资料，来编制拟建工程概算的方法。即以相似工程的预算

为基础,按编制概算指标的方法,求出单位工程的概算指标,再按概算指标法编制建筑工程概算。

类似工程预算法适用于:拟建工程初步设计与已完工程或在建工程的设计相类似,而且没有可用的概算指标时采用,但是必须对建筑结构差异和价差进行调整。

1) 建筑结构差异的调整。建筑结构差异的调整方法与概算指标的调整方法相同:先确定有差别的项目,然后分别把这些有差别的每一个项目结构构件的工程量和单位价格(按编制概算工程所在地区的单价)计算出来,最后以类似工程预算中有差别的结构构件的工程数量和单价为基础,算出总差价。将类似工程预算的直接工程费总额减去或加上这部分差价,即得到结构差异换算后的直接工程费,再取费得到结构差异换算后的造价。

2) 价差调整。类似工程的价差调整方法有两种:一是类似工程造价资料有具体的人工、材料、机具台班的消耗量时,可按类似工程造价资料中的工日数量、主要材料用量、机具台班用量乘以拟建工程所在地的人工工日单价、主要材料预算价格、机具台班单价,计算出直接工程费,再取费即可得出所需的造价指标;二是类似工程造价资料只有人工、材料、机具台班费用和其他费用时,可作如下调整:

$$D = AK \tag{4.24}$$

$$K = a\% K_1 + b\% K_2 + c\% K_3 + d\% K_4 + e\% K_5 \tag{4.25}$$

式中　　　　　D——拟建工程单方概算造价;

A——类似工程单方预算造价;

K——综合调整系数;

$a\%,b\%,c\%,d\%,e\%$——类似工程预算的人工费、材料费、机具台班费、措施费、间接费占预算造价的比重;

K_1,K_2,K_3,K_4,K_5——拟建工程地区与类似工程地区人工费、材料费、机具台班费、措施费、间接费价差系数。其中

$$K_1 = \frac{拟建工程概算的人工费(或工资标准)}{类似工程预算人工费(或工资标准)} \tag{4.26}$$

$$K_2 = \frac{\sum 拟建工程主要材料数量 \times 编制概算地区材料预算价格}{类似工程所在地区各主要材料费之和} \tag{4.27}$$

类似的,可得出其他价差系数表达式。

【例 4.8】　美丽乡村住宅项目建设中,拟建砖混结构住宅工程 4000m²,结构形式与已建某工程相同,只有外墙保温贴面不同,其他部分均较为接近。类似工程外墙面为珍珠岩板保温、水泥砂浆抹面,每平方米建筑面积消耗量分别是 0.044m³、0.842m²,珍珠岩板为 153.1 元/m³、水泥砂浆为 8.95 元/m²;拟建工程外墙为加气混凝土保温、外贴釉面砖,每平方米建筑面积消耗量分别为 0.08m³、0.82m³,加气混凝土 185.48 元/m³、贴釉面砖 49.75 元/m²。类似工程每平方米直接工程费为 665 元/m²,其中,人工费、材料费、施工机具费占单方直接工程费比例分别为 14%、78%、8%,综合费率为 20%。拟建工程与类似工程预算造价在这些方面的价差系数

分别为 2.01，1.06 和 1.92。

问题 1：采用类似工程预算法确定拟建工程的单位工程概算造价。

问题 2：如果类似工程预算中，单方建筑面积主要资源消耗为：人工消耗 5.08 工日，钢材 22kg，水泥 200kg，原木 0.05m³，铝合金门窗 0.24m²，其他材料费为主材费的 45%，施工机具费占直接工程费比例为 8%，拟建工程主要资源的现行预算价格分别为人工 108 元/工日，钢材 5.3 元/kg，水泥 350 元/t，原木 1400 元/m³，铝合金门窗平均 350 元/m²，拟建工程综合费率为 20%，应用概算指标法确定拟建工程的单位工程概算造价。

解 问题 1：首先计算直接工程费综合调整系数，通过直接工程费部分的价差调整进而得到拟建工程的直接工程费单价，再做结构差异调整，最后取费得到拟建工程单方造价，计算步骤如下：

拟建工程直接工程费综合调整系数 = 14% × 2.01 + 78% × 1.06 + 8% × 1.92
$$= 1.2618$$

拟建工程概算指标（直接工程费）= 665 × 1.2618 = 839.10（元/m²）

结构修正概算指标（直接工程费）= 839.10 +（0.08 × 185.48 + 0.82 × 49.75）
$$-（0.044 × 153.1 + 0.842 × 8.95）$$
$$= 880.46（元/m²）$$

拟建工程单方造价 = 880.46 ×（1 + 20%）= 1056.55（元/m²）

拟建工程概算造价 = 1056.55 × 4000 = 4226200（元）

问题 2：首先根据类似工程预算中每平方米建筑面积的主要资源消耗量和拟建工程现行预算价格，计算拟建工程单方建筑面积的人工费、材料费、施工机具费。

人工费 = 5.08 × 108 = 548.64（元）

材料费 = ∑（每平方米建筑面积人工消耗指标 × 相应材料预算价格）
$$=（22 × 5.3 + 200 × 0.35 + 0.05 × 1400 + 0.24 × 350）×（1 + 45%）$$
$$= 493.87（元）$$

施工机具费 = 直接工程费 × 8%

直接工程费 = 548.64 + 458.2 + 直接工程费 × 8%

因此，直接工程费 =（548.64 + 493.87）/（1 − 8%）= 1133.16（元/m³）

其次，进行结构差异调整，按照已知的综合费率计算拟建单位工程概算造价。

结构修正概算造价（直接工程费）= 1133.16 +（0.08 × 185.48 + 0.82 × 49.75）
$$-（0.044 × 153.1 + 0.842 × 8.95）$$
$$= 1174.52（元/m²）$$

拟建工程单方造价 = 1174.52 ×（1 + 20%）= 1409.42（元/m²）

拟建工程概算造价 = 1409.42 × 4000 = 5637680（元）

2. 单位设备及安装工程概算的编制方法

单位设备及安装工程概算包括设备购置费概算和设备安装工程费概算两部分，其编制方法如下。

(1) 设备购置费概算编制方法。设备购置费概算由设备原价加设备运杂费两项组成。设备原价按初步设计的设备清单逐项计算出设备原价,然后按有关规定的设备运杂费率乘以设备原价得出设备运杂费,两项之和即为设备购置费概算。

$$设备购置费概算 = \sum (设备清单中设备数量 \times 设备原价) \times (1 + 运杂费率) \quad (4.28)$$

国产标准设备原价可根据设备型号、规格、性能、材质、数量及配件,向制造商询价或向设备、材料信息部门查询或按主管部门规定的现行价格逐项计算。非主要标准设备和工器具、生产家具的原价可按主要标准设备原价的百分比计算,百分比指标按主管部门或地区有关规定执行。国产非标准设备及进口设备原价的确定方法见第2章。

(2) 设备安装工程概算编制方法。设备安装工程概算的编制方法是根据初步设计深度和要求明确的程度来确定,具体主要编制方法有以下3种:

1) 预算单价法。当初步设计有一定深度,有详细的设备清单时,基本上能计算工程量时,可直接按照安装工程预算定额单价编制设备安装工程概算,概算编制程序与安装工程施工图预算基本相同。根据计算的设备安装工程量,乘以安装工程预算单价,经汇总求得。用预算单价法编制概算,计算较为具体,精确度较高。

2) 扩大单价法。当初步设计深度不够,设备清单不完备,只有主体设备或仅有成套设备数量或质量时,可采用主体设备、成套设备的综合扩大安装单价来编制概算。

3) 概算指标法。该方法可按下列3种指标进行计算:

a. 按占设备原价的百分比计算。这种方法也称为设备价值百分比法,或安装设备百分比法。当初步设计深度不够,只有设备出厂价而无详细规格和质量时,安装费可按占设备费的百分比计算。其百分比值(即安装费率)由相关管理部门制定或由设计单位根据已完类似工程确定。这种方法常用于价格波动不大的定型产品和通用设备产品。其计算表达式如下:

$$设备安装费 = 设备原价 \times 安装费率(\%) \quad (4.29)$$

b. 按每吨设备安装概算价格计算。这种方法也称为综合吨位指标法。如果初步设计提供的设备清单有设备规格和质量时,可采用综合吨位指标法编制概算。其综合吨位指标由相关主管部门或由设计单位根据已完类似工程的资料确定。该方法常用于设备价格波动较大的非标准设备和引进设备的安装工程概算。其计算表达式如下:

$$设备安装费 = 设备总吨数 \times 每吨设备安装费指标(元/t) \quad (4.30)$$

c. 按设备安装每平方米建筑面积的概算指标计算。其计算表达式如下:

$$设备安装工程概算 = 设备安装工程建筑面积 \times 每平方米设备安装指标 \quad (4.31)$$

4.5.2.3 单项工程综合概算的编制

单项工程综合概算是由该单项工程中各专业的单位工程概算汇总编制而成,是建设项目总概算的组成部分。当建设项目只有一个单项工程时,单项工程综合概算实为总概算,还应包括工程建设其他费用概算、建设期贷款利息、预备费。单项工程综合概算文件一般包括编制说明(不编制总概算时列入)和综合概算表两部分。

(1) 编制说明。编制说明应列在综合概算表的前面,主要包括工程概况、编制依据、编制方法、主要设备和材料的数量及其他有关问题的说明。

(2) 综合概算表。综合概算表是根据单项工程所辖范围内各单位工程概算等基础资料，按照国家或部委规定的统一表格进行编制。对于工业建设项目，综合概算表包括建筑工程、设备及安装工程两大部分；民用建设项目综合概算表仅建筑工程一项。

4.5.2.4 建设项目总概算的编制

建设项目总概算是由各单项工程综合概算、工程建设其他费用、建设期贷款利息、预备费和经营性项目的铺底流动资金概算组成，按照主管部门规定的统一表格编制而成。总概算文件一般包括以下内容：

（1）封面、签署页及目录。

（2）编制说明。编制说明一般包括以下内容：

1）工程概况。简述项目的性质、特点、规模、建设周期、建设地点等主要情况。对于引进项目还需说明引进的内容以及国内配套工程等主要情况。

2）编制依据及原则。编制依据应说明可行性研究报告及其上级主管部门的批复文件号，概算定额或概算指标，设备及材料价格和取费标准，采用的税率、费率、汇率等依据，工程建设其他费的计算标准，编制中遵循的主要原则等。

3）编制范围和编制方法。编制范围应说明总概算中所包括的具体工程项目内容及费用项目内容，编制方法则需要说明是采用概算定额法还是概算指标法等。

4）资金来源及投资方式。

5）投资分析。主要说明各项投资的比重以及各专业投资的比重等，并和经批准的可行性研究报告中的控制数据作对比，分析其投资效果。

6）主要设备和材料数量。说明主要机具设备、电气设备及建筑安装工程主要建筑材料（钢材、水泥、木材等）的总数量。

7）其他需要说明的问题。

（3）总概算表。总概算表应反映静态投资和动态投资两个部分。

（4）工程建设其他费概算表。工程建设其他费概算按国家、地区或部委所规定的项目和标准确定，并按统一表式编制。

（5）单项工程综合概算表和建筑安装单位工程概算表。

（6）工程量计算表、主要材料汇总表和工日数量表等。

（7）分年度投资汇总表、分年度资金流量汇总表。

4.5.3 设计概算的审查

设计概算文件是确定建设工程造价的文件，是建设工程全过程造价控制、考核建设项目经济合理性的重要依据。设计概算编制得准确合理，才能保证投资计划的真实性。审查概算的目的是力求投资准确、完整，防止扩大投资规模或出现漏项，减少投资缺口。因此，对概算文件的审查在工程造价管理中具有非常重要的作用。

4.5.3.1 设计概算的审查内容

设计概算的审查包括概算的编制依据、编制深度及范围、设计概算的内容等3个方面：

1. 审查设计概算的编制依据

审查编制依据的合法性、时效性和适用范围。采用的编制依据必须经国家和授权机关批准，符合国家的现行编制规定，并且在规定的适用范围内使用。例如：各地区规定的定额及其取费标准，只适用于本地区范围内，特别是材料预算价格应按工程所在地区的具体规定执行。

2. 审查设计概算的编制深度及范围

（1）审查编制说明。审查概算的编制方法、深度和编制依据等重大原则问题。若编制说明有差错，具体概算必然也有差错。

（2）审查设计概算的编制深度。对于大中型项目的设计概算，审查是否符合规定的"三级概算"（即总概算、单项工程综合概算和单位工程概算），各级概算的编制、校对、审核是否按规定签署，有无随意简化，有无把"三级概算"简化为"二级概算"，甚至"一级概算"的现象，是否达到规定的深度。

（3）审查概算编制的范围。审查概算的编制范围及具体内容是否与批准的建设项目范围及具体工程内容一致；审查分期建设项目的建筑范围及具体工程内容有无重复交叉，是否重复计算或漏算；审查其他费用应列的项目是否符合规定；静态投资、动态投资和经营性项目铺底流动资金是否分别列出等。

3. 审查设计概算的内容

（1）审查概算编制是否符合党的方针、政策、法律、法规及相关规定。

（2）审查概算建设规模（投资规模、生产能力等）、建设标准（用地指标、建筑标准等）、配套工程、设计定员等是否符合批准的可行性研究报告或立项批文的标准。对总概算投资超过批准投资估算10%以上的，应查明原因，并重新上报审批。

（3）审查概算所采用的编制方法、计价依据和程序是否符合相关规定。

（4）审查概算工程量是否准确。工程量计算是否根据初步设计图纸、工程量计算规则和施工组织设计的要求进行，有无多算、重算和漏算的现象。应将工程量大、造价高、对整体造价影响大的项目作为重点审查对象。

（5）审查材料用量和价格。审查主要材料用量的正确性和材料价格是否符合工程所在地的价格水平，材料价差调整是否符合现行规定及其计算是否正确等。

（6）审查设备规格、数量、配置是否符合设计要求，是否与设备清单一致；设备原价和运杂费是否正确；非标准设备原价的计价方法是否符合规定；进口设备的各项费用组成及其计算程序、方法是否符合规定。

（7）审查概算中各项费用的计取程序和取费标准是否符合国家或地方有关部门的现行规定。

（8）审查总概算文件的组成内容是否完整地包括了建设项目从筹建到竣工投产的全部费用。

（9）审查综合概算、总概算的编制内容、方法是否符合国家有关规定和设计文件的要求。

（10）审查工程建设其他费中的费率和计取标准是否符合国家、行业有关规定，有无随意列项，有无多列、交叉计列和漏项等。

（11）审查概算项目是否符合国家对于环境治理的要求和相关规定。

（12）审查技术经济指标。技术经济指标的计算方法和程序是否正确，综合指标和单项指标与同类型工程指标相比，是偏高还是偏低，原因是什么，并予以纠正。

(13）审查投资经济效果。设计概算是初步设计经济效果的反映，要按照生产规模、工艺流程、产品品种和质量，从企业的投资效益和投产后的运营效益全面分析，是否达到了先进可靠、经济合理的要求。

4.5.3.2 设计概算的审查方法

采用恰当的方法对设计概算进行审查，是确保审查质量、提高审查效率的关键。常用的审查方法有对比分析法、查询核实法、联合会审法等。

（1）对比分析法。对比分析法主要通过建设规模、标准与立项批文对比；工程数量与设计图纸对比；建设范围、内容与编制方法、规定对比；各项取费与规定标准对比；材料、人工单价与市场信息对比；引进设备、技术投资与报价要求对比；技术经济指标与同类工程对比等。通过对比，发现设计概算存在的主要问题和偏差。

（2）查询核实法。查询核实法是对一些关键设备和设施、重要装置、引进设备图纸不全、难以核算的较大投资进行多方查询核实，逐项落实的方法。关键设备的市场价向设备供应部门或招标公司查询核实；重要装置和设施向同类企业或工程查询了解；引进设备价格及有关税费向进出口公司调查核实；复杂的建筑安装工程向同类工程的建设、承包、施工单位征求意见；深度不够或不清楚的问题直接向原概算编制人员、设计人员咨询。

（3）联合会审法。联合会审法可先分头审查，包括设计单位自审，主管、建设、承包单位初审，工程造价咨询机构评审，邀请同行专家预审，审批部门复审等，经层层审查后，再由相关单位和专家联合会审。在联合会审大会上，由设计单位介绍概算编制情况及存在的问题，各参会单位、专家汇报初审及预审意见，然后进行分析和讨论，结合对各专业技术方案的审查意见所产生的投资增减，逐一核实原概算出现的问题。经过充分协商，认真听取设计单位意见后，实事求是地处理和调整。

上述审查后，对审查中发现的问题和偏差，按照单项、单位工程的顺序，先按设备费、安装费、建筑费和工程建设其他费分类整理，然后按静态投资、动态投资和铺底流动资金三大类，汇总核增或核减的项目及其投资额，最后将具体核算数据，按照原概算、审核结果、增减投资、增减幅度4个栏目列表，并按照原总概算表汇总顺序将增减项目逐一列出，相应调整所属项目投资合计，再依次汇总审核后的总投资及增减投资额。对于差错较多、问题较大或不能满足要求的，责成编制人员按照会审意见修改返工，重新报批；对于无重大原则问题、深度基本满足要求、投资增减不多的，当场核定概算投资额，并提交审批部门复核后，正式下达审批概算。

4.6 施工图预算的编制和审查

4.6.1 施工图预算的概念及作用

4.6.1.1 施工图预算的概念

施工图预算是施工图设计预算的简称，又称设计预算。施工图预算由设计单位在

4.10 施工图预算的概念

完成施工图设计后，根据施工图设计文件、工程所在地的现行预算定额、费用定额以及设备、人工、材料、施工机具台班等的预算价格编制和确定，在施工前对建设工程费用进行测算的造价文件。施工图预算的成果文件称为施工图预算书。

4.6.1.2 施工图预算的作用

1. 施工图预算对投资方的作用

（1）施工图预算是控制工程造价及编制资金使用计划的依据。投资方按施工图预算造价筹集建设资金，并控制资金的合理使用。

（2）施工图预算是确定工程招标控制价的依据。招标控制价是在施工图预算基础上考虑工程的特殊施工措施、工程质量要求、目标工期、招标工程范围以及自然条件等因素编制。

（3）施工图预算是投资方拨付工程款及办理工程结算的依据。

2. 施工图预算对施工方的作用

（1）施工图预算是施工方投标报价的参考依据。在竞争激烈的建筑市场竞争中，施工方根据施工图预算，结合企业的投标策略确定投标报价。

（2）施工图预算是建设工程预算包干的依据和签订施工合同的主要内容。在采用总价合同的情况下，施工单位通过与建设单位协商，可在施工图预算基础上，考虑设计或施工变更后可能发生的费用，以及可能发生的其他风险因素，并增加一定系数作为工程造价一次性包干。

（3）施工单位进行施工准备的依据，是施工单位在施工前安排调配施工力量，组织材料、机具、设备及劳动力供应的依据，并由此做好施工前的各项准备工作。

（4）施工图预算是施工单位控制建设成本的依据。由施工图预算确定的中标价格是施工单位收取工程款的依据，施工单位只有合理利用各项资源，采取技术措施、经济措施和管理措施降低成本，将成本控制在施工图预算以内，施工单位才能获得良好的经济效益。

（5）施工图预算是"两算"对比的依据。施工企业可通过施工图预算和施工预算的对比分析，找出差距，采取必要的措施控制造价。

3. 施工图预算对其他方面的作用

（1）对于工程咨询单位，尽可能客观、准确地为委托方做出施工图预算，以强化投资方对工程造价的控制，有利于节省投资，提高建设项目的投资效益。

（2）对于工程造价管理部门，施工图预算是监督、检查执行定额标准，合理确定工程造价，测算造价指数及审定工程招标控制价的重要依据。

4.6.2 施工图预算编制的内容和依据

4.6.2.1 施工图预算编制的内容

施工图预算是由单位工程预算、单项工程综合预算及建设项目总预算组成。根据预算文件的不同，施工图预算的内容有所差异，具体见表4.16。

建设项目总预算是反映施工图设计阶段建设项目投资总额的造价文件，是施工图预算文件的主要组成部分，由组成该建设项目的各个单项工程综合预算和相关费用组成。施工图总预算应控制在已批准的设计总概算投资范围以内。

表 4.16　　　　　　　　　　施工图预算的编制内容表

施工图预算	组 成 内 容
单位工程预算	各单位建筑工程预算和单位设备及安装工程预算
单项工程综合预算	各单项工程的建筑安装工程费和设备及工器具购置费
建设项目总预算	建筑安装工程费、设备及工器具购置费、工程建设其他费用、预备费、建设期利息、铺底流动资金

单项工程综合预算是反映施工图设计阶段一个单项工程造价的文件,是总预算的组成部分,由构成该单项工程的各个单位工程施工图预算组成。

单位工程预算是依据单位工程施工图设计文件、现行预算定额以及人工、材料和施工机具台班价格等,按照规定的计价方法编制的工程造价文件。单位建筑工程预算是建筑工程各专业单位工程施工图预算的总称,按其工程性质分为一般土建工程预算、给水排水工程预算、采暖通风工程预算、燃气工程预算、电气照明工程预算、弱电工程预算、特殊构筑物(如水塔、烟囱等)工程预算及工业管道工程预算等。安装工程预算是安装工程各专业单位工程预算的总称,安装工程预算按其工程性质分为机械设备安装工程预算、电气设备安装工程预算、工业管道工程预算和热力设备安装工程预算等。

4.6.2.2　施工图预算编制的依据

(1) 国家、行业和地方政府主管部门颁布的有关工程造价管理的法律、法规和规章。

(2) 经过批准和会审的施工图设计文件,包括设计说明书、设计图纸及采用的标准图集、图纸会审纪要、设计变更通知单及经主管部门批准的设计概算文件。经审定的施工图纸、说明书和标准图集,完整地反映了工程的具体内容、各部分的具体做法、结构尺寸、技术特征及施工方法,是编制施工图预算的重要依据。

(3) 现行预算定额及单位估价表、建筑安装工程费用定额和有关费用规定等文件。

(4) 施工组织设计及施工方案、施工现场勘察及测量资料。因为施工组织设计或施工方案中包含了编制施工图预算必不可少的有关资料,如建设地点的土质、地质情况、土石方开挖的施工方法及余土外运方式与运距、施工机具使用情况、结构构件预制加工方法及运距、重要梁板柱的施工方案、重要或特殊机械设备的安装方案等。

(5) 人工、材料、机具台班预算价格,工程造价信息及动态调价规定。在市场经济条件下,人工、材料、机具台班的价格是随市场而变化的。为使预算造价尽可能接近实际,各地区主管部门对此都有明确的调价规定。

(6) 预算工作手册及有关工具书。预算工作手册和工具书包括了计算各种结构构件面积和体积的公式,钢材、木材等各种材料规格、型号及用量数据,各种单位换算比例,特殊断面、结构构件工程量的速算方法,金属材料重量表等。

(7) 工程承包协议或招标文件。它明确了施工单位承包的工程范围,应承担的责任、权利和义务。

4.6.3 施工图预算的编制

由于施工图预算是按照单位工程、单项工程、建设项目顺序逐级编制和汇总而成，所以施工图预算编制的关键在于单位工程施工图预算。单位工程施工图预算的编制可以采用工料单价法和综合单价法。工料单价法也称为定额单价法，是传统的定额计价模式下的施工图预算编制方法。而综合单价法是适应市场经济条件的工程量清单计价模式下的施工图预算编制方法。

4.6.3.1 工料单价法编制施工图预算

工料单价是指完成一个规定计量单位的分部分项工程所需人工费、材料费和施工机具费之和。工料单价法是指分部分项工程的单价按工料单价计算，将各分部分项工程量乘以对应工料单价后汇总为单位工程直接工程费，直接工程费汇总后另加措施费、企业管理费、利润和税金，得到该单位工程的施工图预算造价。按照工料单价产生的方法不同，工料单价法又可分为预算单价法和实物法。

1. 预算单价法

预算单价法是指采用地区统一单位估价表中的各分项工程预算单价（工料单价）乘以相应的各分项工程的工程量，汇总后得到单位工程的人、材、机费用之和，即直接工程费，再加上措施费、企业管理费、利润和税金等，得到该单位工程的施工图预算造价。预算单价法编制施工图预算的计算公式为

$$建筑安装工程预算造价 = \sum(定额子目工程量 \times 定额子目工料单价)$$
$$+ 措施费 + 企业管理费 + 利润 + 税金 \quad (4.32)$$

预算单价法编制施工图预算的步骤，如图 4.6 所示。

收集资料 → 熟悉施工图和定额 → 计算工程量 → 套用预算定额单价 → 编制工料分析表 → 计算其他各项费用，汇总造价 → 复核 → 编制说明、填写封面

图 4.6 预算单价法编制施工图预算的步骤

（1）准备工作：①收集各种编制依据，主要包括现行建筑安装工程定额、取费标准、工程量计算规则、地区材料预算价格及材料市场价格等资料；②熟悉施工图纸、设计说明和定额。在编制施工图预算前，首先要认真熟读施工图纸、有关标准图集等并熟悉定额，然后对施工图纸中的疑点、矛盾、差错等问题做好记录，以便在图纸会审时得到妥善解决。图纸会审时应将会审记录所列问题和解决办法写在图纸相应部位，以免发生差错；③充分了解施工组织设计和施工方案，注意影响造价的关键因素。

（2）列项并计算工程量。①将单位工程划分为若干分部分项工程，逐一列出需计算工程量的分部分项工程，不能重复列项，也不能漏项少算；②根据施工图纸、施工组织设计、定额工程量计算规则，按照一定顺序逐项计算，避免漏算和重算；③对计量单位进行调整，使之与定额相应分部分项工程的计量单位保持一致。

（3）套取预算定额单价，计算直接工程费及直接费。首先，计算直接工程费。核

对工程量计算结果后,将定额子目的工料单价填入预算表单价栏内,并将单价乘以工程量得出合价,将结果填入合价栏,汇总求出单位工程的直接工程费。须注意:如果分项工程的名称、规格、计量单位与预算定额所列内容完全一致,可以直接套用预算单价;如果分项工程的主要材料品种与预算定额不一致,不能直接套取预算单价,需按实际使用材料价格换算;如果分项工程的施工工艺与定额不一致而造成人工、施工机具数量增减时,一般调量不调价;如果出现新材料、新工艺、新方法而现行定额缺项时,应补充定额后套用,补充定额的原则和水平应与对应的预算定额一致。其次,计算主材费并调整直接工程费。许多定额基价(定额单价)为不完全价格,即未包括主材费。因此还应单独计算主材费,并将主材费并入直接工程费。主材费计算的依据是当时当地市场价格。最后,计算直接费。直接费为分部分项工程人、材、机费用与措施项目人、材、机费用之和。措施项目人、材、机费用应按下列规定计算:一是可以计量的措施项目,其人、材、机费用与分部分项工程人、材、机费用的计算方法相同;二是不可计量的需综合计取的措施项目,其人、材、机费用应以相应的费率来计算。

(4)编制工料分析表。工料分析首先从定额中查出各分项工程消耗的每项材料和人工定额消耗量,再分别乘以该分项工程的工程量,得到各分项工程工料消耗量,最后将各分项工程工料消耗量汇总,得出单位工程人工、材料消耗量。

(5)计算其他各项费用,并汇总造价。根据规定的费率、税率和相应的计取基数,分别计算企业管理费、利润和税金。将这些费用累加后与直接费汇总,求出单位工程预算造价。

(6)复核。对项目列项、工程量计算公式、计算结果、套用单价、费率、计算结果、精确度等进行全面复核,及时发现差错并修改,以保证施工图预算的准确性。

(7)填写封面、编制说明、签章及送审审批等。将封面、编制说明、预算费用汇总表、材料汇总表、工程预算分析表,按顺序编排并装订成册,便完成了单位工程施工图预算的编制工作。

预算单价法是编制施工图预算的常用方法,具有计算简单、工作量较小、编制速度较快、便于工程造价管理部门集中统一管理等优点。但需采用事先编制好的统一的单位估价表,其价格水平只能反映定额编制年份的价格水平,在市场价格波动较大的情况下,预算单价法的计算结果会偏离实际价格水平。虽然可以调价,但调价系数或指数从测定到发布又存在滞后;另外由于预算单价法采用地区统一的单位估价表进行计价,承包商之间缺乏自身施工管理水平的竞争,所以预算单价法并不完全适应市场经济。

2. 实物法

采用实物法编制施工图预算,首先根据施工图分别计算各分项工程量,然后分别乘以预算定额中人工、材料、施工机具台班的定额消耗量,分类汇总得出该单位工程所需的全部人、材、机消耗量。再分别乘以工程所在地当时的人工、材料、施工机具台班的实际单价,从而求出单位工程的人工费、材料费和施工机具使用费,并汇总求和，进而得到单位工程的直接工程费，然后再按规定计取其他各项费用，计取方法与预算单价法相同。最后汇总得到单位工程施工图预算造价。实物法编制施工图预算的计算公式为

单位工程预算直接工程费＝∑（工程量×人工定额消耗量×当时当地工日单价）

$$+\sum（工程量×材料定额消耗量×当时当地材料预算单价）$$

$$+\sum（工程量×施工机具台班定额消耗量$$

$$×当时当地机具台班单价） \quad (4.33)$$

实物法编制施工图预算的步骤如图 4.7 所示

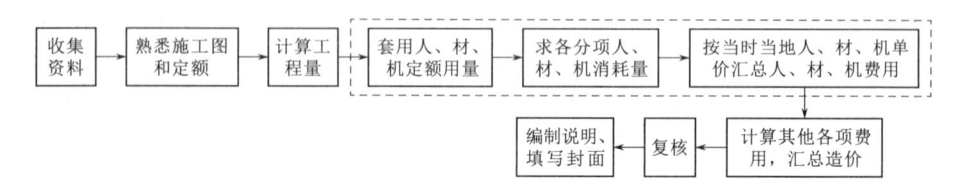

图 4.7 实物法编制施工图预算的步骤

实物法编制施工图预算所用人工、材料和机具台班的单价都是当时当地的实际价格，编制的预算较准确地反映当时当地的工程价格水平，不需调价，误差较小，适用于市场价格波动较大的情况。但因该方法所用的人、材、机消耗量需要统计，所以实际价格需要调查搜集，所以工作量较大，计算烦琐。但利用计算机和信息系统可方便解决此问题。因此，实物法是与市场经济体制相适应的施工图预算编制方法。

实物法和预算单价法首尾部分的步骤是相同的，不同的是中间步骤，即人工费、材料费和施工机具使用费之和的计算方法不同：单价法是工程量计量后直接套取分项工程定额单价，而实物法是工程量计量后套取定额耗用量，再乘以人、材、机的市场价格。

4.6.3.2 综合单价法编制施工图预算

综合单价是指分项工程单价综合了人、材、机及以外的多项费用。按照单价综合的内容不同，综合单价法分为全费用综合单价和清单综合单价（部分费用综合单价）。

（1）全费用综合单价。全费用综合单价也称为完全单价，它综合了分项工程人工费、材料费、施工机具费、企业管理费、利润、税金以及有关文件规定的调价和一定范围的风险等全部费用。以各分项工程量乘以相应的全费用综合单价汇总后，再加上措施项目的完全价格，即得到单位工程施工图预算造价。计算公式为

建筑安装工程预算造价＝∑（分项工程量×分项工程全费用综合单价）

$$+措施项目完全价格 \quad (4.34)$$

全费用综合单价包括全部费用和税金等在内的综合单价，计算更加简单，是为了适应快速报价的要求而产生。但由于采用的价格仍然是一种计划的综合单价，而不是通过市场竞争形成的单价，所以也称这种方法为"过渡时期计价模式"。

（2）清单综合单价。工程量清单是拟建工程的分部分项工程项目、措施项目、其

他项目的名称和相应数量的明细清单。工程量清单是招标文件的组成部分。清单综合单价综合了人工费、材料费、施工机具使用费、企业管理费、利润,并考虑了一定范围的风险费用,但未包括措施项目费和税金,因此它是一种不完全单价。以各分部分项工程量乘以该综合单价得到合价,并进行汇总后,再加上措施项目费和税金,就得到了单位工程的造价。计算公式如下:

$$建筑安装工程预算造价 = \sum(分项工程量 \times 清单综合单价) \\ + 措施项目不完全价格 + 税金 \qquad (4.35)$$

4.6.3.3 工料单价法与综合单价法的对比

工料单价法和综合单价法代表了现阶段工程计价的两种模式,计算工程造价的程序都是:先求出各分部分项工程量,然后乘以相应的分部分项工程单价,得出分部分项工程费用,最后求出单位工程总费用。工料单价法与综合单价法主要区别有以下几个方面:

(1) 应用阶段不同。工料单价法主要用于建设前期,设计概算、施工图预算的编制多采用工料单价法;综合单价法主要用于招投标阶段,特别是国有资金投资的建设项目,必须采用工程量清单招标和工程量清单计价,而工程量清单计价则必须采用清单综合单价。

(2) 计价性质不同。工料单价法是基于定额基础上的计价方法,属于定额计价;综合单价法是顺应市场需求,与工程量清单计价规范对应的计价模式,属于工程量清单计价。

(3) 单价构成不同。工料单价法中分部分项工程的单价仅包括人工、材料、施工机具的单价;综合单价法中分部分项工程的单价不仅包括人工、材料、施工机具的单价,还包括为完成此项分部分项工程所消耗的管理费、利润、风险费用等,这种单价称为"综合单价"。

(4) 计价程序不同。工料单价法是以分部分项工程量乘以工料单价后合计为直接工程费,另加措施费、管理费、利润、税金生成单位工程造价。而综合单价法的分部分项工程单价为全费用(或部分费用)单价,综合单价先计算生成,其内容已包括人材机费、管理费、利润、税金和风险等全部或部分费用,管理费、利润等不需额外再计算。

(5) 对造价控制的作用不同。工料单价法适用于计划经济下的工程计价,综合单价法更适应市场经济竞争机制下的工程计价,更有利于"统一量、控制价、竞争费"的造价管理模式。在成本和造价控制方面,综合单价法更方便使用。

4.6.4 施工图预算的审查

4.6.4.1 施工图预算审查的意义

施工图预算审查的目标是施工图预算不超过设计概算。施工图预算审查的意义如下:

(1) 施工图预算审查有利于核实建设工程实际成本,能够更有针对性地控制工程造价,防止预算超概算。

(2) 有利于加强固定资产投资管理，节约建设资金。

(3) 有利于施工承包合同价的合理确定和控制。对招投标工程来说，施工图预算是编制招标控制价的依据，对于非招标工程来说，它是确定合同价款的基础。

(4) 有利于积累和分析各项经济技术指标，不断提高设计水平。通过审查核实预算数值，为积累和分析技术经济指标，提供了准确数据，进而通过指标比较，找出设计中的薄弱环节，以便及时改进，不断提升设计水平。

4.6.4.2 施工图预算审查的方法

施工图预算重点审查编制依据是否合法及规范文件的时效性；工程量计算是否准确；预算单价是否正确；取费标准和计取基数是否符合国家和地方规定，有无重复计费等。施工图预算审查是合理确定工程造价的必要程序及重要组成部分。但由于施工图预算审查对象不同，进度要求不同，投资规模不同，因此审查方法也不相同。施工图预算审查的方法有：全面审查法、标准预算审查法、分组计算审查法、对比审查法、筛选审查法、重点审查法、手册审查法、分解对比审查法。

1. 全面审查法

全面审查法又称为逐项审查法，即按定额顺序或施工顺序，对各分项工程逐项、全面、详细审查的一种方法。该方法的优点是全面、细致、审查质量高、效果好；缺点是工作量大，审查时间较长。这种方法适用于一些工程量较小、投资不多、工程内容简单（分项工程不多）的项目。

2. 标准预算审查法

标准预算审查法是对于利用标准图纸或通用图纸施工的工程，先集中力量编制标准预算，以此为标准审查预算的方法。按标准图纸或通用图纸施工的工程，一般上部结构和做法相同，只是根据现场施工条件和地质情况不同，仅对基础部分做局部改变。凡这样的工程，以标准预算为准，对局部修改部分单独审查即可，不需逐一详细审查。该方法的优点是审查时间较短、审查效果好；缺点是适用范围小，仅适用于采用标准图纸的工程。

3. 分组计算审查法

分组计算审查法首先将若干分部分项工程按相邻且有一定内在联系的项目进行分组，审查同一组中某个分项工程量，利用工程量间具有相同或相近计算基数的关系，判断同组中其他几个分项工程的准确性。例如：一般的建筑工程将底层建筑面积、地面面层、地面垫层、楼面面层、楼面找平层、楼板体积、天棚抹灰、天棚刷浆及屋面层可编为一组。先计算底层建筑面积或楼（地）面面积，从而得知楼面找平层、天棚抹灰、扫白的面积。该面积与垫层厚度乘积即为垫层工程量，与楼板折算厚度乘积即为楼板工程量等，依此类推。该方法的优点是审查速度快、工作量小；缺点是审查的精度较差。

4. 对比审查法

对比审查法是用已完工程的预算或未完但已经过审查修正的工程预算对比审查拟建工程的同类工程预算的方法。采用该方法一般须符合下列条件：

(1) 拟建工程与已完工程采用同一施工图，但基础部分和现场施工条件不同，则相同部分可采用对比审查法。

(2) 工程设计相同,但建筑面积不同,两个工程在建筑面积之比与两个工程各分部分项工程量之比大体一致。此时可按分项工程量的比例,审查拟建工程各分部分项工程的工程量,或用两个工程每平方米建筑面积造价、每平方米建筑面积的各分部分项工程量对比进行审查。

(3) 两个工程面积相同,但设计图纸不完全相同,则对相同的部分,如厂房的柱子、屋架、屋面、砖墙等,可进行工程量的对照审查。对不能对比的分部分项工程可按图纸计算。

5. 筛选审查法

筛选审查法也属于对比方法。虽然建筑面积和高度不同,但各个分部分项工程量、造价、用工均摊到每单位面积上的数值变化却不大。将这些数据加以汇集、优选,归纳为工程量、价格、用工三个单方基本指标,并注明其适用范围。用这些基本指标筛选各分部分项工程,对于单位建筑面积数值在基本指标范围内,无需审查;对于不在基本指标范围内的应详细审查。

6. 重点审查法

重点审查法是指抓住施工图预算中的重点进行审核,审查重点一般是工程量较大或者造价较高的各种工程、补充定额以及计取的各项费用(计取基础、取费标准)等。重点审查法的优点是重点突出、审查时间短、效果好。但是对审查人员的专业素质要求较高,在审查人员经验不足或不够了解情况时,易造成误判,影响审查结论的准确性。

7. 手册审查法

手册审查法是指将工程常用的构配件事先整理成预算手册,按手册对照审查的方法。例如,工程常用的预制构配件,如洗手池、检查井、化粪池等,几乎每个工程都有,把这些工程按标准图集计算出工程量,套取定额,编制成预算手册,可大大简化预算的编审工作。

8. 分解对比审查法

分解对比审查法是将一个单位工程按直接费和间接费进行分解,然后再将直接费按工种和分部工程进行分解,分别与审定的标准预算进行对比分析。

综上,每一种审查方法都有自己的优缺点,可以根据工程特点来选择。施工图预算审查的方法及其特点见表 4.17。

表 4.17　　　　　　施工图预算审查的方法及其特点

审查方法	定义	特点	适用范围
全面审查法	按预算定额顺序或施工先后顺序逐一的全部进行审查	全面、细致,差错较少,质量高;但是工作量大,审查时间长	适用于工程量较小,工艺较简单的项目
标准预算审查法	利用标准图纸或通用图纸施工的工程,编制标准预算	时间短,效果好,好定案;适用范围小	仅适用于按标准图纸设计的工程

续表

审查方法	定 义	特 点	适 用 范 围
分组计算审查法	把项目划分为若干组，审查或计算同一组中某分项工程量，判断同组中其他项目计算的准确程度的方法	审查速度快、工作量小，但审查的精度较差	适用范围较广
对比审查法	用已建工程预算或未建但已审查修正的预算对比审查类似拟建工程预算	审查速度快，但需要有较丰富的相关数据作为开展工作的基础	适用于存在类似已建工程或未建但已审查修正预算的工程
筛选审查法	以工程量、造价（价值）、用工三个基本值筛选出类似数据的代表值，审查修正	简单、审查速度和发现问题快，但不能直接确定问题及原因	适用于住宅或不具备全面审查条件的工程
重点审查法	抓住工程预算中的重点进行审查	重点突出、审查快、效果好，但不全面	重点突出的工程
手册审查法	将常用的构配件整理成预算手册，按手册对照审查	简化了预结算的编审工作	适用范围较广
分解对比审查法	将单位工程分解，与审定的标准预算对比分析	将直接费与间接费进行分解，再将直接费按工种和分部工程进行分解，分别与审定的标准预算对比分析	适用范围较广

本 章 回 顾

根据建设工程类别不同，设计阶段需要考虑的影响工程造价的因素也不同，就工业建设项目和民用建设项目分别介绍了影响工程造价的因素。设计阶段控制工程造价的方法有限额设计和标准化设计，对设计方案进行优选或优化设计，加强对设计概算、施工图预算的编制和审查。限额设计是各专业在保证使用功能的前提下，按照分配的投资限额控制设计，并且严格控制技术设计和施工图设计的不合理变更，保证不突破总投资限额。工程设计优化途径包括通过设计招标和设计方案竞选优化，运用价值工程优化，推广标准化设计，从而优化设计方案。

设计概算分为单位工程概算、单项工程综合概算和建设项目总概算三级。单位建筑工程概算编制方法有概算定额法、概算指标法和类似工程预算法，单位设备安装工程概算编制方法有预算单价法、扩大单价法、概算指标法。设计概算审查的方法包括对比分析法、查询核实法、联合会审法等。

施工图预算是由建设项目总预算、单项工程综合预算及单位工程预算组成。施工图预算编制方法包括工料单价法和综合单价法。施工图预算审查的方法有全面审查法、标准预算审查法、分组计算审查法、对比审查法、筛选审查法、重点审查法、手册审查法、分解对比审查法等。

拓 展 阅 读

"金色之碗"——中国造

党的二十大报告提出"推进高水平对外开放",并明确"推动共建'一带一路'高质量发展"。借助国家"一带一路"政策,我国建筑企业对外承包工程向"一带一路"共建国家转移,更好承接国家发展战略,也为我国建筑行业提供更多的发展机遇与空间。2016年11月,中国铁建国际集团有限公司(简称"中国铁建")中标2022卡塔尔世界杯主体育场卢赛尔体育场("金色之碗")建设项目,合同总额为28亿卡塔尔里亚尔,当时约合人民币51.7亿元。这是中国首次以设计施工总承包商身份承建的世界杯体育场,中国基建狂魔再一次创造了"传奇",向世界展示了"中国制造"的力量。

卢赛尔体育场位于卡塔尔首都多哈以北约15km处。在整个建设过程中,中国铁建汇聚全球20多个国家的110家企业,7000多名中外建设者,经历2118天的艰苦施工,共同建造这座建筑面积19.5万 m^2 的"金色之碗"。建成之后将承担2022年世界杯开幕式、闭幕式和半决赛、决赛等重要活动和赛事。

卡塔尔世界杯组委会发言人法蒂玛·纳伊米在接受采访时表示,中国企业助力卡塔尔举办2022年世界杯足球赛事将为卡塔尔世界杯增光添彩,卢赛尔体育场不仅设计新颖独特,而且规模宏大。这座体育场的承建者是中国最优秀企业之一,使得体育场工程有了质量保证。

卢塞尔体育场的建造难度难以想象,必须满足国际足联严格的技术标准,以及卡塔尔高温高湿、工艺复杂、交叉施工、海外疫情等难题。极高的设计施工标准和难度让卢塞尔球场在克服多重难关后成功交付,并拿下了六项"世界之最":全球最大跨度的双层索网屋面单体建筑,全球规模最大、系统最复杂、设计标准最高、技术最先进、国际化程度最高的世界杯主场馆。这也是卡塔尔最大的体育场,可容纳8万人同时观看比赛。

据卢赛尔体育场项目经理刘大伟介绍,该项目是中国公司首次以主承包商身份承建的世界杯主体育场,也是当前世界上在建规模最大、技术最先进的体育场之一。钢结构用钢总量相当于3个埃菲尔铁塔,设计和施工符合国际最新、最高标准。

主管技术的项目副经理黄韬睿说:"卢赛尔体育场是世界上同类项目中跨度最大、最复杂的索膜结构体系建筑,体育场利用数字模拟技术,设计安装了空调通风系统,即使在卡塔尔炎热的夏季,也可以保证观众和球员的舒适度。"

卢赛尔体育场项目的实施还为卡塔尔带来实实在在的经济效益。刘大伟说:"项目实施期间为当地提供了3000多个工作岗位,世界杯期间还有望为当地提供4000多个维护、运营的工作机会。"如今,别致、壮观的卢赛尔体育场已成为卡塔尔地标性建筑，让卡塔尔人引以为傲。卡塔尔中央银行发行的第五套纸币，其中面额 10 卡塔尔里亚尔的纸币上所印的图案中，包含了中国企业承建的卡塔尔 2022 年世界杯主体育场。

卡塔尔首相兼内政大臣哈立德考察该项目时表示，卢赛尔体育场不仅是 2022 年世界杯关键设施，也是卡中务实合作的标志性项目。举办一届低碳、绿色的世界杯是卡塔尔的承诺。中国企业正在为卡塔尔兑现这一承诺贡献力量。黄韬睿说，绿色环保理念贯穿于卢赛尔体育场设计和施工全过程，项目采用多项环保节能技术，并大量使用可回收材料。让卢赛尔体育场成为世界上最为节能环保的体育场之一。纳伊米表示，卡塔尔世界杯将是一届创新、可持续、低碳的世界杯。中国企业帮助卡塔尔加快了减排步伐，不仅将成为卡塔尔世界杯的一个亮点，也将为卡塔尔加强环境保护和发展经济做出贡献。

思 考 题 与 习 题

思考题与习题

答案

第5章　发承包阶段建设工程造价管理

●知识目标
1. 掌握建设工程招标和投标的概念
2. 掌握哪些项目必须招标，哪些可以不招标
3. 掌握工程的招标方式
4. 掌握施工招标的程序
5. 掌握招标控制价的编制
6. 掌握合同价款约定的内容

●能力目标
1. 能够判断哪些项目必须招标，哪些项目可以不招标
2. 能够进行施工招标和招标策划
3. 能够编制招标控制价
4. 能够编制投标报价并掌握投标报价的策略
5. 熟悉合同价款约定的时限、形式及内容

●价值目标
1. 培养学生诚实守信的品质、树立正确的价值观
2. 培养学生识法、懂法、守法的法律意识
3. 培养学生严谨求实的工作态度，增强职业责任感
4. 培养学生爱国精神、历史责任感、坚定文化自信、增强使命担当

鲁布革"冲击波"

鲁布革原本是一个名不见经传的小山寨，位于滇、桂、黔三省交界处，被称为"鸡鸣三省"之地。"鲁布革"是布依语，"鲁"意为"民族"，"布"意为山清水秀的地方，"革"意为"村寨"。鲁布革意为"山清水秀的布依村寨"。让鲁布革真正闻名于世，是因为建设的鲁布革水电站。在工程界，鲁布革水电站是国内第一个采用公开招标开展的项目。

1987年9月，国务院召开全国建设工程施工会议，推广"鲁布革经验"，要求把竞争机制引入工程建设领域，实行招投标制度；工程建设实行全过程总承包和项目管理方式；施工现场的管理机构和作业队伍力求灵活精干；科学组织施工，讲求综合经济效益等。鲁布革水电站是我国第一个利用世界银行贷款的基本建设项目，根据协议，工程三大部分之一的引水隧洞工程必须进行国际招标。当时吸引了8个国家的承

包商来竞标，最终日本大成公司中标。

日本大成公司从参与投标到建成完工共制造了至少三大"冲击波"：第一波是价格，中标价仅为标底的 56.58%；第二波是队伍，日本大成公司派到现场的只有一支 30 人的管理队伍，作业工人全部由中国承包公司委派；第三波是结果，完工后竣工决算的工程造价为标底的 60%，工期提前 156 天，质量达到合同规定要求。这令人惊讶的低成本、高质量、快进度和高效益，让当时中国建筑界的同行叹为观止。时任副总理李鹏感叹："同大成的差距，原因不在工人，而在于管理。"

鲁布革水电站建设始于 1977 年，由原水利电力部启动该项目的开发建设。水电十四局开始修路和施工准备工作，但进展缓慢。到 1981 年，水利电力部决定利用世界银行贷款，总额为 1.454 亿美元。根据规定，引水系统工程的施工必须按照 FIDIC 组织推荐的程序进行国际公开招标。1982 年 9 月发布了招标公告，设计概算为 1.8 亿元，标底价为 1.4958 亿元，工期为 1579 天。经过资格预审，共有 15 家中外承包商购买了标书。1983 年 11 月 8 日在北京举行了投标会议，共有 8 家公司参与竞标，其中一家被废标。评标结果揭晓，法国 SBTP 公司报价最高为 1.79 亿元，日本大成公司报价最低为 8463 万元，两者相差超过一倍，最终日本大成公司中标。

招投标管理相较于传统注重自家"兄弟"关系的方式，发挥了管理的刚性和对项目目标控制的关键作用。工程质量综合评价为优良等级，工程结算价为 9100 万元，包括设计变更、物价波动、索赔以及额外工程量等增加费用，未计入汇率风险。这个金额仅为标底 14958 万元的 60.8%，较合同价仅增加了 7.53%。鲁布革"冲击波"对中国建筑业的影响和震撼是空前的。

发承包是一种商业交易行为，是指交易的一方负责为另一方完成某项工程、某项工作或供应一批货物，并按一定价格取得相应报酬的交易行为。委托任务并负责支付报酬的一方称为发包人；接受任务并负责按时完成而取得报酬的一方称为承包人。双方通过签订合同或协议来明确发包人和承包人之间经济上的权利与义务等关系，并使其具有法律效力。工程发承包是指业主把建筑安装工程任务委托给承包商，双方在平等互利的基础上签订工程合同，明确各自的经济责任、权利和义务，以保证工程任务在合同造价内按期保质全面完成。

建设工程发承包既是完善市场经济体制的重要举措，也是维护工程建设市场竞争秩序的有效途径。在市场经济条件下，招标投标不仅是一种优化资源配置、实现有序竞争的交易行为，也是工程发承包的主要方式。因此，本章主要介绍建设工程招投标阶段造价管理的相关内容和方法。

5.1 建设工程招投标概述

市场交易有很多种方式。买家购物时经常会货比三家，对比不同商家的价格、功能、质量等，直到选出物美价廉的货品再进行买卖或交易。日常生活中的小型物品或服务的交易，可以直接在商店或购物平台迅速完成，但对于建设工程项目的发包与承包，以及货物或服务项目的采购与提供时，就需要采用招投标的方式完成交易。

5.1.1 建设工程招标和投标的概念

招标和投标是一组对称概念，合称为招投标。招投标是指采购人事先提出货物、工程或服务的采购条件和要求，邀请投标人参加投标，并按规定的程序从中选择中标人的一种市场交易行为。因此，招投标不是马上直接进行的交易，而是必须按照规定的程序开展。

建设工程招标是指招标人（或招标单位）在发包建设工程之前，依据法定程序，公开发布公告或邀请投标人，鼓励潜在的投标人依据招标文件参与竞争，通过评标从中择优选定中标人的一种经济活动。工程招标是确定工程造价的决定性环节，是业主择优选择工程承包人的过程。

建设工程投标是指具有合法资格和能力的投标人，根据招标条件，在指定期限内填写标书，提出报价，并等候开标，决定能否中标的经济活动。

5.1.2 建设工程招投标项目的分类

从不同的视角，建设工程招投标的分类也不同，其分类如图5.1所示。

```
                    ┌ 建设工程前期咨询招投标
         按建设程序分类 ┤ 勘察设计招投标
                    │ 材料设备采购招投标
                    └ 工程施工招投标

                    ┌ 全过程总承包招投标
         按承包范围分类 ┤ 工程分包招投标
                    └ 专项工程招投标
建设工程
招投标
         按行业或专  ┌ 土木工程招投标、勘察设计招投标、材料设备采购招投标、
         业类别分类  ┤ 安装工程招投标、装饰装修招投标、生产工艺技术转让招投标
                    └ 咨询服务（工程咨询）及建设监理招投标

                    ┌ 工程咨询招投标
                    │ 交钥匙工程招投标
         按承发包模式分类┤ 设计-施工招投标
                    │ 设计-管理招投标
                    └ BOT工程招投标
```

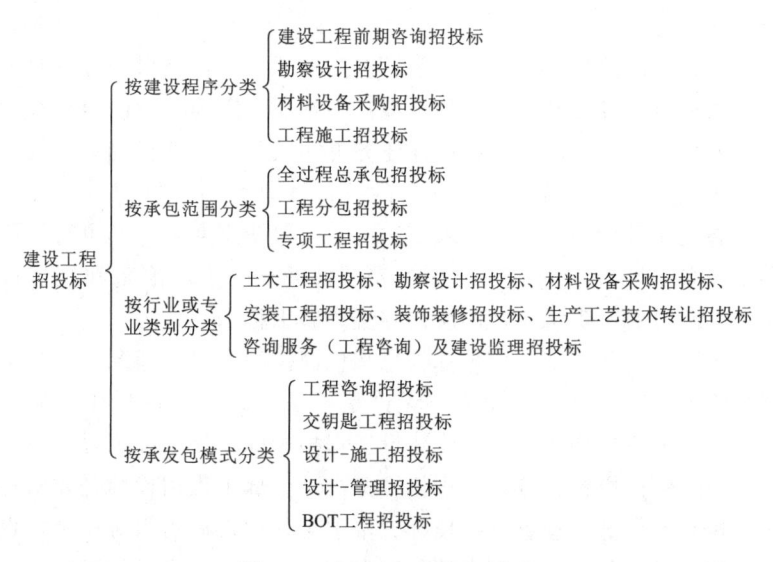

图5.1 建设工程招投标分类

1. 按建设程序分类

按照工程建设程序，建设工程招投标分为建设工程前期咨询招投标、勘察设计招投标、材料设备采购招投标、工程施工招投标。国内外招标现行做法中经常采用将工程建设程序中各个阶段合为一体进行全过程招标，又称为工程总承包。

（1）建设工程前期咨询招投标。建设工程前期咨询招投标是指承担建设工程可行性研究任务的招标投标，投标方一般为工程咨询企业。中标人应按招标文件要求，向发包人提供拟建项目的可行性研究报告，并对其结论的准确性负责。承包方提供的可行性研究报告应得到业主认可，认可的方式通常由专家组进行评估确定。如果投资方缺乏工程实施管理经验，可通过招标方式选择具有专业管理经验的工程咨询单位，为

其制定科学合理的投资开发建设方案,并组织实施。这种集项目咨询与管理于一体的投标人一般为工程咨询单位。

(2) 勘察设计招投标。勘察设计招投标是根据批准的可行性研究报告选择勘察设计单位。勘察和设计是两种不同的工作,勘察单位和设计单位可分别完成。勘察单位最终提出勘察报告,包括施工现场的地理位置、地形、地貌、地质和水文等在内的勘察报告,设计单位最终提供设计图纸和预算结果。

(3) 材料设备采购招投标。材料设备采购招投标是指在项目初步设计完成后,对建设工程所需建筑材料和设备的采购进行招投标。投标人通常是材料和成套设备的供应商。

(4) 工程施工招投标。工程施工招投标是指在建设工程初步设计或施工图设计完成后,用招投标的方式选择施工单位。施工单位最终向业主交付按招标设计文件规定的建筑产品。

2. 按承包范围分类

按建设工程承包的范围可将工程招投标划分为全过程总承包招投标、工程分包投标和专项工程招投标。

(1) 全过程总承包招投标。全过程总承包招投标即选择项目全过程总承包人的招投标。全过程总承包招投标又分为两种类型:一是项目实施阶段的全过程招投标;二是项目建设全过程招投标。前者是在设计任务书完成后,从项目勘察、设计到施工交付使用进行一次性招投标;后者是从项目的可行性研究到交付使用进行一次性招投标,业主只需提供项目投资和使用要求及竣工、交付使用期限,其可行性研究、勘察设计、材料和设备采购、土建施工、设备安装及调试、生产准备和试运行、交付使用,均由一个总承包商负责承包,即所谓"交钥匙工程"。

承揽"交钥匙工程"的承包商被称为总承包商。绝大多数情况下,总承包商将工程建设的部分阶段实施任务分包出去。无论是项目实施的全过程还是某一阶段或程序,按照工程建设项目的构成,可以将建设工程招投标分为全部工程招投标、单项工程招投标、单位工程招投标、分部工程招投标等。全部工程招投标是指对一个建设项目(如一所学校)的全部工程进行招投标。单项工程招投标是指对一个建设项目中所包含的单项工程(如一所学校的教学楼、图书馆、食堂等)进行的招投标。单位工程招投标是指对一个单项工程所包含的若干单位工程(实验楼的土建工程)进行招投标。分部工程招投标是指对一项单位工程包含的分部工程(如土石方工程、深基坑工程、幕墙工程)进行招投标。

为了防止将工程肢解后发包,我国一般不允许对分部工程招标,但对于特殊专业工程,如深基坑施工、大型土石方工程施工等是允许招标的。我国建设工程招标中项目总承包招标往往是指对一个项目施工中全部单项工程或单位工程进行的总招标,与国际惯例所指的总承包尚有较大差别。未来与国际接轨,进一步提高我国建筑企业在国际建筑市场的竞争力,造就一批具有真正总包能力的智力密集型的龙头企业,是我国建筑业发展的重要战略目标。

(2) 工程分包招投标。工程分包招投标是指中标的总承包人作为中标范围内工程任务的招标人,将其中标范围内的工程任务,通过招投标方式,分包给具有相应资质的分承包人,中标的分承包人只对招标的总承包人负责。

(3) 专项工程招投标。专项工程招投标指在工程招投标中,对其中某项比较复杂、专业性强、施工和制作要求特殊的单项工程进行单独招标。

3. 按行业或专业类别分类

按与工程建设相关的业务性质及专业类别划分,可将建设工程招投标分为土木工程招投标、勘察设计招投标、材料设备采购招投标、安装工程招投标、装饰装修招标、生产工艺技术转让招投标、咨询服务(工程咨询)及建设监理招投标等。

4. 按承发包模式分类

按建设工程承发包模式分类可分为工程咨询招投标、交钥匙工程招投标、设计施工招投标、设计管理招投标、BOT工程招投标。

(1) 工程咨询招投标。工程咨询招投标是指以工程咨询服务为对象的招投标行为。工程咨询服务内容主要包括工程立项决策阶段的规划研究、项目选定与决策,建设准备阶段的工程设计、工程招标,施工阶段的监理、竣工验收等工作。

(2) 交钥匙工程招投标。交钥匙模式即承包商向业主提供包括融资、设计、施工、设备采购、安装和调试直至竣工移交的全套服务。交钥匙工程招投标是指发包商将上述全部工作作为一个标的招标,总承包商通常将部分阶段的工程分包。

(3) 设计-施工招投标。设计-施工招投标是指将设计及施工作为一个整体标的以招标方式进行发包,投标人必须同时具有设计能力和施工能力。我国由于长期采取设计与施工分开的管理体制,目前具备设计、施工双重能力的施工企业为数较少。与施工承包的最大区别是前者的招标人不再提供工程设计图纸,只提供基本的工程方案设计或工艺设计作为招标条件,而将此后的工程设计、施工责任和相应风险转移给总承包人。优点是有利于工程设计与施工之间的衔接,避免脱节而引起差错、遗漏、变更、返工及纠纷;可合理组织分段设计与施工,缩短建设工期。缺点是招标人对工程设计细节和施工的调控力度较小,所以通过招标选择设计施工专业素质以及综合协调管理水平较高的总承包人,并合理清晰界定相关责任风险显得至关重要。

(4) 设计-管理招投标。设计-管理招投标即以设计、管理为标的进行的工程招标,指由同一实体向业主提供设计和施工管理服务的工程管理模式。这一实体常常是设计机构与施工管理企业的联合体,业主只签订一份既包括设计又包括工程管理服务的合同。

(5) BOT工程招投标。BOT(build-operate-transfer)即建造-运营-移交模式,是指政府通过契约授予私营企业(包括外国企业)一定期限的特许专营权,许可其融资建设和经营特定的公用基础设施,并准许其通过向用户收取费用或出售产品以清偿贷款,回收投资并赚取利润;特许权期限届满时,该基础设施无偿移交给政府。

5.1.3 强制必须招标的建设项目

强制必须招标的工程建设项目应同时满足招标范围和规模标准两方面的条件。

1. 招标范围

我国强制招标的范围着重于工程建设项目,包括从勘察、设计、施工、监理到设备和材料的采购等涉及工程建设全过程。根据国家发展改革委于2018年3月颁布的《必须招标的工程项目规定》，下面三类项目必须通过招标开展：

（1）第一类项目：全部或者部分使用国有资金投资或者国家融资的项目。包括使用预算资金200万元人民币以上，并且该资金占投资额10%以上的项目；使用国有企业、事业单位的资金，并且该资金占控股或者主导地位的项目。

（2）第二类项目：使用国际组织或外国政府贷款、援助资金的项目。包括使用世界银行、亚洲开发银行等国际组织贷款、援助资金的项目；或者使用外国政府及其机构贷款、援助资金的项目等。

（3）不属于以上两类规定情形的大型基础设施、公用事业等关系到社会公共利益、公众安全的项目，按照国家发展改革委于2018年6月颁布《必须招标的基础设施和公用事业项目范围规定》的要求，必须招标的范围具体包括以下五类项目：

1）煤炭、石油、天然气、电力、新能源等能源基础设施项目。

2）铁路、公路、管道、水运、公共航空和A1级通用机场等交通运输基础设施项目。

3）电信枢纽、通信信息网络等通信基础设施项目。

4）防洪、灌溉、排涝、引水供水等水利项目。

5）城市轨道交通等城建项目。

2. 规模标准

在满足上述所列招标范围的基础上，还需要满足招标的规模标准，在它的规模达到一定标准，满足下列条件之一的，必须进行招标：

（1）施工单项合同估算价在400万元人民币以上。

（2）重要设备、材料等货物的采购，单项合同估算价在200万元人民币以上。

（3）勘察、设计、监理等服务的采购，单项合同估算价在100万元人民币以上。

另外，如果同一项建设工程中可以合并进行的勘查、设计、施工、监理，以及与工程建设有关的重要设备、材料等的采购，合同估算价合计达到上述三条规定标准的也必须要招标。目的是防止发包方通过化整为零方式规避招标。总承包中施工、货物、服务等各部分的估算价中，只要有一项达到上述规定相应标准，即施工部分估算价达到400万元以上，或货物部分达到200万元以上，或服务部分达到100万元以上，则整个总承包发包应当招标。没有满足上述条件的不必须招标。

3. 特殊情况

达到上述范围和规模标准的项目需要依法招投标，完成市场交易。但是上述项目也有一些特殊情况，可以不进行招标。根据我国现行《招标投标法》和《招标投标法实施条例》的规定，属于下列情形之一的，可以不进行招标，即不通过招标确定承包人：

（1）涉及国家安全、国家机密、抢险救灾或者属于利用扶贫资金实行以工代赈、需要使用农民工等特殊情况，不适宜进行招标的项目。例如：2020年初新冠疫情暴发，为拯救更多患者，争分夺秒，与时间赛跑，武汉市10天建成火神山医院，12天建成雷神山医院。此次新冠疫情属于重大突发公共卫生事件，以集中隔离收治疫情患者为目的建设的火神山、雷神山医院可以认定为抢险救灾工程，因此，依法可以不进行招标。

(2) 需要采用不可替代的专利或者专有技术。

(3) 采购人依法能够自行建设、生产或者提供。

(4) 已通过招标方式选定的特许经营项目投资人，依法能够自行建设、生产或者提供。

(5) 需要向原中标人采购工程、货物或者服务，否则将影响施工或者功能配套的要求。

(6) 国家规定的其他特殊情形。

除了上述项目外，还有一些项目，经过审批部门的批准，也可以不进行招标确定承包人。根据现行《工程建设项目施工招标投标办法》和《工程建设项目勘察设计招标投标办法》的规定，有下列情形之一的，经审批部门批准，可以不进行招标：

(1) 施工企业自建自用的工程，而且这个施工企业资质等级符合工程要求。

(2) 在建工程追加的附属小型工程或者主体加层工程，原中标人仍具备承包能力的。

(3) 技术复杂或专业性强，满足条件的勘察设计单位少于三家，不能形成有效竞争的。

(4) 已建成项目需改、扩建或技术改造，由其他单位进行设计影响项目功能配套性的。

(6) 法律、法规规定的其他情形。

以上这些情形属于在招标范围内，又达到了规模标准，但是可以不招标的特殊情形。这里所说的工程建设项目是指工程以及与工程建设有关的货物、服务。工程是指建设工程，包括建筑物和构筑物的新建、改建、扩建及其相关的装修、拆除、修缮等；与工程建设有关的货物是指构成工程不可分割的组成部分，而且为实现工程基本功能所必需的设备、材料等；与工程建设有关的服务是指为完成工程所需的勘察、设计、监理等服务。因此，常见的招投标类型也分为：工程招投标（或称为施工招投标）、货物招投标和服务招投标三种。本章主要介绍施工招投标。

5.1.4 建设工程招投标对工程造价的影响

建设工程招投标制度是我国建筑市场走向规范化的举措之一。推行建设工程招投标制度，对降低工程造价，进而使工程造价得到合理控制具有非常重要的影响。

首先，形成了由市场定价的价格机制，使工程价格更趋合理。推行招投标最明显的特点是为工程供求双方在较大范围相互选择创造了条件，若干投标人之间激烈竞争，这种市场竞争最直接、最集中的表现就是价格竞争。通过竞争确定的工程价格是比较合理的，有利于节约投资，提高投资效益。

其次，能够不断降低社会平均劳动消耗水平，使工程价格得到有效控制。不同投标人的劳动消耗水平是有差异的，通过招投标会使劳动消耗水平最低或接近最低的投标人中标，实现了资源优化配置，投标人优胜劣汰。为了自身的生存与发展，每个投标人都必须切实降低自己的劳动消耗水平，这样才能逐步降低社会平均劳动消耗水平，使工程价格更为合理。

最后，有利于规范价格行为，使公开、公平、公正的原则得以贯彻。我国从招标、投标、开标、评标到定标，均有完善的法律法规，已进入规范化操作。招投标活动有专门机构管理，有严格的程序必须遵循，有专家支持系统群体决策确定中标者，能够避免盲目过度的竞争和营私舞弊现象发生，对建筑领域的腐败现象具有强有力的预防和遏制，减少了交易费用，使价格形成过程变得透明规范。

5.2 建设工程招标方式

建设工程招标方式有公开招标和邀请招标两种。

5.2.1 公开招标

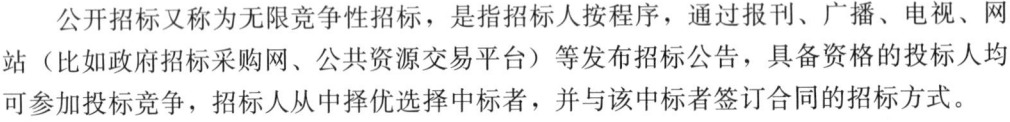

公开招标又称为无限竞争性招标，是指招标人按程序，通过报刊、广播、电视、网站（比如政府招标采购网、公共资源交易平台）等发布招标公告，具备资格的投标人均可参加投标竞争，招标人从中择优选择中标者，并与该中标者签订合同的招标方式。

公开招标的优点：公开招标是一种充分体现招标信息公开性、招标程序规范性、投标竞争公平性，最符合招投标优胜劣汰和公开、公平、公正"三公"原则的招标方式。招标人可以在比较广的范围内选择承包商，投标竞争激烈，业主有较大的选择余地，有利于降低工程造价，提高工程质量和缩短工期。因此，国际上政府采购通常采用这种方式。

公开招标的缺点：投标单位良莠不齐、招标人不了解投标人的信誉和背景。招标单位在准备招标、对投标申请者进行资格预审和评标的工作量较大，招标需要的时间较长，费用较高。同时，参加竞争的投标者越多，中标机会越小，投标的风险也越大，损失的费用也越多。

5.2.2 邀请招标

邀请招标又称为有限竞争性招标，或选择性招标，是指招标人以投标邀请书的方式，邀请预先确定的若干家承包商进行投标竞争，从中选定中标者，并与之签订合同的过程。邀请招标应向三个以上（含三个）具备投标资格的潜在投标人发出邀请，否则就失去了竞争意义。邀请招标适用于因涉及国家安全、国家秘密、商业机密、施工工期或货物供应周期紧迫、受自然地域环境限制只有少量几家潜在投标人可供选择等条件限制而无法公开招标的项目，或受项目技术复杂和特殊要求限制，且事先已经明确知道只有少数特定的潜在投标人可以响应投标的项目，或者招标项目较小，采用公开招标方式的招标费用占招标项目价值比例过大的项目。

邀请招标的优点：与公开招标相比，邀请招标不需要发布招标公告，也不进行资格预审，简化了招标程序；参加竞争的投标人数由招标单位控制，目标集中，招标组织工作较为容易，工作量比较小。因此，节约了招标费用，缩短了招标时间。而且由于招标人比较了解投标人以往的业绩和履约能力，从而减少了合同履行过程中承包商违约的风险。

邀请招标的缺点：投标人数相对较少，竞争范围较小，使招标单位对投标单位的选择余地较小。招标人在选择邀请对象前，对投标人信息的掌握存在局限性，有可能会排除掉某些在技术上或报价上更有竞争力的承包商来参与投标,从而失去最合适的投标人。

5.3 施工招投标的工作内容

5.3.1 施工招投标的程序

施工招投标的全部过程都必须按照招投标相关法律法规规定有序进行。公开招标和邀请招标的程序基本相同,下面以公开招标为例介绍施工招标的程序。

(1) 招标前的准备工作。招标人在招标前办理相关的审批手续,确定招标方式以及施工标段划分等准备工作。招标准备工作完成之后,就进入招标阶段。

(2) 编制与发布资格预审公告或招标公告。招标公告是指采用公开招标方式的招标人(招标代理机构)向所有潜在投标人发出的广泛通告。招标公告的目的是使所有潜在的投标人都具有公平的投标竞争机会。

如果公开招标过程中采用资格预审,可用资格预审公告代替招标公告,资格预审后不再单独发布招标公告。资格审查可分为资格预审和资格后审。这里的预审和后审体现在对潜在投标人进行资格审查的时间,是在投标前还是开标后。如果采用资格预审,就需要在发售招标文件之前,由招标人或者资格审查委员会对潜在投标人进行资格评审,确定资格预审合格者,未通过资格预审的申请人不具有投标资格。主要审查潜在投标人的专业资质、安全生产许可情况、以往承担类似项目的业绩情况、信誉状况等,判断潜在投标人是否能够对招标文件的实质性要求做出响应、是否具有履行合同的能力。但如果资格预审合格的申请人少于 3 个时,就应该重新招标。

资格预审一般适用于技术难度较大,或者投标人数量比较多的项目。它的优点是:通过资格预审,预先淘汰掉不合格的投标人,一方面避免履约能力不佳的企业中标,降低履约风险;另一方面,投标人减少也降低了评标难度,减少评标工作量,从而降低招投标成本。当然资格预审也延长了招标周期,增加了招标费用。

资格后审是在开标之后初步评审阶段,由评标委员会根据招标文件规定的投标资格条件,对投标人资格进行评审。资格评审合格的投标文件再进入详细评审。一般适用于投标人数量不多,具有通用性和标准性的项目。资格后审的招标周期比较短,投标人数量较多时竞争性也较强。缺点是投标方案差异较大,增加了评标难度。

(3) 编制和发售招标文件。招标文件应包括招标项目的技术要求、对投标人资格审查的标准、投标报价要求和评标标准等所有实质性要求和条件,以及拟签合同的主要条款。招标文件由招标人(或委托咨询机构)编制,由招标人发布,既是投标单位编制投标文件的依据,也是招标人与中标人签订承包合同的基础。招标文件提出的各项要求,对整个招标工作乃至承发包双方都有约束力。招标文件一般发售给通过资格预审、获得投标资格的投标人。

(4) 现场踏勘。招标人按招标文件规定,组织投标人踏勘现场,目的是帮助投标人了解工程场地和周围环境,以获取投标人认为有必要的信息。招标人不得单独或分别组织一个投标人现场踏勘。为便于投标人提出问题并得到解答,踏勘现场一般安排在投标预备会前的 1~2 天。

（5）投标预备会。投标人在领取招标文件、图纸和有关技术资料及现场踏勘后提出的疑问，招标人可以以书面形式或召开投标预备会的方式来解答，但需同时将解答以书面方式通知所有获得招标文件的投标人，解答内容也作为招标文件的组成部分。投标预备会的目的在于解答投标人对招标文件和踏勘现场中所提出的疑问，根据投标人对招标文件的质疑进行澄清和补遗。

（6）决标成交阶段。决标成交阶段主要包括开标、评标和定标。

1）开标。开标应在招标文件确定的提交投标文件截止时间的同一时间公开进行。开标由招标人或招标代理人主持，邀请所有投标人均应参加。开标会议开始后，首先请各投标单位代表确认投标文件的密封完整性，并签字确认，当众宣读评标原则、评标办法，由招标单位依据招标文件要求，核查投标单位提交的证件和资料，并审查图片文件完整性、文件签署、投标担保等。开标顺序按照各投标单位报送投标文件先后顺序进行，开标过程记录并存档备查。

2）评标。评标是对各投标人的投标文件进行评审，从中选出最合适的人选作为工程承包人的过程。评标由评标委员会进行，评标委员会由招标人负责组建，评标委员会的成员名单一般应在开标前确定，评标委员会的名单在中标结果确定之前保密。评标委员会应该由招标人，以及技术经济方面的专家组成，成员人数为 5 人以上的单数，其中技术经济等方面的专家不得少于成员总数的 2/3。

评标过程分为初评和详评两个阶段。初评阶段：主要审查投标文件是否对招标文件作出了实质性响应，对于没有实质性响应的投标文件，一般作为废标处理，不再进行下一步的评审。详评阶段：针对初评合格的投标文件，评标委员会根据招标文件确定的评标标准和方法，对其商务部分和技术部分做进一步的评审和比较。关于评标方法，建设工程项目一般采用综合评分法。还有一种方法是经评审的最低投标价法，这种方法通常适用于通用技术、性能标准的项目，对于大型的建设工程通常采用综合评分法。

3）定标。评标委员会推荐的中标候选人限定在 1~3 人，并标明排列顺序。招投标法规定应当确定排名第一的候选人为中标人，除非第 1 名因自身原因放弃或不能履行合同，才能顺延第 2 名为中标人，以此类推。

中标人确定后，招标人应当向中标人发出中标通知书，同时通知未中标人，并与中标人在 30 个工作日之内签订合同。招标人与中标人签订合同后 5 个工作日内，应当向未中标投标人退还投标保证金。招标文件要求中标人提交履约保证金或其他形式履约担保的，中标人应当提交，拒绝提交的视为放弃中标项目。招标人要求中标人提交履约保证金或其他形式履约担保时，招标人应同时向中标人提供工程款支付担保。

如果采用邀请招标，在上述招标过程中不需要发布招标公告和资格预审，而是采用投标邀请书的形式，收到邀请书的单位都有资格参加投标。除此之外邀请招标和公开招标程序完全相同。施工招标过程中招标人和投标人的工作内容及造价管理内容见表 5.1。

5.3 施工招投标的工作内容

表 5.1　施工招标过程中招标人和投标人的工作内容及造价管理内容

阶段	主要工作步骤	招标人 主要工作内容	招标人 造价管理内容	投标人 主要工作内容	投标人 造价管理内容
招标准备	报请审批、核准招标	将招标范围、招标方式、招标组织形式报相关部门审批、核准		组成投标小组、进行市场调查、准备投标资料、研究投标策略	进行市场调查、研究投标策略
	组建招标组织	自行成立招标组织或招标代理机构			
	策划招标方案	划分施工标段、确定合同类型	确定合同类型		
	发布招标公告或投标邀请	发布招标公告或投标邀请函			
	编制标的或确定招标控制价	编制标的或确定招标控制价	确定招标控制价		
	准备招标文件	编制资格预审文件和招标文件			
资格审查与投标	发售资格预审文件	发售资格预审文件		购买资格预审文件、填报资格预审材料	
	资格预审	资格预审，确定资格预审合格者，通知资格预审结果		收到资格预审结果	
	发售招标文件	发售招标文件		购买招标文件	
	现场踏勘、标前会议	组织现场踏勘和标前会议、进行招标文件的澄清和补遗		参加现场踏勘和标前会议、对招标文件提出质疑	
	投标文件的编制、递交	接收投标文件		编制、递交投标文件	编制投标报价
开标评标授标	开标	组织开标会议			
	评标	投标文件初评、要求投标人递交澄清资料（必要时）、编写评标报告	清标	提交澄清资料（必要时）	
	授标	确定中标人、发出中标通知书、合同谈判、签订合同	合同条款谈判、确定成交合同价	合同条款谈判、提交履约保函、签订施工合同	确定成交合同价

153

5.3.2 施工招标策划

施工招标策划是指建设单位及其委托的招标代理机构在准备招标文件前，根据工程项目特点及潜在投标人情况等确定招标方案。招标策划的工作质量关系到招标的成败，直接影响投标人的投标报价乃至施工合同价。因此，招标策划对于施工招投标过程中的工程造价管理起着关键作用。施工招标策划包括施工标段划分、施工合同类型及其选择等内容。

5.3.2.1 施工标段划分

建设工程项目是一项复杂的系统工程，对于规模大、专业复杂的工程项目，建设单位管理能力有限时，可采用施工总承包的招标方式选择施工队伍，这样有利于减少各专业之间因配合不当造成的窝工、返工、索赔等风险。但采用总承包方式，有可能会造成报价相对偏高。对于一些项目不能或很难由一个投标人完成时，需要将该项目分解为几个不同的部分分别招标，这些不同的部分就是不同的标段。施工标段划分主要考虑以下几点：

（1）建设规模。对于占地面积、建筑面积较小的单体建筑物，或较为集中的建筑单体规模小的建筑群，可不分标段；对于建筑规模较大的建筑物，则按建筑结构的独立性进行分割划分标段；对于较为分散的建筑群，可以按照建筑规模大小组合划分标段。

（2）专业要求。如果项目的几部分专业较为接近，则项目可作为一个整体进行招标，比如建筑与装饰装修工程可放在一起招标；如果项目的几部分专业相距甚远，且工作界面可以清晰划分，应单独设立标段，比如弱电、消防、幕墙、设备安装等单独设立标段。

（3）管理要求。如果一个项目各专业内容之间相互干扰较小，为方便招标人对其统一管理，可以将各部分内容分别招标；反之，如果专业之间相互干扰较大，各个承包商之间的协调管理十分困难，这时可考虑将整个项目发包给一个总承包商，由总承包商分包后统一协调管理。

（4）投资要求。标段划分对建设工程投资也有一定影响。这种影响是由多方面因素造成的，其直接影响是引起总承包管理费变化。一个项目不设标段整体招标，承包商会根据需要再进行分包，虽然分包的价格比招标人划分标段分别发包的价格高，但总包有利于承包商统一管理，人工、机具设备、临时设施等可以统一使用，又能降低费用。因此，应根据具体情况具体分析。

（5）各项工作的衔接。划分标段还应考虑项目在建设过程中时间和空间的衔接，避免产生平面或立面交接工作责任不清。如果建设项目各项工作衔接、交叉和配合少，责任清楚，则可考虑分别发包；反之，应考虑将项目作为一个整体发包给一个承包商，由一个承包商进行协商管理容易做好衔接工作。

（6）法律要求。根据《中华人民共和国民法典》第七百九十一条规定："发包人不得将应当由一个承包人完成的建设工程支解成若干部分发包给数个承包人。"这里的"应当"体现为标段的合理划分上，如果标段数量过多，必将增加招标人实施招标、评标、合同管理、工程实施管理的工作量，也会增加现场施工工作界面的交叉干扰数量和管理层级数量,进而影响整体进度、质量、投资和现场施工管理控制。

综上所述,应科学合理划分标段,使标段具有适度规模,既避免标段规模过小,使管理及施工单位固定成本上升,增加招标项目的投资,并有可能导致潜在大型企业、有能力的企业失去参与投标竞争的积极性;又要避免标段规模过大,使符合资格能力条件的竞争者数量过少而不能充分竞争,或具有资格能力条件的潜在投标者因受自身施工能力及经济承受能力的限制,而无法保质保量按期完成项目,增加合同履约风险。

5.3.2.2 施工合同类型

中标人确定之后,承发包双方开始签订建设工程施工合同。施工合同计价方式分为总价方式、单价方式和成本加酬金方式三种。相应的施工合同可分为总价合同、单价合同和成本加酬金合同。

1. 总价合同

总价合同是指根据合同规定的施工内容、施工范围和有关条件,业主应支付给承包商的工程款是一个约定的金额,即明确的总价。总价合同也称作总价包干合同,即根据施工招标时的要求和条件,承包商在这个价格下完成合同规定的全部施工内容。因此,总价合同适用于工程规模较小、合同工期较短、技术难度较低,且施工图设计已审查完备的建设工程。总价合同又分为固定总价合同和可调总价合同两种形式。

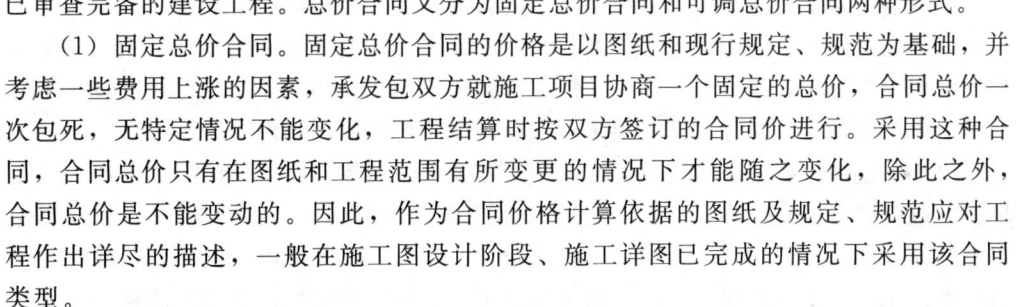

(1) 固定总价合同。固定总价合同的价格是以图纸和现行规定、规范为基础,并考虑一些费用上涨的因素,承发包双方就施工项目协商一个固定的总价,合同总价一次包死,无特定情况不能变化,工程结算时按双方签订的合同价进行。采用这种合同,合同总价只有在图纸和工程范围有所变更的情况下才能随之变化,除此之外,合同总价是不能变动的。因此,作为合同价格计算依据的图纸及规定、规范应对工程作出详尽的描述,一般在施工图设计阶段、施工详图已完成的情况下采用该合同类型。

由于固定总价合同不改变合同总价,因此在合同履行过程中,双方均不能以工程量、材料价格、工资变动、地质条件、气候和其他一切客观因素等为理由提出对合同总价调整的要求。履行合同的承包商必须承担完成工作的责任而不管完成工作的成本是多少。如果完成项目后的成本高于原计划成本,承包商将只能赚到比预计要低的利润,甚至亏损。承包商将承担全部风险,并将为许多不可预见的因素付出代价,因此,承包方要在投标时对一切费用上升的因素做出估计并包含在投标报价中,一般报价较高。而这种合同对业主是低风险的,因为不管项目实际耗费了多少成本,业主都不必付出多于固定价格的部分。

固定总价合同对于承发包双方都有利有弊。对于承包商来说,如果能降低成本则有可能获得额外利润;反之,如果误解了业主招标时设计、规范的要求,遗漏了部分承包范围,则有亏损的风险。对于业主来说,在签订合同时就确定了工程造价,便于资金筹措,但前提是必须在招标时就明确工程的设计、规范,需要有充足的准备时间,所以工期较长。

固定总价合同适用于以下情况：工程量小、工期短（1年以内）、估计在施工过程中环境因素变化小，工程条件稳定并合理；工程设计详细，图纸完整、清楚，工程任务和范围明确；工程结构和技术简单，风险小；投标期相对宽裕，承包商可以有充足的时间详细考察现场、复核工程量，分析招标文件，拟定施工计划。

（2）可调总价合同。可调总价合同也称变动总价合同，是以设计图纸、现行规定及规范为基础，在报价及签订合同时，按招标文件的要求及当时的物价进行计算，得到包括全部工程任务和内容的暂定合同价格。合同总价是一个相对固定的价格，在合同履行过程中，如果由于通货膨胀等原因使工料成本增加，则可对合同总价进行相应调整。但须在合同专用条款中增加调价条款："由于通货膨胀引起工程成本增加达到某一限度时，合同总价应相应调整。"这种合同不利于发包方进行投资控制，突破投资的风险增大。

可调总价合同与固定总价合同的不同之处在于：可调总价合同对合同实施中出现的风险进行了分摊，发包方承担了通货膨胀这一不可预测因素的风险，而承包方承担了合同实施中实物工程量、成本和工期等因素的风险。

可调总价合同适用于工程内容和建筑技术经济指标规定很明确的工程项目，由于合同中有调价条款，因此工期在1年以上的工程项目较适合采用这种合同形式。

2. 单价合同

单价合同是指确定了实物工程量单价的合同。实行工程量清单计价的工程，应当采用单价合同。单价合同多用于工期长、技术复杂、实施过程中发生不可预见因素较多的大型土建工程，以及业主为了缩短工程建设周期，初步设计完成后就进行施工招标的工程。单价合同又分为固定单价合同和可调单价合同两种形式。

（1）固定单价合同。固定单价合同一般在设计或其他建设条件还不太明确，在工程施工过程中可能会调整工程量，但是工程技术比较成熟，工期较短时可以采用固定单价合同。在这类合同中，合同单价一次包死，在合同有效期内固定不变，即不再因为环境变化和工程量增减而变化。而工程量则按实际完成的数量结算，即量变价不变合同。工程结算价根据实际完成的工程量和合同约定的固定单价进行结算，在工程全部完成时以竣工图的工程量和合同约定的固定单价最终结算工程总价款，即承包商承担价的风险，发包方承担量的风险。

$$固定单价合同结算价 = 固定单价 \times 实际工程量 \qquad (5.1)$$

（2）可调单价合同。可调单价合同一般是在合同中签订的单价，根据合同约定的单价调整条款，如果工程实施过程中物价变化幅度超过合同约定幅度、政策调整、不可抗力事件出现等可作调整。有的工程在招标或签约时，因某些不确定因素而在合同中暂定某些分部分项工程的单价，在工程结算时，再根据实际情况和合同约定对合同单价进行调整，确定实际结算单价。

$$可调单价合同结算价 = 调整后单价 \times 实际工程量 \qquad (5.2)$$

固定合同价与可调合同价的区别见表5.2。

单价合同的适用范围较广，其风险也可以得到合理分摊，即发包人承担工程量的风险，承包人承担价的风险。

表 5.2　　　　　　　　　　　固定合同价与可调合同价的区别

施工合同类别		价格	工程量	结算总价与合同总价对比	备　注
固定合同价	固定总价合同	不变	不变	总价不变	
	固定单价合同	不变	根据实际工程量调整	总价变化	
可调合同价	可调总价合同	不变	不变	总价变化	由于通货膨胀引起成本增加达到某一幅度时
	可调单价合同	单价可调	根据实际工程量调整	总价变化	

3. 成本加酬金合同

成本加酬金合同又称为成本补偿合同。这种合同的最终合同价是按照工程实际成本加上一定的酬金确定工程总价。在合同签订时，工程的实际成本往往不能确定，只能确定酬金的取值比例或计算原则，由业主向承包单位支付工程项目的实际成本，并按事先约定的某种方式支付酬金的合同类型。在这类合同中业主需要承担项目实际发生的一切费用，因此业主承担了项目的全部风险，而承包单位由于无风险，其报酬往往也比较低。该类合同的缺点是业主对工程造价不易控制，承包商也往往不重视降低工程成本。

成本加酬金合同主要适用于紧急抢险、救灾以及施工技术特别复杂的建设工程。比如灾后恢复工程要求尽快开工，而且工期较紧，可能仅有实施方案还没有施工图纸，施工单位也不可能报出合理的价格，此时选择成本加酬金合同较为合适；再如一些新型工程项目，如果在施工中有较大部分采用新技术、新工艺等，建设单位和承包单位缺乏经验，又没有国家标准参考，对于这种风险较大或技术复杂的项目，为了避免投标单位盲目提高承包价款，选择成本加酬金合同比较合适；还有对施工难度估计不足，抑或对工程内容及技术经济指标未确定等风险很大的项目，可能导致承包商亏损，此时选择成本加酬金合同也较为合适。

成本加酬金合同又可分为三种不同的情况：成本加固定百分比酬金合同、成本加固定酬金合同和成本加浮动酬金合同。

(1) 成本加固定百分比酬金合同。这种合同的总造价等于实际发生的成本，加上实际成本乘以固定的百分比。

合同价＝实际成本＋实际成本×双方事先商定的酬金固定百分比　　(5.3)

显然这种承包方式对发包人不利，因为总造价会随着实际成本增加而相应增加，酬金也会相应增加，这样不能有效鼓励承包商降低成本，缩短工期。目前这种承包方式已很少被采用。

(2) 成本加固定酬金合同。成本加固定酬金合同的总造价等于实际发生的工程成本加上固定酬金。

合同价＝实际成本＋固定酬金　　(5.4)

固定酬金是事先承发包双方协商确定的一个固定数额，这个数额固定不变。这种酬金方式避免了酬金随着成本水涨船高现象的发生。它虽然没有鼓励承包商降低成本，但鼓励了承包商为尽快拿到酬金，会考虑缩短工期。

（3）成本加浮动酬金合同。成本加浮动酬金合同的总造价需要比较实际发生的工程成本和预期成本的大小。通常双方事先商定建设工程预期成本和酬金的数额，然后将实际发生的工程成本与预期成本相比较，比较结果不外乎三种情况：①实际成本恰好等于预期成本时，工程造价等于成本加商定的固定酬金；②实际成本低于预期成本时，为鼓励承包商降低成本，则在原定酬金的基础上增加酬金；③实际成本高于预期成本时，则减少酬金，通常限定减少酬金的最高额度为原定的固定酬金数额。这意味着承包人遇到最糟糕情况时，得不到任何酬金，但也不须承担实际成本超支的赔偿责任。

采用成本加浮动酬金的承包方式，优点是发承包双方都分担了风险，同时也能鼓励承包人降低成本和缩短工期。但在实践中确定预期成本比较困难，这对发承包双方的经验要求非常高。

5.3.2.3 施工合同类型的选择

对于一个建设工程而言，采用哪种合同类型也不是固定不变的。在同一个工程项目中，不同的工程部分或不同阶段，可以采用不同类型的合同。在招标策划阶段确定合同类型时，必须依据实际情况权衡各种利弊，然后做出最佳决策。

（1）工程项目的复杂程度。建设规模大且技术复杂的工程项目，承包风险较大，各项费用不易准确估算，不宜采用固定总价合同。最好是对有把握的部分采用固定总价合同，估算不准的部分采用单价合同或成本加酬金合同。有时在同一施工合同中采用不同的计价方式，是建设单位与施工单位合理分担施工风险的有效方法。

（2）工程项目的设计深度。工程项目的设计深度是选择合同类型的重要因素。如果已完成工程项目的施工图设计，施工图纸和工程量清单详细明确，则可选择总价合同；如果实际工程量与预计工程量可能存在较大出入时，应优先选择单价合同；如果只完成工程项目的初步设计，工程量清单不够明确时，则可选择单价合同或成本加酬金合同。

（3）施工技术的先进程度。如果在工程施工中有较大部分采用新技术、新工艺，建设单位和施工单位对此缺乏经验，且在国家颁布的标准、规范等中又没有可作为依据的标准时，为了避免投标人盲目提高承包价款或由于对施工难度估计不足而导致承包亏损，不宜采用固定总价合同，而应选用成本加酬金合同。

（4）施工工期的紧迫程度。对于一些紧急工程，如灾后恢复工程，要求尽快开工且工期较紧的项目等，可能仅有实施方案还没有施工图纸，施工单位不可能给出合理报价，此时选择成本加酬金合同较为合适。

【例 5.1】 在某乡镇河道治理工程项目中，甲乙双方签订工程固定总价合同，总价包干，招标文件规定："一切在议价时没有加入文件的项目，均被视作已包括在造价中"，乙方的投标文件中有河道清淤报价，但未包括鱼塘清淤工作，投标的施工方案中已考虑了鱼塘清淤。施工中涉及鱼塘清淤的签证单上，乙方写明"鱼塘清淤不属于合同承包范围，需签证"，但甲方在签证单意见栏中写明"清淤工作属于合同包干范围"，双方发生争议，申请仲裁。

分析：仲裁结果为鱼塘清淤不单独计价，已包含在合同范围内。原因如下：

（1）合同规定对总价包干范围约定不清时，应根据总价包干的性质，认为鱼塘清淤在包干工作范围之内，因为鱼塘清淤是"为完成河道治理所必需的根据合同文件可以合理预见的工作"，且施工方案已涉及此内容，表明乙方明知鱼塘清淤是完成工程所必需的工作，且在投标现场勘察时乙方也应知道现场鱼塘的情况。

（2）鱼塘清淤与河道清淤性质几乎相同，既然河道清淤属于包干范围，鱼塘清淤也应在包干范围之内。

5.3.3 招标控制价的编制

招标控制价应编制完善的编制说明，编制说明包括工程规模、范围、采用的预算定额和依据、基础单价来源、税费标准等内容，以方便对招标控制价的理解和审查。招标控制价的编制内容包括分部分项工程费、措施项目费、其他项目费和税金。

1. 分部分项工程费的编制要求

（1）综合单价计价。根据招标文件中分部分项工程量清单及有关要求，按计价规范和相关定额确定综合单价计价。

（2）工程量。依据招标文件中提供的分部分项工程量清单确定。

（3）如果招标文件提供了暂估单价的材料，应按暂估单价计入综合单价。

（4）为使招标控制价与投标报价所包含内容一致，综合单价应包括招标文件中要求投标人所承担的风险内容及其范围（幅度）产生的风险费用，文件没有明确的，应提请招标人明确。

2. 措施项目费的编制要求

（1）措施项目费中的安全文明施工费，应按照国家或地方行业建设主管部门的规定标准计价，不得作为竞争性费用。例如，广东省把绿色施工安全防护措施费作为不可竞争费用，在工程计价时，应单独列项并按相应项目及费率计算。

（2）措施项目应按招标文件中提供的措施项目清单确定：对于能够准确计量的措施项目，以"量"计算，应按措施项目清单中的工程量，并按与分部分项工程工程量清单单价相同的方式确定综合单价；对于不可单独计量的措施项目，例如绿色施工、临时设施、安全施工、用工实名管理等以"项"为单位计价，采用费率法按有关规定综合取定，采用费率法时需确定某项费用的计算基数及其费率。

（3）不同的工程项目、不同的施工单位会有不同的施工组织，产生的措施费也不同。因此，对于竞争性措施项目费的确定，招标人应依据工程特点，结合施工条件和施工方案，考虑其经济性、实用性、先进性、合理性和高效性。

3. 其他项目费的编制要求

（1）暂列金额。暂列金额可根据工程的复杂程度、设计深度、工程环境条件（包括地质、水文、气候条件等）进行估算，一般以分部分项工程费的 10%～15% 作为参考。

（2）暂估价。暂估价中的材料和工程设备单价应按照工程造价管理机构发布的造价信息中的材料和工程设备单价计算。如果发布的部分材料和工程设备单价为一个范围，宜遵循就高原则编制招标控制价；造价信息未发布的材料和工程设备单价，其单价参考市场价格估算；暂估价中的专业工程暂估价应分不同专业，按有关计价规定估算。

(3) 计日工。计日工包括人工、材料和施工机具。在编制招标控制价时，计日工中的人工单价和施工机具台班单价应按省级、行业建设主管部门或其授权的工程造价管理机构公布的单价计算。如果人工单价、费率标准等有浮动范围可供选择时，应在合理范围内选择偏低的人工单价和费率值，以缩小招标控制价与合理成本价的差距。材料应按工程造价管理机构发布的工程造价信息中的材料单价计算，如果发布的部分材料单价为一个范围，宜遵循就高原则编制招标控制价；工程造价信息未发布单价的材料，其价格应按市场调查确定的单价计算。未采用工程造价管理机构发布的工程造价信息时，需在招标文件或答疑补充文件中对招标控制价采用的与造价信息不一致的市场价格予以说明。

(4) 总承包服务费。总承包服务费应按照省级或行业建设主管部门的规定计算，或根据行业经验标准计算。在计算时可参考以下标准：

1) 招标人仅要求对分包的专业工程进行总承包管理和协调时，按分包专业工程估算价的1.5%计算。

2) 招标人要求对分包的专业工程进行总承包管理和协调，并同时要求提供配合服务时，根据招标文件中列出的配合服务内容和提出的要求，按分包专业工程估算价3%~5%计算。

3) 招标人自行供应材料、工程设备的，按招标人供应材料、工程设备价值的1%计算。

4．税金的编制要求

税金是按国家税法规定应计入工程造价的增值税。按工程所在地税务机关规定的增值税纳税方法计算。

5.3.4 投标报价的编制和策略

5.3.4.1 投标报价的编制

实行招标的工程必须采用工程量清单计价方式。投标报价的编制应首先根据招标人提供的工程量清单（须检查招标人提供的清单是否全面正确）、编制分部分项工程和措施项目清单计价表、其他项目清单与计价汇总表、增值税项目计价表，并汇总得到单位工程投标报价汇总表。再逐层汇总，分别得出单项工程投标报价汇总表、建设项目投标总价汇总表和投标总价。在编制过程中，投标人应按照招标人提供的工程量清单填报价格，填写的项目编码、项目名称、项目特征、计量单位、工程数量必须与招标人提供的一致。

关于投标报价的编制，在课程"建设工程计量与计价"中已经学习了招标工程量清单、综合单价确定及投标报价的编制，因此本书重点讲述投标报价的策略。

5.3.4.2 投标报价策略

1．不平衡报价法

不平衡报价法是一种较常见的报价策略，是指在确定投标总价时，通过抬高或降低不同分项工程的报价，达到既不提高总价，又能在结算时得到更加理想效益的报价方式。具体如下：

（1）对于结算早、回款快的项目提高报价，如开办费、土方、基础等费用，其定价可定高些，可以尽早得到回款，有利于资金周转。而对于后期回款慢的项目，如粉刷、油漆、电气等，可以适当降低报价以保证整体价格稳定。

（2）经过工程量核算，预计将来工程量会增加的项目，适当调高单价，可以在最终结算时获得更多的盈利；反之，预计将来工程量会减少的项目调低单价。

（3）对于图纸不明确，估计修改后工程量要增加的，可以提高单价。而工程内容说明不清楚的，则可降低单价，待日后索赔时再寻求提高单价的机会。

（4）对暂定项目要做具体分析，如果工程不分包，不被另外一家承包单位施工，则其中肯定要施工的项目单价可报高些，不一定要施工的项目则适当报低些。如果工程分包，该暂定项目也可能由其他承包单位施工时，则不宜报高价，以免抬高总报价。

（5）单价与包干混合制合同中，招标人要求有些项目采用包干报价时，宜报高价。

（6）招标文件要求投标人对工程量大的项目需填报综合单价分析表时，投标时可将单价分析表中的人工费及机具费报高些，而材料费报低些，主要是为了在日后补充项目报价时，可以参考选用综合单价分析表中较高的人工费和施工机具费，而材料则往往采用市场价，因而获得较高的收益。

但是不平衡报价法也存在弊端，分析如下：

（1）不平衡报价策略的不可控因素较多，要求对项目清单、现场情况、当地政策、招标项目背景等方面都有一定了解和把握，不适合新手操作。

（2）由于实践中存在最终结算价和报价差异巨大，严重损害招标方权益的情况，法律法规对不平衡报价法进行了一定限制，只有特定项目可以调价，调价必须在一定范围内。

（3）不平衡报价如果价格设定不合理，会被其他竞争对手提出质疑，严重的会导致废标。

2. 多方案报价法

对于部分工程范围不明确，条款不清晰或技术规范要求过于苛刻的项目，投标人可以在充分估计投标风险的基础上采用多方案报价法。多方案报价法是指在标书中针对招标文件给出一个报价；另一个是加注解的报价，对项目进行合理预判和修改，提出如果修改了招标文件中某项要求，报价就可以降低多少。这样可以降低总报价，吸引招标人。

这种方法优点是对信息不明确的项目给出直接报价和加注解的报价，能够提高竞争优势，降低投标风险。弊端是多方案报价法只适合部分项目，适用范围有限；另外，采用这种报价法要求对项目进行评估，判断可能出现的其他情况并给出预期价格，投标工作量较大。

3. 无利润报价法

无利润报价法又称保本竞标法。虽然希望报价能有一定利润，但在缺乏竞争优势的情况下，投标人不得已也可以考虑牺牲利润获得中标机会。

其优点是有利于打开市场,比如先通过低价获得首期工程,在履约过程中为第二期工程创造竞争优势,在后续工程实施中获得利润;另外,有些企业需要获得业务维持公司日常运转,即使没有利润,也可以暂时缓解经营压力,渡过难关。弊端是没有利润,也没有摆脱低价竞争的套路,即使采用无利润报价法也无法保证中标。

4. 增加建议方案法

有时招标文件允许提出一个建议方案,即可修改原设计方案并给出投标方案,这时投标人可以根据原方案报价,并提出自己的建议方案,给出相应报价。其优点是如果建议方案有吸引力,企业将获得很大竞争优势。弊端是只有招标文件明确说明才支持增加建议方案。

5. 其他报价技巧

(1) 计日工和零星施工机具台班单价报价时,因为这些单价不包括在投标价格中,可稍高于工程单价中的相应单价,以便在业主额外用工或使用施工机具时多盈利。

(2) 暂定金额的报价。暂定金额的情况会出现以下情形:

1) 如果招标单位规定了暂定金额的分项内容和暂定总价款,并规定所有投标单位都必须在总价中加入这笔固定金额。由于分项工程量不是很准确,允许将来按投标单位所报单价和实际完成的工程量付款。在这种情况下,由于暂定总价款是固定的,对各投标单位的总报价水平竞争力没有任何影响,因此投标时应提高暂定金额的单价。

2) 如果招标单位列出了暂定金额的项目和数量,但没有限制这些工程量的估算总价,要求投标单位既列出单价,又按暂定项目的数量计算总价,当结算付款时可按实际完成工程量和所报单价支付。在这种情况下,投标单位必须慎重考虑。

3) 如果只有暂定金额的一笔固定总金额,将来这笔资金的用途由招标单位确定。这种情况对投标竞争没有实际意义,按招标文件要求将规定的暂定金额列入总报价即可。

(3) 突然降价法。报价是一件保密性很强的工作,竞争对手往往通过各种渠道、手段打探情况,因此投标报价时可以迷惑对手,采用突然降价法。突然降价法是指先按一般情况报价或表现出自己对该工程兴趣不大,等快到投标截止时再突然降价。这种方法一定要在准备投标报价过程中考虑好降价的幅度,在临近投标截止日期,根据情报信息和分析判断,再做最后决策。

5.4 合同价款的约定

《中华人民共和国民法典》第七百八十八条规定:"建设工程合同是承包人进行工程建设,发包人支付价款的合同。"建设工程的发包方式包括直接发包和招标发包。无论采用哪种发包方式,一旦确定了发承包关系,发承包双方都应按照公平、公正、诚实和守信的原则,通过签订合同明确双方的权利和义务。而实现建设目标的核心内容就是合同价款的约定。

5.4.1 合同价款约定的一般规定

《建设工程工程量清单计价规范》(GB 50500—2013) 第7.1.1条规定:"实行招标的工程合同价款应在中标通知书发出之日起30天内,由发承包双方依据招标文件和中标人的投标文件在书面合同中约定。合同约定不得违背招标、投标文件中关于工期、造价、质量等方面的实质性内容。招标文件与中标人投标文件不一致的地方,应以投标文件为准";第7.1.2条规定:"不实行招标的工程合同价款,应在发承包双方认可的工程价款基础上,由发承包双方在合同中约定。"这里的"发承包双方认可的工程价款"一般是指双方都认可的施工图预算。对于不实行招标的工程,其合同签订时限没有统一要求,但其他要求与招标工程基本相同。

中标人无正当理由拒签合同的,招标人取消其中标资格,其投标保证金不予退还,如果给招标人造成的损失超过投标保证金数额的,中标人还应对超过部分予以赔偿。同时,发出中标通知书后,招标人无正当理由拒签合同的,招标人向中标人退还投标保证金,给中标人造成损失的,还应赔偿损失。

5.4.2 合同价款约定的内容

合同价款约定的内容包括10项,分别是:预付工程款的数额、支付时间以及抵扣的方式;安全文明施工措施费的支付计划、使用要求;工程计量与支付进度款的方式、数额及时间;合同价款的调整因素;施工索赔与现场签证的程序、金额确认与支付时间;承担计价风险的内容、范围以及超出约定内容、范围的调整办法;竣工结算编制与核对、支付及时间;工程质量保证金的数额、预扣方式及时间;违约责任以及发生工程价款争议的解决方法及时间;与履行合同、支付价款有关的其他事项等。下面就合同价款约定的10项内容做一解释。

5.4.2.1 预付工程款的数额、支付时间以及抵扣方式

1. 预付工程款的数额

预付工程款又称预付备料款,是指建设工程施工合同订立后,由发包人按照合同约定,在正式开工前预先支付给承包人的工程款,是施工准备和所需材料、结构件等资金的主要来源。一般对于包工包料工程的预付款比例,不低于合同价款(扣除暂列金额)的10%,不高于合同价款(扣除暂列金额)的30%。预付工程款的形式可以是百分数,也可以是绝对数,比如预付工程款为100万,或者预付工程款为合同价款的20%。对于施工初期材料用量大的项目,可以利用公式来计算预付款数额,公式为

$$预付工程款数额 = (年度工程造价 \times 材料费占合同价的比例) / 年度施工天数 \times 材料储备的定额天数 \tag{5.5}$$

式(5.5)中,年度施工天数按365日历天计算。材料储备的定额天数由当地材料供应的在途天数、加工天数、整理天数、供应间隔天数、保险天数等因素决定。

【例5.2】 某项目合同价款为4000万元,合同工期为150天,材料费占合同总价的60%,材料储备定额天数为25天,那么预付工程款是多少呢?

解 预付工程款 = (4000×60%)/150×25 = 400(万元)

2. 预付工程款支付期限

预付工程款最迟应在开工通知载明的开工日期7天前支付。发包人逾期支付预付

工程款超过 7 天的,承包人有权向发包人发出要求预付的催告通知,发包人收到通知后 7 天内仍未支付的,承包人有权暂停施工。

3. 预付工程款抵扣方式

预付工程款是发包人为帮助承包人顺利启动项目而提供的一笔无息贷款,属于预支性质。因此合同须约定承包人的还款方式,即抵扣预付款的方式。在支付进度款时,按照约定方式扣回。扣回方法有两种:

(1) 在承包人完成累计金额达到合同总价一定比例(双方合同约定)后,发包人从每次应支付承包人的结算款中扣回,发包人至少在合同规定的完工日期前将预付工程款总金额逐次扣回。也可针对工程实际情况处理:比如有些工程工期较短、造价较低,无须分期扣还;有些工程工期较长,如跨年度工程,其预付款的占用时间很长,在上一年预付备料款可以少扣或不扣。

(2) 双方约定利用公式计算起扣点。这种方法是指从未完工程尚需的主要材料及构件的价值相当于预付工程款数额时起扣,此后,从每次结算工程款时,按材料及构件比重抵扣工程预付款,至竣工之前全部扣清。

【例 5.3】 某乡村振兴建设工程,采用招标方式选择施工单位承建。甲乙双方签订的施工合同中关于工程预付款的约定如下:于工程开工之日支付合同造价的 8% 作为预付款。工程实施后,预付款从工程后期进度款中扣回。问题:该合同签订的预付款条款是否妥当?如何修改?

分析:合同中预付工程款的额度和预付款支付时间不妥。

(1) 根据《建设工程工程量清单计价规范》(GB 50500—2013),包工包料预付工程款的支付比例不得低于签约合同价(扣除暂列金额)的 10%,不宜高于签约合同价(扣除暂列金额)的 30%。因此,题目中给出的预付款为合同造价的 8% 是不妥的;另外,于工程开工之日支付预付款不妥。预付款最迟应在开工通知载明的开工日期 7 天前支付。因此于工程开工之日支付预付款是不妥的。

(2) 对于预付款的扣回方式,题目中仅提到"预付款从工程后期进度款中扣回",太过模糊。应明确约定工程预付款的起扣点和扣回方式。如:工程预付款从累计已完工程款超过合同价 60% 以后的下 1 个月起,至第 4 个月均匀扣除;或者工程预付款从未施工工程所需的主要材料及构配件价值相当于工程预付款时起扣,每月抵扣工程款的方式陆续扣回,竣工前全部扣清。

4. 承包人提交预付款担保期限

预付款担保是指在承包人与发包人签订合同后,承包人应在发包人支付预付款 7 天前提供预付款担保,专用合同条款另有约定的除外。预付款担保的作用是保证承包人能够按照合同约定的目的,合理使用预付款并及时偿还发包人已支付的全部预付款。如果承包人中途毁约,终止工程,导致发包人不能在规定期限内从应付工程款中扣除全部预付款,则发包人有权从该项担保金额中获得补偿。

5. 预付工程款的担保形式

对于预付工程款数额较大的,须采用预付款担保方式。预付款担保的主要形式是银行保函,担保金额通常与发包人的预付款是等值的。工程预付款从起扣点开始,一般逐月从进度款中扣回,银行保函的担保金额也随之逐月减少。承包人的预付款保函的担保金额随着预付款数额的扣回相应扣减,但在预付款全部扣回之前一直保持有效。

承包人还清全部预付款之后,发包人应退还预付款担保,承包人将其退回给银行注销,解除担保责任。预付款担保也可以采用发承包双方约定的其他形式,比如由担保公司提供担保,或者采取抵押等担保形式。对于小额的预付款可采用查账方式,或要求承包方提供购买材料的合同和发票等。

5.4.2.2 安全文明施工措施费的支付计划、使用要求

安全文明施工措施费是在合同履行过程中,承包人按照国家法律法规及相关标准的规定,为保证安全施工、文明施工、保护现场内外环境和搭拆临时设施等所采用的措施而发生的费用。关于安全文明施工措施费预付标准,根据《建设工程施工合同(示范文本)》(GF—2017—0201)规定:除专用合同条款另有约定外,发包人应在开工后28天内预付安全文明施工措施费总额的50%,其余部分与进度款同期支付。

【例5.4】 本项目安全文明施工措施费总额1200万元,自2023年3月1日开工,2024年5月31日完工,开工后28天内发包人应至少支付多少安全文明施工措施费?

解 根据《建设工程施工合同(示范文本)》(GF—2017—0201)

$$安全文明施工措施费 = 1200 \times 50\% = 600(万元)$$

5.4.2.3 工程计量与支付进度款的方式、数额及时间

1. 工程计量

工程计量是发承包双方根据合同约定,对承包人完成合同工程的数量进行计量和确认。双方根据设计图纸、技术规范以及施工合同约定的计量规则和计算方法,对承包人已完成的质量合格工程实体数量进行计量与计算,并以物理计量单位或自然计量单位进行标识、确认的过程。

(1)计量规则。工程量必须按照合同约定的工程量计算规则计算。因此,合同中一般约定工程所在省、市定额站发布的定额、清单计价办法及配套的费用定额、价目表等规范文件作为计量依据。由于定额、清单计价办法等规范性文件都有时效性,一般几年更新一次,因此约定时须注明是哪一年发布的版本。

(2)计量周期。对于单价子目,可按月计量,指定每月的固定日期,比如每月的20日;也可以按照工程的形象进度计量,比如可约定±0以下的基础及地下室完工、主体结构封顶等。对于总价子目,可以按月计量,也可以按照批准的支付分解表计量。比如,安全文明施工措施费是总价子目,一般按照批准的支付分解表来计量支付。

(3)计量方法。施工合同中一般要对单价合同和总价合同约定不同的计量方法。单价合同工程量须以承包人完成应予以计量的合同工程且按照合同约定的工程量计算规则,计算得到的工程量来确定;总价合同工程量的计量方法:除按照工程变更规定引起的工程量增减外,总价合同各项目的工程量即为承包人结算的最终工程量。此外,总价合同约定的项目计量应以合同工程经审定批准的施工图纸为依据,发承包双方应在合同中约定工程计量的形象进度或时间节点进行计量。

2. 进度款支付

进度款支付是发包人在合同工程施工过程中，按合同约定对付款周期内承包人完成的工程量给予支付的款项。进度款是按照工程施工的进度来支付，甲乙双方必须事先约定工程进度和付款进度的细节。工程每告一段落，由发包方付款给承包方。

工程量的正确计量是发包人向承包人支付工程款的前提和依据，因此进度款支付周期应与合同约定的工程计量周期一致。工程进度款的支付方式如下：

（1）分段结算。对于当年开工但当年不能竣工的项目，按照其工程形象进度划分不同阶段进行结算，按形象进度时必须明确进度节点的具体标准条件。

（2）竣工后一次结算。规模较小的项目，可竣工后一次结算。

（3）按月结算。即每个月结算一次，按月支付时须约定每月支付的时间点。

（4）双方约定的其他结算方式。

根据《最高人民法院关于审理建设工程施工合同纠纷案件适用法律问题的解释》（法释〔2020〕15号）中第二十六条规定，当事人对欠付工程价款利息计付标准有约定的，按照约定处理。没有约定的，按照同期同类贷款利率或者同期贷款市场报价利率计息。第二十七条规定，利息从应付工程价款之日开始计付。当事人对付款时间没有约定或者约定不明的，下列时间视为应付款时间：建设工程已实际交付的，为交付之日；建设工程没有交付的，为提交竣工结算文件之日；建设工程未交付，工程价款也未结算的，为当事人起诉之日。

5.4.2.4　合同价款的调整因素

签约时的合同价是发承包双方在工程合同中约定的工程造价。但是承包人在履行合同的过程中，出现了很多影响工程造价的因素，发承包双方应该按照合同约定，对合同价款进行调整。因此施工合同中，必须对价款调整因素进行明确约定，否则合同中没有约定或约定不清，容易引起争议。该部分内容将在第6章详细讲述。

5.4.2.5　施工索赔与现场签证的程序、金额确认与支付时间

建设工程施工索赔是指在工程合同履行过程中，当事人一方因非自己一方的过错而遭受经济损失或工期延误，按照合同约定或法律规定，应由对方承担责任，而向对方提出工期和或费用补偿要求的行为。因此，施工合同中要对索赔的程序及支付时间进行约定。

承包人提出索赔的程序包括四个步骤：①承包人应在知道或应当知道索赔事件发生后28天内向监理人提出索赔意向通知书；②在发出索赔意向通知书后的28天内正式递交索赔报告；③如果索赔时间持续影响，继续递交延续索赔通知；④持续影响结束后的28天内，向监理人提交最终索赔通知书。

监理人的处理程序包括三个步骤：①监理人收到索赔报告后14天内完成审查并报送发包人；②发包人收到索赔报告或有关索赔的进一步证明材料后28天内，将索赔的处理结果答复承包人；③如果承包人不接受索赔处理结果，按照"争议解决"条款约定处理，如果承包人接受，索赔款与进度款同期支付。

5.2.4.6　承担计价风险的内容、范围以及超出约定内容、范围的调整办法

在工程施工过程中，发承包双方都面临诸多风险，但不是所有的风险都由承包人承担，而是应按风险共担的原则，对风险进行合理分摊。因此应在招标文件或合同中对发承包双方各自应承担的计价风险内容、风险范围及幅度进行明确界定。例如，双方约定材料的涨跌幅度，当涨跌在此幅度内时风险由一方承担，超出此幅度的风险由另一方承担。

《建设工程施工合同（示范文本）》（GF—2017—0201）通用条款规定，材料单价涨跌幅度超过基准价格5%时要调整。这里的基准价格是指由发包人在招标文件或专用合同条款中给定的材料、工程设备的价格，该价格原则上应按照省级或行业建设主管部门或其授权的工程造价管理机构发布的信息价编制。但是《建设工程施工合同（示范文本）》（GF—2017—0201）通用条款约定的涨跌幅度不是唯一不变的，发承包双方可在专用条款中另行约定。例如，双方可在专用条款中约定材料单价涨跌幅度超过基准价8%时要调整。

5.4.2.7 竣工结算的编制与核对、支付及时间

竣工结算是指建设工程完工并验收合格后，对所完成的项目进行全面工程结算。工程完工后，发承包双方必须在合同约定时间内办理竣工结算。竣工结算是由承包人或受其委托具有相应资质的工程造价咨询人编制，并由发包人或受其委托具有相应资质的工程造价咨询人核对的造价文件。施工合同应约定承包人提交竣工结算书的期限、发包人或其委托的工程造价咨询人接到竣工结算书后按规定时间完成核对，并按合同约定的工程竣工价款支付时间及时支付。

5.4.2.8 工程质量保证金的数额、预留方式及时间

建设工程质量保证金是指发承包双方在合同中约定从应支付的工程款中预留，用以保证承包人在缺陷责任期内对建设工程出现的缺陷进行修复的资金。缺陷是指建设工程质量不符合工程建设强制性标准、设计文件，以及承包合同的约定。缺陷责任期一般为1年，最长不超过2年，由发承包双方在合同中约定。在工程项目竣工前，已经缴纳履约保证金的，发包人不得同时预留工程质量保证金。采用工程质量保证担保、工程质量保险等其他保证方式的，发包人不得再预留保证金。

目前，根据《住房和城乡建设部、财政部关于印发建设工程质量保证金管理办法的通知》（建质〔2017〕138号），对质量保证金数额、预留方式及时间均作了详细规定：

（1）发包人应按照合同约定方式预留保证金，保证金总预留比例不得高于工程价款结算总额的3%。合同约定由承包人以银行保函替代预留保证金的，保函金额不得高于工程价款结算总额的3%。

（2）缺陷责任期从工程通过竣工验收之日起计。由于承包人的原因导致工程无法按规定期限竣工验收的，缺陷责任期从实际通过竣工验收之日起计。由于发包人原因导致工程无法按规定期限进行竣工验收的，在承包人提交竣工验收报告90天后，工程自动进入缺陷责任期。缺陷责任期内，由承包人原因造成的缺陷，承包人应负责维修，并承担鉴定及维修费用。如承包人不维修也不承担费用，发包人可按合同约定从质量保证金或银行保函中扣除，费用超出保证金额度的，发包人可按合同约定向承包人索赔。承包人维修并承担相应费用后，不免除对工程的损失赔偿责任。由他人原因造成的缺陷，发包人负责组织维修，承包人不承担费用，且发包人不得从质量保证金中扣除费用。缺陷责任期内，承包人认真履行合同约定的责任，到期后，承包人向发包人申请返还保证金。

（3）发包人在接到承包人返还保证金申请后，应于14天内会同承包人按照合同约定的内容进行核实。如无异议，发包人应当按照约定将保证金返还给承包人。对返还期限没有约定或者约定不明确的，发包人应当在核实后14天内将保证金返还承包人，逾期未返还的，依法承担违约责任。发包人在接到承包人返还保证金申请后14天内不予答复，经催告后14天内仍不予答复，视同认可承包人的返还保证金申请。

5.4.2.9　违约责任以及发生工程价款争议的解决方法及时间

施工合同中须约定违约责任以及解决工程价款争议的办法。争议解决的常用方法有协商、调解、仲裁和诉讼等。

（1）协商。协商是解决合同争议最基本、最常见和最有效的方法。这种办法简单省时，双方和平解决。

（2）调解。如果合同双方协商不成，不能就争议的解决达成一致，则可邀请中间人调解。中间人经过分析索赔和反索赔报告，了解合同实施过程和干扰事件实情，按合同做出判断，劝说双方再作商讨、互作让步，以和平方式解决争议。这种办法灵活性大、节约时间和费用。调解在自愿的基础上进行，其结果无法律约束力。

（3）仲裁。如果双方不能通过友好协商或调解达成一致时，可按合同仲裁条款，由双方约定的仲裁机关采用仲裁方式解决。仲裁作为正规的法律程序，其结果对双方都有约束力。在仲裁中可对工程师所有指令、决定、签发的证书等进行重新审议。在我国，仲裁实行一裁终局制度。裁决作出后，当事人就同一争议再申请仲裁，或向人民法院起诉，则不再予以受理。

（4）诉讼。诉讼是运用司法程序解决争议，由人民法院受理并行使审判权，做出强制性判决。人民法院受理合同争议可能有以下几种情况：

1）合同双发没有仲裁协议，或仲裁协议无效，当事人一方可向人民法院递交起诉状。

2）虽有仲裁协议，当事人一方向人民法院提出起诉，未声明有仲裁协议；人民法院受理后另一方在首次开庭前对人民法院受理本案未提出异议，则该仲裁协议被视为无效，人民法院继续受理。

3）仲裁裁决被人民法院依法裁定撤销或不予执行，当事人可以向人民法院提出起诉，人民法院依法审理该争议。

人民法院在判决前对争议双发应再次做一次调节，如仍然达不成一致，则依法判决。

以上各办法在合同中约定解决方式的优先顺序、处理程序等。如采用调解应约定好调解人员；如采用仲裁应约定双方都认可的仲裁机构；如采用诉讼方式，应约定有管辖权的法院。

5.4.2.10　与履行合同、支付价款有关的其他事项

合同中涉及价款的事项较多，能详细约定的事项应尽可能具体约定，约定的用词应尽可能唯一,如有几种解释,最好对用词进行定义,避免因理解上的歧义造成合同纠纷。合同中如果出现未按照上述要求约定或约定不清的,发承包双方在合同履行中发生争议由双方协商确定,协商不能达成一致的,可以按照现行计价规范的相应规定执行。

本章回顾

发承包是一种商业交易行为,双方通过签订合同或协议来明确发包人和承包人之间经济上的权利与义务等关系,并使其具有法律效力。本章着重介绍了必须招标的建设项目和可以不进行招标的一些特殊情况,以及工程的招投标方式、施工招标程序、策划及招投标文件的编制和投标报价策略等,为学生掌握招标投标活动奠定了基础。

对实行招标工程和不实行招标工程的合同价款约定进行介绍。合同价款的约定内容包括十项:预付工程款的数额、支付时间以及抵扣的方式,安全文明施工措施的支付计划、使用要求,工程计量与支付进度款的方式、数额及时间,合同价款的调整因素、方法、程序、支付及时间,施工索赔与现场签证的程序、金额确认与支付时间,承担计价风险的内容、范围以及超出约定内容、范围的调整办法,工程竣工价款结算编制与核对、支付及时间,工程质量保证金的数额、预扣方式及时间,违约责任以及发生工程价款争议的解决方法及时间,与履行合同、支付价款有关的其他事项等。

拓展阅读

火神山和雷神山医院的建设奇迹

2020年1月23日,武汉市政府要求建设武汉版的"小汤山医院"。要求医院按照应急工程,特事特办。随后中国建筑集团有限公司(简称"中建集团")10天建成武汉火神山医院、12天建成雷神山医院,向世界展示了"听党召唤、不畏艰险、团结奋斗、使命必达"的"火雷精神"和奇迹般的"中国速度"。

为了打赢湖北保卫战、武汉保卫战,约4万名建设者从八方赶来,并肩奋战,抢建火神山和雷神山医院。他们日夜鏖战,与病毒竞速,创造了10天时间建成两座传染病医院的"中国速度"!他们不畏风险,同困难斗争,充分展现团结起来打硬仗的"中国力量"!武汉不会忘记,历史终将铭记这个英雄的群体——火线上的建设者!

1. 速度:早一分钟建成医院,就能早一分钟挽救生命

"这是救命工程,早一分钟建成医院,就能早一分钟挽救生命!"中建集团党组书记周乃翔表示。中建三局牵头火神山医院建设。1月23日晚10时,队伍火速进场,一场和时间赛跑的战斗打响。"我们进场时,图纸还在争分夺秒设计之中",中建三局党委副书记、总经理陈卫国说。很快寒风凛冽的知音湖畔,变成了热火朝天的施工现场,轮班作业,24小时施工。管理人员从160人增加到1500余人,作业人员从240人到1.2万多人,大型机械设备、车辆从300台到近千台,快速推进局面迅速形成。

1月25日,武汉市决定再建一所雷神山医院,中建集团独立承建,开启"双线作战"模式。"这几乎是不可能完成的任务!"有专家表示,3.39万 m² 的火神山医院,按照常规建设至少要2年,搭建临时建筑都得1个月,更何况还有一个两倍于火神山医院体量、工期却与之相当的雷神山医院。

时间紧、任务重、人员物资有限、参与单位众多,如何协同作战?中建集团党组副书记、总经理郑学选介绍,制定"小时制"作战地图,倒排工期,将每一步施工计划精确到小时乃至分钟,大量运用装配式建造、BIM建模、智慧建造等前沿技术,根据现场情况实时纠偏,使数百家分包、上千道工序、4万多名建设者都能统一协调、密切配合,确保规划设计、方案编制、现场施工、资源保障无缝衔接、同步推进。

2. 难度:危难险重,首战用我,用我必胜!

尽管有心理准备,进场施工时,还是发现困难远超想象。带着200多人的场地平整团队进场后,中建三局的余南山倒吸一口凉气:超过7万 m² 的场地上,高差最大处近10m,还有大片芦苇荡要清淤、鱼塘要回填、既有建筑物要拆除,土方开挖、砂石换填量近40万 m³,而这些必须在两天之内完成!郑学选说,建设者们要在极短时间内完成人力召集、资源调集、图纸细化等工作,任何一个环节都绝不能出问题,每天都处于极限作战的状态。受疫情和春节假期影响,人工、材料、设备不足,是施工面临最大的难题。"危难险重,首战用我,用我必胜!举全集团之力,确保迅速建成火神山、雷神山医院!"周乃翔率工作组从北京来到武汉,统筹解决人员、物资、资金等方面的关键问题。

依托中建集团全产业链,2500余台大型设备及运输车辆、4900余个集装箱、20万 m² 的防渗膜,以及大量的电缆电线、配电箱柜、卫生洁具等物资在短短几天抵达武汉,为医院建设的全面提速提供了保障。两所医院都是应急工程,往往计划赶不上变化。雷神山医院3次扩容,建筑面积从5万 m² 增加到7.99万 m²,火神山医院前后经历5次方案变更。传染病医院施工精细度要求极高,配套污水处理站和垃圾焚烧池,任何有毒气体、污染水源、医疗垃圾都必须全程封闭处理。"决不让污水渗漏出去!"项目技术负责人闵红平说,仅仅为防止可能夹带病毒的雨水渗入地下,医院隔离区地面全部硬化处理,设置混凝土基层、防渗膜和钢筋混凝土面层三道防护,确保雨水全部进入调蓄池,经消毒后再排入城市污水系统。

4万多名建设者大规模聚集在工地,疫情防控是一道严峻考验。急难险重,党员带头。工地上,14个临时党支部、14支党员突击队、2688名党员带领3万余名建设者日夜鏖战。雷神山医院项目临时党支部党员先锋岗负责人刘军安说,在这场没有硝烟的战役中,处处高扬的党旗给了人们最大的鼓舞。

3. 温度:他们为这场战斗拼过命,他们就是英雄!

在雷神山和火神山医院建设完成后,这些建设者被视为英雄。"我们专门对无线网络进行多次扩容,还设立了读书角,购置工友们喜欢的报刊书籍。同时还提供上门代购、心理辅导、免费理发、集体生日等服务",一留观点负责人张华说。援建雷神山医院的工友邹秋隆,对14天的集中休整观察生活同样感到满意,"我们是被当作英雄对待的，吃、住、用，都安排得很好"。"生活各种需求——满足，还有医疗队24小时在岗，给我们测体温、熬中药，退场前还给我们专门做了核酸检测，让我们对自己的身体健康更放心。"中建五局三公司援建武汉雷神山医院现场商务负责人胡平说。

"按照财政部、国家卫健委对一线医护人员的补贴标准，在留观期内为工友发放每人每天300元补贴。14天留观期满后，对按疫情防控部署总要求仍不能返乡返岗的工友，考虑到他们仍没有收入这一事实，又每人给予2540元一次性临时救助。"中建三局商务部经理田军介绍。

"他们为这场战斗拼过命，他们就是英雄!"中建三局党委书记、董事长陈文健说。休舱仪式结束，中建三局员工章干和同事特意走到"武汉雷神山医院"七个大字前合影。前排同事拉起红色横幅，上面写着：招之即来，来之能战，战之必胜！

思考题与习题

第6章　施工阶段建设工程造价管理

●**知识目标**

1. 掌握施工阶段影响工程造价的因素
2. 掌握工程变更及其合同价款的调整
3. 掌握法律法规变化、项目特征描述不符、工程量清单缺项、工程量偏差、计日工、物价变化、暂估价、提前竣工、误期赔偿等引起的合同价款调整
4. 掌握工程索赔概念及索赔产生原因
5. 掌握预付款和进度款的支付及扣回
6. 掌握工程费用和进度的动态控制

●**能力目标**

1. 在工程变更、法律法规变化、项目特征描述不符、工程量清单缺项、工程量偏差、计日工、物价变化、暂估价、不可抗力、提前竣工等对合同价款进行调整
2. 能够实施索赔工作
3. 能够支付及扣回进度款、对费用和进度动态控制

●**价值目标**

1. 培养学生勤俭节约、艰苦奋斗的优良品质
2. 培养学生严谨求实的工作态度，增强职业责任感
3. 培养学生爱国精神、历史责任感、坚定文化自信、增强使命担当

见证红旗渠修建的艰苦岁月

20世纪60年代，古老太行山上诞生了一条"人工天河"，这条人工开凿缠绕在群山腰际的河渠，就是举世闻名的中国第一渠、全国重点文物保护单位——红旗渠。红旗渠不仅解决了林县（今河南安阳林州市）地区长期缺水问题，还为发展工农业创造了有利条件，被周恩来誉为新中国两大奇迹之一，也被外国友人誉为"世界第八大奇迹"。

1. 红旗渠建设的背景与意义

"太行山上水贵油，谁知人间几多愁。三尺白绫无情剑，屈斩芳龄少妇头。"这首诗道出了太行山区"十年九旱"引发的人间悲剧。为解决缺水问题，20世纪60年代林县儿女在极其艰难条件下，进行了一次规模空前、长达十年的引水之战，即建造"引漳入林"水利工程。红旗渠工程总投资12504万元，其中社队投资7878万元，参与群众7万人。1960年2月开工，当时正值"三年自然灾害"时期，全县只有300万元储备金，28名水利技术人员。在红旗渠修建的10年中，先后有81位干部和群众献

出了自己宝贵的生命。

2. 红旗渠工程中的红色元素

红旗渠在修渠过程中孕育出"自力更生，艰苦创业，团结协作，无私奉献"的红旗渠精神，已成为激励当代、教育后人的宝贵精神财富。

（1）组织管理中的红色精神。林县人民长期饱受缺水之苦，盼水心切的林县人对于修渠号召一呼百应。车辚辚，马萧萧，近4万修渠大军从15个公社的山庄村落奔涌而出，他们自带干粮和行李，赶着马车、小平车，推着手推车，拉着劳动工具，开向修渠第一线，拉开"千军万马战太行"的序幕。在红旗渠修建过程中，由于参与人数众多，考虑到平均分配利益会影响生产积极性，工程总指挥部坚持"谁受益、谁负担"原则，采用包工制、劳动定额制，按劳取酬制，充分发挥人民群众积极性、主动性、创造性。

启示：项目决策时只有把人民利益放在第一位，才能获得人民支持。因此决策人员在考虑项目选址、目标确定和功能优化等方面的因素时，一定要把人民的利益放在第一位，然后再关注利益相关者的需求和客户需求，这是项目成功的前提。

（2）技术探索中的红色精神。林县人民不惧吃苦、聪明能干，在建设中解决了一个又一个难题。例如青年洞的石头太坚硬，十根钢钎也打不出一个炮眼。面对困境，青年们发明了三角炮、连环炮、瓦缸窑炮等新爆破技术，大大提高工作效率，使日进度由最初的0.3m提高到2m多。为表彰青年们艰苦奋斗的成果，便将此洞命名为"青年洞"。再如石灰供应不上是修建红旗渠的主要障碍，东姚公社"烧灰王"原树泉，自告奋勇献计烧石灰，河顺公社创造明窑堆石烧灰法，一窑能烧400kg石灰，彻底解决石灰供应难的问题。林县人民还突破技术条件限制，建造一个坝中过渠水、坝上过洪水、渠水不犯河水的"空心坝"，解决了渠水与河水交叉的矛盾。林县人民还借鉴新疆坎儿井的开凿技术，创造了竖井式的隧洞，既满足引水要求，也满足通风、出渣的需求。1978年，红旗渠工程荣获全国科学技术大会科技成果奖。

启示：群众智慧是无穷的。工作中不仅需要汲取广大群众智慧，还要为群众智慧和力量发挥创造条件。建筑企业要鼓励创新，突破条件限制，不断引进先进技术，提高工程效率，节省施工材料，缩短施工工期，从而实现预期目标。

（3）成本管理中的红色精神。红旗渠工程指挥部鼓励节约资源。负责爆破的红旗渠特等劳模张买江回忆：爆破石头的炸药量都有数。根据石头密度不同，规定炸药使用量从2两到6两不等。施工阶段，在确保工程质量和安全的前提下，最大化节约工程成本。例如：红旗渠的修建正如当时歌里唱的："五尺钢钎变短钎，短钎变成手把錾。手把寸铁不能丢，送到炉里重新炼，炼把大锤返前线。"红旗渠的修建离不开林县人民自带的生产生活用具，没有条件便自己创造条件，物资循环利用，精打细算，不浪费一分一毫。十年间，林州人民凭借一钎一锤一双手，逢山凿洞、遇沟架桥，终于修成全长达1500多公里的红旗渠。

启示：节省成本需要从细节和小事做起，把利润一点一滴积累起来。在工程造价管理中，建筑企业既要利用制度鼓励节约成本，也要倡导人人都是成本控制员的成本管理理念。建筑企业只有采用精细化管理模式，才能降低工程成本。

红旗渠建设条件异常艰苦。林县人民住工棚、住窑洞、住石崖，毫无怨言。大家还苦中作乐，"蓝天白云做棉被，大地绿草做绒毡。高山为我站岗哨，漳河流水催我眠。"

启示：艰苦奋斗、勤俭节约的思想永远不能丢。在一些临时设施建设中，企业往往没有考虑临时设施的"临时性"，甚至超标准建设临时设施，最终导致项目成本大幅增加。

红旗渠无数动人的故事是一部英雄史诗。红旗渠竣工已有半个多世纪，其在组织管理、技术创新、成本管理等方面的经验、智慧及精神至今仍鼓舞和启发着我们。

施工阶段是把设计蓝图付诸实现的过程，也是建设工程使用价值逐步实现的过程。在这个阶段，承包单位按照合同约定进行施工生产，发包人根据已完工程支付工程价款。施工过程使得工程造价具体化、精确化，工程造价也实现了从粗略到精确的转变。施工阶段是实现建设工程价值的主要阶段，也是资金投入量最大的阶段。工程实施过程中各种不可预见因素的存在，使得这一阶段的工程造价管理最为复杂，是工程造价管理与控制的重点和难点所在。

6.1 施工阶段建设工程造价管理概述

6.1.1 施工阶段建设工程造价管理的内容

1. 施工阶段建设工程造价的确定

虽然在发承包阶段工程造价已在合同中确定下来，但在施工阶段该价格不是固定不变的，因为施工阶段是一个动态过程，涉及环节多、关系复杂、难度大，而且施工组织设计、工程变更、施工条件、市场波动等因素变化会直接影响工程的实际造价。施工阶段建设工程造价的确定，是按照承包人实际完成的工程量，以合同约定为基础，同时考虑市场波动引起造价的变化，还要考虑设计中难以预计而在施工阶段实际发生的工程量和费用，合理确定工程的实际造价。

2. 施工阶段建设工程造价的控制

通过决策阶段、设计阶段和发承包阶段工程造价管理，工程建设规划在达到预先功能要求的前提下，其投资预算额也达到最优程度，这个最优程度的预算额能否变成现实，很大程度取决于施工阶段造价管理工作。这一阶段节省费用空间已较小，但浪费投资的可能性很大。所以这一阶段不论对发包人还是承包人，造价管理重点都是费用控制。对于承包人，主要是成本控制；对于发包人，主要是工程变更控制、索赔审查、严格按照规定和合同约定拨付工程进度款。

在施工过程中，由于各种原因导致工程费用增加、工期拖延，这可能是承包人的原因，也可能是发包人的原因，也有自然的或社会的因素，需要分清责任，按照合同约定的风险分担方法，及时办理相关变更申请和批复，合理处理变更和索赔。

6.1.2 施工阶段影响建设工程造价的因素

施工阶段将工程造价控制在合同价以内是发承包双方追求的共同目标，这样发包

方减少了投资,承包方控制了成本。施工阶段影响工程造价的因素概括如下:

(1) 工程变更。工程变更将会导致原预算书中某些分部分项工程及措施项目增多或减少,所有相关的原合同文件要进行全面审查和修改,工程变更的多少直接决定施工阶段工程造价的变化数量。所以施工阶段造价控制的重点是工程变更。因为设计阶段是工程造价的形成阶段,而施工阶段是工程造价的实现阶段。如果施工过程中不发生工程变更,造价就不会超出施工图预算的范围。

(2) 工程索赔。当合同一方违约或由于第三方原因,使另一方蒙受损失,则会发生工程索赔。工程索赔发生后,工程造价必然受到严重影响。

(3) 工期。受自然、社会、人为等不确定因素影响,施工工期往往会被拖延。施工工期拖延,将会产生很多不确定因素,从而导致造价提高。例如人员工资支出增加、法律法规变化导致合同价款调整等。影响工期变化的主要因素包括以下几个方面:

1) 工程所需资金未及时到账,致使不能如期施工,造成工期延误。

2) 施工阶段发生设计变更导致工期延误。

3) 施工管理者或现场工人技术水平低,导致误工频发、返工问题等,导致工期拖延。

4) 施工时原材料供应不足,导致施工停滞,延误工期。

(4) 价格因素。工程造价是建设工程产品价格的反映,它本身又是由诸多生产要素的价格组成,即人工价格、材料价格、施工机具台班价格等,这些生产要素价格又受市场波动影响,从而反映到工程造价上来。如果施工过程中发生了这些价格变化,就要在合同约定中对工程造价进行合理调整。

(5) 工程质量。工程质量与工程造价也存在着对立统一的关系,对工程质量有较高要求,则应增加较多投入。而工程质量降低,意味着故障成本的提高。

(6) 施工方案。施工是项目的实施过程,是承包商按合同约定完成工程的过程,在投标时确定的施工方案不一定是最优方案,在不影响工程质量的前提下,可对施工方案进一步优化,以合理降低成本。

6.2 工 程 计 量

工程计量可选择按月或按工程形象进度分段计量,具体计量周期在合同中约定。

6.2.1 工程计量的作用

(1) 工程计量是工程价款结算的依据。承包合同中工程量表所列的工程量,是在设计图纸和相关规范基础上计算的工程量,是对合同工程的估计工程量,不能作为结算工程款的依据。施工过程中,通常由于一些原因导致承包人实际完成的工程量与合同中所列工程量不一致。例如,工程变更、招标工程量清单缺项或项目特征描述与实际不符、现场施工条件变化等。因此,在工程款结算前,必须对承包人履行合同所完成的实际工程进行准确计量。

(2) 工程计量是约束承包人履行合同义务、强化承包人合同意识的手段。对于因承包人原因造成的超范围施工或返工的工程量,或工程质量未达到合同约定标准的工程量，发包人不予计量。例如某灌注桩的计量支付条款中规定按照设计图纸以 m 为单位计量，桩的设计长度为 30m，如果承包商做了 35m，多出 5m 所消耗的人工、钢筋、混凝土等材料，发包人不予计量。另外，工程师通过按时计量，及时掌握承包人工作的开展情况和工程进度。当工程师发现工程进度严重偏离计划目标时，可要求承包人及时分析原因，采取措施加快进度。

6.2.2　单价合同项目的工程计量

对于单价合同项目，工程计量时若发现招标工程量清单中出现缺项、工程量偏差，或因工程变更引起工程量增减，应按承包人在履行合同过程中实际完成的工程量计算。承包人应按照合同约定的计量周期和时间，向发包人提交当期已完工程量报告。

发包人应在收到报告后 7 天内核实，并将核实计量结果通知承包人。发包人未在约定时间内核实的，则承包人提交的计量报告中所列的工程量视为承包人实际完成的工程量。发包人认为需要到现场计量核实时，应在计量前 24 小时通知承包人，承包人应为计量提供便利条件并派人参加。双方均同意核实结果时，则双方应在上述记录上签字确认。承包人收到通知后不派人参加计量，视为认可发包人的计量核实结果。发包人不按照约定时间通知承包人，致使承包人未能派人参加计量，计量核实结果无效。

如果承包人认为发包人的计量结果有误，应在收到计量结果通知后的 7 天内向发包人提出书面意见，并附上其认为正确的计量结果和详细的计算资料。发包人收到书面意见后，应对承包人的计量结果进行复核后通知承包人。承包人对复核计量结果仍有异议的，按照合同约定的争议解决办法处理。

承包人完成已标价工程量清单中每个项目的工程量后，发包人应要求承包人派人共同对每个项目的历次计量报表进行汇总，以核实最终结算工程量。发承包双方应在汇总表上签字确认。

6.2.3　总价合同项目的工程计量

总价合同项目的计量和支付应以总价为基础，发承包双方应在合同中约定工程计量的形象目标或时间节点。承包人实际完成的工程量是进行工程目标管理和控制进度支付的依据。承包人应在合同约定的每个计量周期内，对已完成的工程进行计量，并向发包人提交达到工程形象目标完成的工程量和有关计量资料的报告。

发包人应在收到报告后 7 天内对承包人提交的上述资料进行复核，以确定实际完成的工程量和工程形象目标。对其有异议的，应通知承包人进行共同复核。

除按照发包人工程变更规定引起的工程量增减外，总价合同各项目的工程量是承包人用于结算的最终工程量。

6.3　合同价款调整

合同价是发承包双方在工程合同中约定的工程造价。但是，在工程完工时，工程的实际造价并不等于合同价，原因在于工程在实施过程中，出现了多种变化，例如法律法规的变化、工程变更、项目特征描述不符、工程量清单缺项、工程量偏差、物价变化、计日工、暂估价、现场签证、不可抗力的影响、提前竣工或赶工补偿、误期赔偿、施工索赔、暂列金额、发承包双方约定的其他调整事项等。合同价款调整是指在合同价款调整因素出现后，发承包双方根据合同约定，对合同价款进行变动的提出、计算和确认。

6.3.1 合同价款调整的程序

在合同履行期间，发生合同价款调整事项时，需根据谁受益谁申请的原则进行调整。合同价款可能出现调增，也可能出现调减。下面分两种情况说明。

1. 合同价款发生调增事项时

当合同价款发生调增事项时，须注意这里的调增事项不包括因为工程量偏差、计日工、现场签证、施工索赔等事件引起的。调增对承包人有利，承包人应在调增事项发生后的 14 天内，向发包人提交合同价款调增报告，并附上相关证明资料。如果承包人在 14 天内未提交，就视为承包人对该事项不存在调增价款。

发包人应在收到承包人调增报告及证明资料之日起 14 天内对其核实，予以确认，应以书面方式通知承包人。如果有疑问，应向发包人提出协商意见。如果发包人在收到合同价款调增报告之日起，14 天内未确认，也未提出协商意见，视为承包人提交的合同价款调增报告已被发包人认可。如果发包人提出协商意见，承包人应在收到协商意见后的 14 天内对其核实，予以确认，通过书面方式通知发包人。如果发包人 14 天内既不确认，也未提出不同意见，视为发包人提出的意见已被承包人认可。合同价款调增的程序如图 6.1 所示。

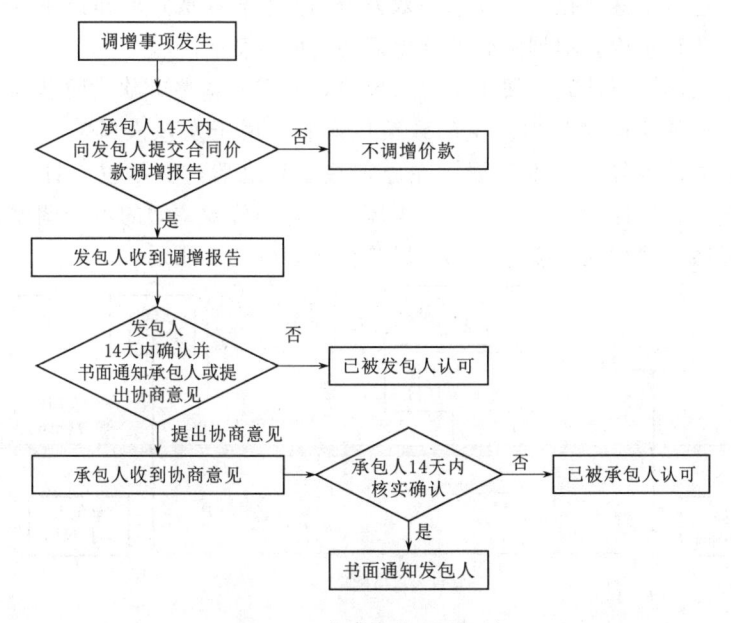

图 6.1 合同价款调增程序

2. 合同价款发生调减事项时

当合同价款出现调减事项，须注意这里的调减事项不包括工程量偏差、施工索赔。调减事项发生后的 14 天内，发包人应向承包人提交合同价款调减报告，并附相关证明资料。如果发包人在14天内未提交合同价款调减报告，视为发包人对该事项不存在调减价款。

经过发承包双方确认调整的合同价款，作为追加或减少合同价款，与工程进度款或结算款同期支付。在合同价款调整程序中，14天是一个关键时间，遵循谁受益谁申请的原则来调整。

6.3.2 法律法规变化引起合同价款调整

在合同签订时，应约定风险分担原则，详细规定调价范围、基准日期、价款调整的计算方法等。政策性调整发生后，应按事前约定的风险分担原则确定价款调整数额。如果在施工期内出现多次政策调整，最终的价款调整数额应依据调整时间分阶段计算。

1. 法律法规变化引起合同价款调整的范围

引起合同价款调整的法律法规变化共有三类：①国家法律、法规、规章和政策变化；②省级或行业建设主管部门发布的价格指导信息；③由政府定价或政府指导价管理的原材料等价格调整。法律法规变化属于发包人完全承担的风险，但也并不是任何时候发生这三类情况都要调整合同价款，是否调整要根据风险划分的界限来判断。风险划分界限以基准日为准。

对于招标工程，以投标截止日前第28天作为基准日；对于非招标工程，以合同签订前第28天作为基准日。在基准日之后因国家的法律、法规、规章和政策发生变化，引起工程造价增减变化的，发承包双方应当按照省级或行业建设主管部门或其授权的工程造价管理机构，根据发布的规定调整合同价款。

基准日之前的政策性调整属于承包人风险，不需要调整价款。而基准日之后，原定竣工日期之前的这段时间内发生的政策性调整，属于发包人风险，要调整合同价款。因为承包方原因导致工期延误，在原定竣工日之后，实际竣工日之前的工期延误，其间发生的政策性调整，属于承包人风险，合同价款调增的不予调增，合同价款调减的予以调减。法律法规变化引起的风险分担如图6.2所示。

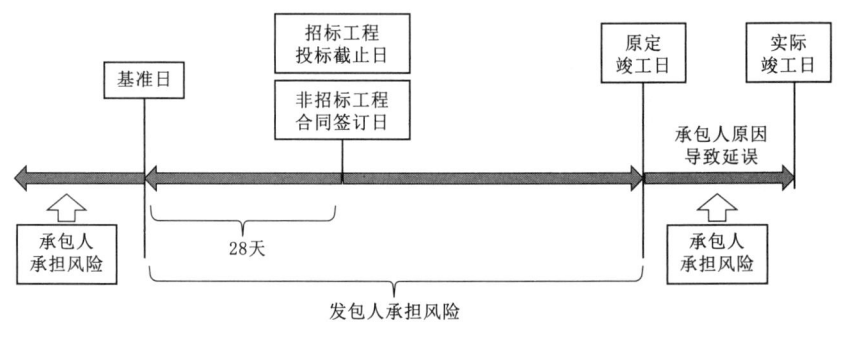

图 6.2 法律法规变化引起的风险分担图

【例 6.1】 某工程于某年3月29日9点投标截止，有5家投标人在3月20日已提交投标文件，但是当地地方政府于3月21日发布红头造价文件，此红头文件内容大概为"将现行人工费102元/工日，上调成为122元/工日，上调20元"。招标方表示这 5 家投标人在 3 月 20 日提交投标文件，对结算款没有影响。这种观点对吗？

分析：此政策于 3 月 21 日发布，投标报价是在 20 日完成。应先求出基准日：投标截止日期向前推 28 天，基准日是 3 月 1 日。3 月 21 日发布的"红头造价文件"在基准日之后，风险由发包人承担，尽管这 5 家投标单位在 3 月 20 日的报价是按照 102 元/工日报的，但开工后结算款必须按 122 元/工日结算，因为此政策是在基准日之后发布。

假设上述工程原定于某年 10 月 1 日竣工，结果因承包商的原因导致延误到 11 月 1 日竣工，延误 1 个月，延误时间为 10 月 2 日—11 月 1 日。在延期的这 1 个月期间发生了上述 3 个政策性事件之一，人工单价涨价，发包人不进行调增。但如果延误期间发生以上 3 个政策性事件之一时相关价格有所下降，发包人必须扣减。

【例 6.2】 某工程项目施工合同约定竣工时间为某年 12 月 31 日，由于承包人施工质量不合格返工导致总工期延误了 2 个月；第二年 1 月项目所在地政府出台了关于税金的新政策，直接导致承包人计入总造价的税金增加 20 万元。关于增加的 20 万元税金，应该由谁来承担？

分析：本案例涉及法律法规变化引起的合同价款调整。因承包人原因造成工期延误，在工程延误期间出现法律法规变化的，增加的费用和（或）延误的工期由承包人承担，因此，增加的 20 万元税金由承包人承担。

【例 6.3】 某工程项目施工合同约定竣工日期为某年 6 月 30 日，在施工中因天气持续下雨导致甲供材料未能及时到货，使工程延误至该年 7 月 30 日竣工，但由于该年度 7 月 1 日起当地计价政策调整，导致承包人额外支付了 300 万元工人工资。关于额外支付的 300 万元，应该由谁来承担？

分析：本案例涉及法律法规变化引起的合同价款调整。由于甲供材料未能及时到货导致工期延误，属于发包人原因引起的工期延误，在工期延误期间出现法律法规变化的，由此增加的费用（300 万元）和（或）工期，由发包人承担。

2. 法律法规变化引起合同价款调整的方法

(1) 法律法规变化引起原报价税金、措施费中的安全文明施工费的调整。由于税金、安全文明施工费为不可竞争性费用，因此承发包双方须按政策文件规定进行合同价款调整。

(2) 省级或行业建设主管部门发布的人工费调整。根据《建设工程工程量清单计价规范》的规定，省级或行业建设主管部门发布的人工费调整（投标报价中人工费或人工单价高于发布的人工成本信息除外），应由发包人承担。因此，当投标报价的人工费或人工单价小于新发布的人工成本信息时，则调整额等于新人工费用减去原发布的人工费用；当投标报价中的人工费或人工单价大于新发布的人工成本信息时，则不予调整。

(3) 由政府定价或政府指导价管理的原材料，比如，水、电、柴油等价格发生变化时，以调价差的方式调整相应的合同价款，即已经包含在物价波动的调价公式中，不再单独予以考虑。

6.3.3 工程变更与合同价款调整

6.3.3.1 工程变更概念

建设工程合同是以合同签订时静态的发承包范围、设计标准、施工条件为基础，由于工程建设的不确定性，这种静态状态往往会被各种变更打破，导致项目的实际情况与项目招投标时的预期情况相比会发生一些变化。工程变更是指施工过程中出现了与签订合同时预计条件不一致的情况，而需要改变原定施工承包范围内的某些工作内容。具体地，工程变更是指在工程实施中由发包人提出，或由承包人提出须经发包人批准的任何一项工作的增加、减少，或施工工艺、施工顺序、时间的改变，设计图纸修改，施工条件改变等，所引起合同条件的改变或工程量增减的变化，这些均属于工程变更，如图6.3所示。

由于工程变更会带来工程造价和工期变化，为有效控制工程变更，无论任何一方提出工程变更，变更指示均通过监理人发出，监理人发出变更指示前应征得发包人同意。承包人在收到经发包人签认的变更指示后，方可实施变更。未经许可，承包人不得擅自对工程的任何部分进行变更。涉及设计变更的，应由设计人提供变更后的图样和说明。如变更超过原设计标准或批准的建设规模时，发包人应及时办理规划、设计变更等审批手续。

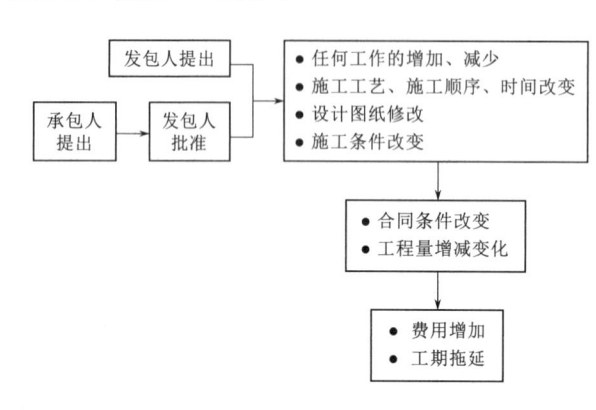

图6.3 工程变更概念分析图

工程变更常发生在工程项目实施过程中，如果处理不当将对工程的投资、进度计划、工程质量等造成影响，甚至引发合同有关方面的纠纷，损害业主和承包人的利益。首先，工程变更容易引起投资失控，工程变更引起工程量变化、承包人索赔等，可能使最终投资超过最初的预期投资；其次，工程变更容易引起停工、返工现象，导致项目延迟完工，对项目的进度控制不利；最后，频繁的变更还会增加工程师组织协调的工作量，对项目实施的质量控制和合同管理不利。因此，对工程变更应予以重视，严加控制，并依照法定程序予以解决。

6.3.3.2 工程变更种类

由于施工阶段条件复杂，影响因素众多，以及主客观方面的原因，工程变更难以避免。我们以这些变更是否影响工程造价作为标准，将工程变更的种类归纳如下：

（1）条件变更。条件变更是指在施工过程中，因为发包人未按合同约定提供必需的施工条件，或者发生不可抗力，导致工程无法按预定计划实施。例如，发包人承诺交付的后续施工图纸未到，导致中途停工；发包人提供的施工临时用电，因社会电网紧张而断电，导致施工生产无法正常开展等。需要注意的是，在合同条款中，这类变更通常在发包人义务中约定。

（2）计划变更。计划变更是指施工过程中，因建设单位上级指令、技术因素或经营需要，要调整原定的施工进度计划，改变施工顺序和时间安排。例如，业主希望提前投产，根据需要，部分厂房需提前交付，另一部分厂房适当延迟交付。这类变更通常在施工中需要双方签订补充协议来约定。

（3）设计变更。设计变更是指在施工合同履行过程中，对原设计内容进行修改、完善和优化。设计变更包含内容广泛，是工程变更的主要内容，占有工程变更的较大比例。常见的设计变更有设计错误，或图纸错误而进行的设计变更；因设计遗漏、质量粗糙或设计深度不够而进行的设计补充或变更；应发包人、监理人请求，或承包人建议对设计所做的优化调整等。在合同条款中约定的变更主要是指这类变更。在施工过程中如果发生设计变更，将对施工进度和费用产生很大的影响。因此，应尽量减少设计变更，如果必须对设计进行变更，应严格按照相关规定和合同约定的程序进行。

（4）施工方案变更。施工方案变更是指施工过程中，承包人因工程地质条件变化、施工环境和施工条件的改变等因素影响，向监理工程师或发包人提出改变原施工方案的过程。施工方案的变更一般应根据合同约定，经监理工程师或发包人审查同意后方可实施，如图6.4所示，否则引起的费用增加和工期延误将由承包人自行承担。在实际工作中，重大施工方案的变更还应征求设计单位的意见。在施工合同履约过程中，施工方案的变更更是存在于工程施工的全过程。例如，某工程原定深排水工程采用钢板支撑方式进行施工，但在施工过程中，由于现场地质条件的变化，不能再采用原定的方案，修改为大开挖方式进行施工。

图 6.4 施工方案变更流程图

（5）新增工程。新增工程是指施工过程中建设单位扩大建设规模，增加原招标工程量清单之外的施工内容。

综合以上分类，究其原因工程变更主要来源于发包方、承包方、设计方、工程师等主观方面，以及自然事件和社会事件等客观方面。具体见表6.1。

表 6.1 工程变更原因探究表

工程变更原因方		工程变更产生的原因
主观原因	发包方	发包方要求设计修改、缩短工期、合同外的"新增工程"、发包方自身原因，如发出错误指令等
	承包方	承包人一般不得对原工程设计进行变更，但施工中承包人提出的合理化建议，经工程师和业主同意后，可以对原工程设计或施工组织设计进行变更
	设计方	由于设计深度不够、质量粗糙、设计错漏等导致不能按图施工，或在施工中遇到很多疑难问题，不得不进行设计变更
	工程师	工程师可根据工程的需要对施工工期、施工顺序等提出工程变更
客观原因	自然事件	不利的地质条件变化、特殊异常的天气条件以及不可抗力的自然灾害发生导致的设计变更、工期延误和灾后修复工程等
	社会事件	战争、罢工、新技术和新知识的产生等，有必要改变原设计方案或实施计划

由于工程变更都会带来合同价款的调整，而合同价款调整又是双方利益的焦点。合理处理好工程变更可以减少不必要的纠纷，保证合同顺利实施，也有利于保护承发包双方的利益。由此可见，工程变更控制的意义在于能够有效控制不合理变更和工程造价，保证建设项目目标的实现，保护承发包双方的利益。

6.3.3.3 工程变更合同价款的确定

工程变更发生后，如何确定工程变更价款呢？工程变更价款包括分部分项工程费变化和措施项目费变化两个部分。

1. 工程变更引起分部分项工程费变化的调整

工程变更引起的分部分项工程费变化量等于变更的工程量乘以变更后的综合单价。表达式如下：

$$分部分项工程费变化量 = 变更的工程量 \times 变更后的综合单价 \quad (6.1)$$

根据《建设工程工程量清单计价规范》（GB 50500—2013）第8.2.2规定，施工过程中进行工程计量，当发现招标工程量清单中出现缺项、工程量偏差，或因工程变更引起工程量增减时，应按承包人在履行合同义务中完成的工程量计算。由此可知，工程量的变更应按照实际完成的工程量计算。

对于变更后综合单价的确定，须分三种情况：①合同中已经有适用的子目，视具体情况采用该子目单价；②合同中有类似的子目，参照类似单价；③合同中既没有适用子目，也没有类似子目，按成本加利润原则，并考虑报价浮动率后确定新单价。

（1）合同中已经有适用子目时综合单价的确定。采用"合同中已有适用子目"的综合单价调整方法时，必须同时满足以下条件：变更项目与合同中已有项目性质相同，即两者的图纸尺寸、施工工艺和方法、材质完全一致；变更工程的增减工程量在执行原有单价合同约定幅度范围内；与合同中已有项目施工条件一致；合同中已有项目的价格没有明显偏高或偏低；不因变更工作增加关键线路工程的施工时间。

实际工作中，这类变更主要包括以下两种情况：①由于设计深度不够或招标工程量清单计算有偏差，导致实施过程中工程量产生变化；②由于工程变更，使某些工作的工程量单纯增加，不改变施工工艺、材质等，如某写字楼楼地面铺贴大理石，合同中约定工程量是5000m²，在实施过程中业主改变主意，增加了楼地面铺贴大理石工程量，面积增加到5100m²。如果变更前后工程量偏差不超过±15%，综合单价执行中标单价，变更后合同价等于实际工程量乘以原标书单价，这种情形最简单。如果变更前后工程量偏差超过±15%时，需要调整综合单价。具体如图6.5所示。

变更前后工程量偏差
- 增加15%以上时：超出15%部分的单价调低，未超出部分保持中标单价不变
- 增减15%以内部分：未超出±15%部分的单价保持中标单价不变
- 减少15%以上时：减少后剩余部分的工程量的综合单价调高

图6.5 变更前后工程量偏差引起综合单价的调整

如果工程量偏差超出+15%，变更后合同价款表达式为

6.3 合同价款调整

变更后合同价款＝(招标工程量×1.15×中标单价)＋(实际工程量
　　　　　　　－招标工程量×1.15)×调整后单价　　　　　　(6.2)

如果工程量偏差超出－15%时，变更后的合同价表达式为

变更后合同价款＝实际工程量×调整后单价　　　　　　(6.3)

上述两个表达式中的"调整后单价"可以由发承包双方协商确定，也可以借助招标控制价来确定。借助招标控制价确定新的综合单价时一般采用以下方法：

首先，确定价格调整的上下限。设定招标控制价中综合单价上浮15%为上限，即

上限值＝招标控制价的综合单价×1.15　　　　　　(6.4)

下限值为下浮15%并考虑报价浮动率，即

下限值＝综合单价×(1－15%)×(1－承包人报价浮动率)　　(6.5)

如果承包人的中标单价介于此上下限之间，调整后单价就等于中标单价；如果中标单价超过上限时，调整后单价等于上限值；如果中标单价低于下限时，调整后单价就等于下限值。如图6.6所示。

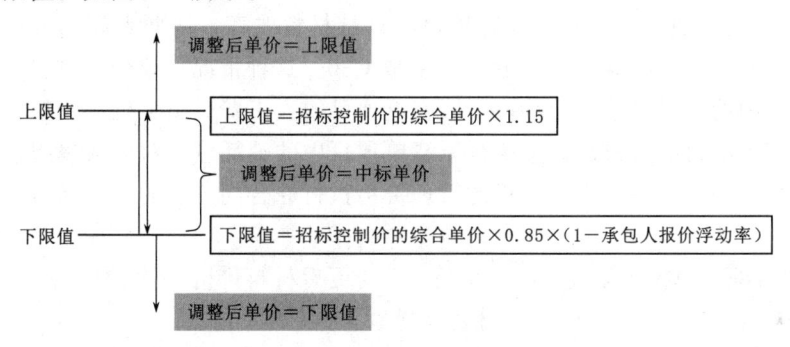

图6.6　调整后单价的确定方法

【例6.4】　某工程项目发生变更，合同中已有适用子目，工程量偏差超过15%，招标控制价中综合单价为350元，投标报价下浮率为6%。问题：若投标报价综合单价为287元，变更后综合单价如何调整？若投标报价综合单价为406元，变更后综合单价如何调整？

分析：该问题属于合同中已有适用子目，由工程量变化引起的综合单价调整。因为工程量偏差超过15%，所以须对单价进行调整。先判断投标报价是否超出了上下限值，所以先确定它的上下限值。

解　上限值＝350×1.15＝402.5(元)

下限值＝350×(1－15%)×(1－6%)＝279.65(元)

由于中标单价为287元，279.65＜287＜402.5，工程变更后单价不做调整，仍为287元。

题目给出的中标价为406元，由于406＞402.5，中标单价大于上限值，单价需做调整，调整后单价等于上限值为402.5元。

(2) 合同中有类似子目时综合单价的确定。工程实施过程中通常包括两种情况：

1) 如果变更项目与合同中已有的工程量清单项目，只是尺寸变化而引起的工程量变化，而两者的施工方法、材料、施工环境不变。比如水泥砂浆找平层厚度发生改变。这种情况有两种计算方法：

第一种：比例分配法，是指每单位变更工程的人工、施工机具台班、材料消耗量按比例调整，人工、材料、施工机具台班单价不变。变更工程的管理费及利润执行原合同的固定费率，其计算表达式为

$$变更项目综合单价 = 投标综合单价 \times \frac{变更后的量}{变更前的量} \qquad (6.6)$$

这种方法将变更前后的价差与量差近似为线性关系来考虑，计算比较简便。

第二种：数量插入法，是指不改变原项目综合单价，只确定变更新增部分的单价。原综合单价加上新增部分的综合单价，即为变更项目综合单价。新增部分综合单价的确定如下式：

$$新增部分综合单价 = 新增部分净成本 \times (1 + 管理费费率 + 利润率) \qquad (6.7)$$

新增部分的净成本需要测算出来，计算稍微麻烦一点，但是精确度比较高。

2) 如果变更项目与合同中已有项目，只是材料改变，而两者施工方法、施工环境、尺寸不变，比如混凝土标号由 C25 变成 C30。这种情况只改变了材料，只需将原有综合单价中的材料组价进行替换，即变更项目的人工费、施工机具费执行原清单项目，单位变更项目的材料消耗量执行原清单项目中的消耗量，对原清单报价中的材料单价按市场价进行调整；变更工程的管理费仍执行原合同确定的费率即可。计算表达式如下：

$$变更项目综合单价 = 原报价综合单价 + (变更后材料价格 - 合同中的材料价格)$$
$$\times 清单中材料消耗量 \qquad (6.8)$$

（3）合同中既无适用也无类似子目时综合单价的确定。采用"合同中既无适用也无类似子目"的前提如下：变更项目与合同已有项目的性质不同，因为变更产生新的工作，从而形成新的单价，原清单单价无法套用；因变更导致施工环境不同；承包商对原有合同的项目单价采用明显的不平衡报价；变更工作增加了关键路线的施工时间。这类变更的综合单价需要双方重新确定新单价，常常采用成本加利润，并考虑报价浮动率的方法。计算表达式如下：

$$变更项目综合单价 = (成本 + 利润) \times (1 - 报价浮动率) \qquad (6.9)$$

这里的成本一般采用定额组价法，包括人工费、材料费、机具费和管理费等，利润可按照行业利润率确定，也可按照当地费用定额中的利润率。确定好的综合单价报发包人同意后调整。这里的报价浮动率是指：

对于招标工程来讲：

$$承包人的报价浮动率 = (1 - 中标价 / 招标控制价) \times 100\% \qquad (6.10)$$

对于非招标工程来讲：

$$承包人的报价浮动率 = (1 - 报价 / 施工图预算) \times 100\% \qquad (6.11)$$

之所以考虑报价浮动率，原因是如果仅考虑"成本＋利润"确定综合单价，会导致一部分应由承包人承担的风险转移到发包人。承包人在进行投标报价时中标价往往

低于招标控制价，降低的价格中有一部分是承包人为了低价中标自愿承担的让利风险；另一部分是承包人实际购买和使用的材料价格往往低于市场上的询价价格，是承包人自愿承担的正常价差风险。前面关于工程量变化超过15%时综合单价调整公式中引入报价浮动率，也是基于同样的原因。

【例 6.5】 某项目合同实施过程中发生了变更事件，在已有清单中没有适用也没有类似单价，且工程造价管理机构发布的信息价格也有缺漏，承包人根据变更资料、工程量计算规则、计价办法和有依据的市场价格计算出变更项目的价格为 5 万元。已知该项目招标控制价为 2000 万元，中标价为 1900 万元（招标控制价和中标价中均含 40 万元的安全文明施工费），则该变更工程项目确认的变更价格是多少？

解 报价浮动率＝1－（1900－40）/（2000－40）＝5.1%

变更价格＝5×（1－5.1%）＝4.745（万元）

考虑报价浮动率后，确认的变更价格应在计算所得变更价格 5 万元基础上降低报价浮动率 5.1%。

2. 工程变更引起措施项目费变化的调整

由于分部分项工程量发生变化，引起相关措施项目相应发生变化。措施项目费变化调整区分单价措施项目费、总价措施项目费、安全文明施工费。单价措施项目费包括脚手架费、混凝土模板及支架费、垂直运输费、材料及小型构件二次水平运输费、成品保护费、井点降水工程费等，其费用确定方法与分部分项工程费的确定方法相同。

总价措施项目费一般包括夜间施工增加费，赶工措施费，特殊工种培训费，地上、地下建筑物的临时保护费等。其计算方法为：当工程变更导致计算基数变化时，总价措施项目费按计算基数增加或减少的比例相应调整。费率和计算基数按照费用定额规定计算，但还要考虑报价浮动率。

安全文明施工费不得作为竞争性费用，按照实际发生变化的措施项目调整。

以上各种措施项目费变化调整方法见图 6.7。

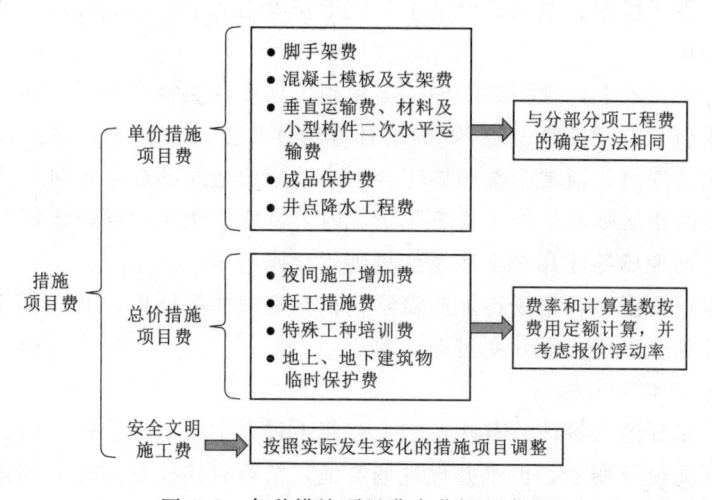

图 6.7 各种措施项目费变化调整方法

6.3.4 现场签证

1. 现场签证的概念

现场签证是指承包人应发包人要求完成合同以外的零星项目、非承包人责任事件的工作等，发承包双方的现场代表（或其委托人）对发包人要求承包人完成施工合同内容外的额外工作及其产生的费用做出书面签字确认的凭证。

出现现场签证时，发包人应及时以书面形式向承包人发出指令，提供所需的相关资料；承包人应在收到指令后的7天内，向发包人提交现场签证报告，报告中应写明所需的人工、材料和施工机具台班的消耗量等内容。发包人在收到现场签证报告后的48小时内对报告内容进行核实，予以确认或提出修改意见。如果发包人在48小时内未确认也未提出修改意见，视为承包人提交的现场签证报告已被发包人认可。现场签证的特点是临时发生、内容零碎、没有规律性，但现场签证是施工阶段投资控制的重点，也是影响工程造价的关键因素之一。

如果合同工程发生现场签证事项，未经发包人签证确认而承包人擅自施工，除非征得发包人同意，否则发生的费用由承包人承担。现场签证工作如果已有相应的计日工单价，则现场签证中应列明完成该类项目所需人工、材料、工程设备和施工机具台班的数量。如果现场签证的工作没有相应的计日工单价，应在现场签证报告中列明完成该签证工作所需人工、材料、设备和施工机具台班的数量及其单价。

现场签证完成后的7天内，承包人应按照现场签证内容计算价款，报送发包人确认后，作为追加合同价款，与工程进度款同期支付。

2. 现场签证与工程变更的区别

现场签证与工程变更均属于工程价款结算的组成部分，但是从涵盖范围、计价方式和索赔依据上有明显的区别：

（1）从涵盖范围上，现场签证对应的是合同外零星施工项目，例如零星用工、临建增设、停窝工损失等；工程变更对应的是合同内施工项目技术参数的变化，如纠正设计错误、做出了修改、追加或取消了某项工作等，通常会伴随着设计变更，并发出设计变更通知单。

（2）从计价方式上，现场签证中的零星施工项目，通常在施工合同中没有事先约定，需要发承包双方"一事一签"，确定具体的计算方式与数额；而工程变更中施工项目技术参数的变更，通常会参照施工合同中约定的适用的综合单价，当出现综合单价无法真实反映出实际发生的工程变化情况时，需变更施工合同，重新约定变更部分的综合单价。而现场签证几乎不涉及变更施工合同的步骤。

（3）从索赔依据上，现场签证所需索赔依据是现场签证单；而工程变更所需索赔依据是工程洽商变更单及设计变更通知单。

3. 现场签证常见问题

（1）应该签证的未签证。有些发包人在施工过程中随意性较强，施工中一些部位发生变动，既无设计变更，也不办理现场签证，结算时往往发现补办签证困难，引起纠纷。还有些承包人自身缺少签证意识，不清楚哪些费用需要签证。

(2) 施工合同中对工程签证方面的内容没有明确,或虽明确了但具体操作规定没有细化,造成施工过程中签证依据不足,签证范围和标准不能准确把握。

(3) 不规范签证。现场签证一般情况下须发包人、监理人和承包人三方共同签字才能生效,缺少任何一方都属于不规范签证,不能作为结算和索赔依据。

(4) 违反规定的签证。有的承包人采取不正当手段获得一些违反规定的签证,这类签证是不被认可的。例如:有的现场管理人员抵挡不住施工方的利益诱惑,对签证工作不负责任,未经核实就随意签证,从而导致因签证内容与实际不符而造成不必要的损失。如某工程一条临时道路的签证内容为:路面宽度7m,路面长度108m,手摆石0.4m,碎石分层压实0.4m,泥沙石分层压实0.15m。经现场查看实际工作内容为:路面宽度5m,路面长度90m,无手摆石,碎石分层压实0.2m,泥沙石分层压实0.1m,签证与实际工作内容出入很大,这样的签证势必为业主造成经济损失。

(5) 现场签证日期与实际不符。有关人工、材料、施工机具台班价格及有关政策性调整都有严格的时间规定,有些承包商任意调整签证时间,以求尽可能多的超额利润。

(6) 对设计缺乏有效约束。有的图纸设计不够详细,做法说明也不够全面,设计过于粗糙,设计环节成本控制要求不够,没有进行多方案论证。由于设计管理力度不够,存在大量先施工、后出工程联系单现象,资料中反映出设计人员仅作签名,并无相关意见,因此给签证工作带来很大麻烦。

(7) 施工方为了自身施工方便或其他原因考虑,任意修改原先已经监理工程师和业主现场代表确认的施工方案,签证人员对由此增加的人工、材料、设备、施工机具台班等也进行了签认。另外,同一工程内容存在重复签证、交叉签证,此类签证尤其在土方挖运、障碍清除、工程拆迁等工程中较为常见。

4. 现场签证常见问题的处理方法

(1) 熟悉合同。把熟悉合同作为造价控制工作的主要环节,应特别注意与造价控制有关的合同条款。

(2) 及时处理。由于工程建设的特点,很多工序会被下一道工序覆盖;另外,参加建设的各方人员都有可能变动,因此,现场签证应当做到一次一签,一事一签,及时处理。

(3) 签证要客观公正。要实事求是办理签证,维护发承包双方的合法权益。

(4) 签证代表要具备资格。各方签证代表要有一定的专业知识,熟悉合同和有关文件、法规、规范和标准,应具有国家有关部门颁发的相关资格证书和上岗证书。

(5) 签证内容要明确,项目要齐全。签证中要注明时间、地点、工程部位、事由,并附上计算简图、标明尺寸、注上原始数据。

(6) 防止签证内容重复。特别是与预算定额规定内容重复的签证项目,不应再要求签证。

6.3.5 项目特征描述不符、工程量清单缺项、工程量偏差与合同价款调整

6.3.5.1 项目特征描述不符引起的合同价款调整

项目特征描述是确定综合单价的重要依据,是履行合同义务的基础。发包人在招标工程量清单中对项目特征的描述,应被认为是准确的和全面的,并且与实际施工要

求相符合。承包人在投标报价时应依据发包人提供的招标工程量清单中的项目特征描述，确定其清单项目的综合单价。承包人应按照工程量清单及项目特征描述的内容等实施合同工程，不得擅自改变，直到项目被改变为止。

1. 项目特征描述不符的具体表现

项目特征描述不符具体表现为两种情况：①项目特征描述不完整；②项目特征描述错误。项目特征描述不完整是指清单计价规范中规定必须描述的内容没有展开全面描述，对其中任何一项必须描述的内容没有描述都将影响综合单价的确定。项目特征描述错误是指项目特征的描述与设计图样不符或与实际施工要求不符。例如，招标工程中某墙体的清单特征描述为：M5.0水泥砂浆砌筑清水砖墙，厚240mm；而实际施工图纸中该墙体为M5.0混合砂浆砌筑混水砖墙，厚240mm。项目特征描述不符必然会引起合同价款调整。

2. 项目特征描述不符引起合同价款调整的规定

承包人按照发包人提供的图纸实施合同工程，若在合同履行期间，出现施工图纸（含设计变更）与招标工程量清单任一项目的特征描述不符，且该变化引起该项目造价增减变化的，应按照实际施工的项目特征根据工程变更的规定重新确定相应的综合单价，调整合同价款。综合单价调整与6.3.3小节工程变更相同。

如果施工图纸与项目特征描述不符，应由发包人承担该风险导致的损失。但是即使项目特征描述的准确性与全面性由发包人负责，当出现项目特征与施工图纸不符时，承包人也不应擅自变更，直接按照图纸施工，而应按照变更程序，先提交变更申请再进行变更，否则擅自变更的后果很可能与发包人产生纠纷。经发包人同意后，承包人应按照实际施工的项目特征，按照工程变更引起分部分项工程费变化的调整方法，重新确定新的综合单价，调整合同价款。

【例6.6】 某工程采用工程量清单单价合同，在工程量清单项目特征中其外窗材料描述为普通铝合金材料，但施工图设计要求为隔热断桥铝型材。承包人投标报价时按照工程量清单的项目特征进行组价，但在施工时是按照图纸要求安装了隔热断桥铝型材外窗。结算时承包人要求按照实际使用材料调整价款并计入结算款。请问承包人的要求会得到发包人支持吗？

分析：首先，本例中外窗的项目特征描述不准确。因为发包人在招标工程量清单中对项目特征的描述，应被认为是准确和全面的，并且与实际施工要求相符合，所以发包人应对此错误负责。其次，承包人应按照发包人提供的招标工程量清单，根据项目特征描述的内容及有关要求实施工程，直到其被改变为止。这里的"被改变"是指承包人应告知发包人项目特征描述错误，并由发包人发出变更指令进行变更。而本例中承包人并没有向发包人提出变更申请，而是直接照图施工，擅自安装了隔热断桥铝型材外窗，属于承包人擅自变更，承包人应对由此产生的费用负责。因此，承包人调整合同价款的要求得不到发包人支持。

6.3.5.2 工程量清单缺项引起的合同价款调整

1. 工程量清单缺项的主要表现

（1）施工图表达出的工程内容，虽然在清单计价规范附录中有相应的项目编码和项目名称，但是工程量清单并没有反映出来。

（2）施工图表达出的工程内容，在清单计价规范附录中没有反映出来，这时需由工程量清单编制者进行补充的清单项目。

（3）对于施工图表达出的工程内容，虽然在清单计价规范附录的项目名称中没有反映，但在本清单项目已经列出的某分项工程"项目特征"中有所反映，则不属于清单缺项，应当作为主体项目的附属项目，并入综合单价进行计价。

（4）工程量清单缺项除了分部分项工程量清单缺项外，还包括由此引起的措施项目缺项。

2. 工程量清单缺项引起合同价款调整的规定

由于招标人对招标文件中工程量清单的准确性和完整性负责，所以工程量清单缺项导致的合同价款变化，应由发包人承担责任风险。计价规范对工程量清单缺项引起合同价款调整的规定有3条，分别如下：

（1）合同履行期间，由于招标工程量清单中缺项，新增分部分项工程量清单项目的应按照工程变更相关条款确定综合单价，并调整合同价款。

（2）新增分部分项工程清单项目后，引起措施项目发生变化的，在承包人提交的实施方案被发包人批准后，按照工程变更相关规定中措施项目变化的调价原则调整合同价款。

（3）由于招标工程量清单中措施项目缺项，承包人应将新增措施项目实施方案提交发包人批准后，按照工程变更措施项目变化的调价原则，计算调整的措施费，并调整合同价款。

6.3.5.3 工程量偏差引起的合同价款调整

1. 工程量偏差的概念

工程量偏差是指承包人根据发包人提供的施工图（包括经发包人批准由承包人提供的施工图）进行施工，按照现行国家工程量计量规范规定的计量规则，计算得到的完成合同工程项目应予计量的工程量与相应的招标工程量清单项目列出的工程量之间出现的量差。

$$工程量偏差 = 应予计量的工程量 - 招标工程量 \tag{6.12}$$

2. 工程量偏差引起的合同价款调整

施工过程中由于施工条件、工程变更等变化以及招标工程量清单编制人专业水平的差异，往往在合同履行期间，应予计量的工程量与招标工程量清单出现偏差。如果偏差过大，对综合成本的分摊会产生影响。假如工程量突然增加过多，仍然按原综合单价计价，对发包人不公平；而突然减少过多，仍然按原综合单价计价，对承包人不公平。而且有经验的承包人可能乘机进行不平衡报价。因此，为维护合同公平，应对工程量偏差带来的合同价款调整做出规定。合同履行期间，当予以计算的实际工程量与招标工程量清单出现偏差，且符合下述两条规定的，发承包双方应调整合同价款。

（1）对于任一招标工程量清单项目，如果因工程量偏差和工程变更等原因导致工程量偏差超过15%时，可进行调整。调整原则为：当工程量增加15%以上时，增加部分的工程量的综合单价应予调低；当工程量减少15%以上时，减少后剩余部分的工程量的综合单价应予调高。此时，按下列公式调整结算分部分项工程费：

$$当 Q_1 > 1.15Q_0 时, S = 1.15Q_0 \times P_0 + (Q_1 - 1.15Q_0) \times P_1 \quad (6.13)$$

$$当 Q_1 < 0.85Q_0 时, S = Q_1 \times P_1 \quad (6.14)$$

式中 S——调整后的某一分部分项工程结算价；

Q_1——最终实际完成的工程量；

Q_0——招标工程量清单列出的工程量；

P_1——重新调整后的综合单价；

P_0——承包人在工程量清单中填报的综合单价。

（2）如果工程量出现超过±15%的变化，且该变化引起相关措施项目相应发生变化时，按系数或单一总价方式计价的，工程量增加的措施项目费调增，工程量减少的措施项目费调减。如果未引起相关措施项目发生变化，则不予调整。

上述调整与6.3.3小节工程变更合同价款调整方式一样。发包方承担工程量偏差超出±15%所引起的价款调整风险，承包方承担±15%以内的风险。

【例6.7】 某土方工程，招标文件中估计工程量为100万m^3，合同规定土方工程单价为10元/m^3，当实际工程量超过估计工程量15%时，调整单价，单价调为9元/m^3。工程结束时实际完成土方工程量为130万m^3，则土方工程款为多少万元？

解 合同约定范围内（15%以内）的工程款：$100 \times (1+15\%) \times 10 = 1150$（万元）

超过15%部分工程量的工程款：$(130-115) \times 9 = 135$（万元）

则土方工程款合计 = $1150 + 135 = 1285$（万元）

【例6.8】 某工程项目招标工程量清单外墙工程量为1600m^3，由于设计变更工程量调减为1280m^3。该项目的招标控制价综合单价为360元，投标报价综合单价为320元/m^3，该工程投标报价下浮率为6%，其综合单价是否调整？

解 由于工程量由1600m^3调减为1280m^3，调减达到了20%，所以其调整后综合单价为

$$360 \times (1-15\%) \times (1-6\%) = 287.64(元)$$

因320元/m^3 > 287.64元/m^3，所以该项目变更后综合单价不予调整，仍然是320元/m^3。

6.3.6 计日工引起的合同价款调整

6.3.6.1 计日工的概念

计日工是指在施工过程中，承包人完成发包人提出的工程合同范围以外的零星项目或工作，按照合同约定的综合单价计价的一种方式。计日工所适用的零星工作一般是指合同约定之外的，因为变更而产生的、工程量清单中没有相应项目的额外工作，尤其是那些时间紧而不允许事先商定价格的额外工作。发包人通知承包人以计日工方式实施的零星工作，承包人应予以执行。《建设工程工程量清单计价规范》（GB 50500—2013）中计日工表见表6.2。

6.3 合同价款调整

表 6.2　　　　　　　　　　　计 日 工 表

工程名称：　　　　　　　　标段：　　　　　　　　　　第　页　共　页

编号	项目名称	单　位	暂定数量	实际数量	综合单价/元	合价/元	
						暂定	实际
一	人工						
1							
...							
		人工小计					
二	材料						
1							
...							
		材料小计					
三	施工机具						
1							
...							
		施工机具小计					
		总计					

注　此表项目名称、数量由招标人填写，编制招标控制价时，单价由招标人按有关计价规定确定；投标时，单价由投标人自主报价，计入投标总价中。

6.3.6.2　招标控制价中计日工的计价原则

在招标控制价中，计日工要遵循三个方面的计价原则：

(1) 计日工的"项目名称""计量单位""暂定数量"由招标人提供。

(2) 计日工单价的确定。人工单价和施工机具台班单价，按省级、行业建设主管部门或其授权的工程造价管理机构公布的单价计算；材料按工程造价管理机构发布的工程造价信息中的材料单价计算，未发布材料单价的，价格按市场调查确定的单价来计算。

(3) 计日工暂定数量的确定。可采用经验法，即通过委托专业咨询机构，凭借其专业技术能力与相关数据资料，预估计日工的人工、材料、施工机具等数量。也可以采用百分比法，首先对分部分项工程的人、材、机进行分析，得出相应的消耗量；然后以人、材、机消耗量作为基准，按一定百分比，计取计日工人工、材料与机具的暂定数量。

6.3.6.3　投标报价中计日工的计价原则

在编制投标报价时，计日工中的人工、材料、机具台班单价由投标人自主确定，按已给的暂定数量计算合价，计入投标总价中。

如果要求单纯报计日工单价，而不计入总价中，可以报高一些，以便在招标人额外用工或使用施工机具时可多盈利；但如果计日工单价要计入总报价时，则需要具体分析是否报高价，以免抬高总报价，对投标不利。需根据具体情况确定报价策略。

6.3.6.4 计日工的结算

采用计日工计价的任何一项变更工作在实施过程中,承包人应按合同约定,每天提交以下报表和有关凭证,送发包人复核。主要包括以下内容:

(1) 工作名称、工作内容和数量。

(2) 投入该工作所有人员的姓名、工种、级别和耗用工时。

(3) 投入该工作的材料名称、类别和数量。

(4) 投入该工作的施工设备型号、台数和耗用台时。

(5) 发包人要求提交的其他资料和凭证。

任一计日工项目持续进行时,承包人应在该项工作实施结束后的24小时内,向发包人提交有计日工记录汇总的现场签证报告一式三份。发包人在收到承包人提交现场签证报告后的2天内予以确认并将其中一份返还给承包人,作为计日工计价和支付的依据。发包人逾期未确认也未提出修改意见的,视为承包人提交的现场签证报告已被发包人认可。

任一计日工项目实施结束后,发包人应按照确认的计日工现场签证报告,核实该类项目的工程数量,并根据核实的工程数量和承包人已标价工程量清单中的计日工单价计算,提出应付价款;已标价工程量清单中没有该类计日工单价的,由发承包双方按工程变更的相关规定,商定计日工单价。

每个支付期末,承包人应按照合同进度款的相关条款规定,向发包人提交本期所有计日工记录的签证汇总表,以说明本期自己认为有权得到的计日工金额,调整合同价款,列入进度款支付。计日工为额外工作和变更的计价提供了一个方便快捷的途径。

6.3.7 物价变化引起的合同价款调整

如果发包人供应材料和工程设备,发包人按照物价实际变化直接调整,列入合同工程的造价内。但是如果承包人采购材料和工程设备,相对复杂得多。这里着重介绍承包人采购材料和工程设备时的情形。

6.3.7.1 物价波动引起合同价款调整须遵循的原则

如果承包人采购材料和工程设备,物价变化对于发包人来说更倾向于不调价,因为物价上涨增大了发包人的风险,而承包人则希望调价,以保障自身利益,甚至希望通过调价,在合同价款调整中实现额外收益。这时双方需要找到一个平衡点,让发承包双方都可以接受。以下是承包人采购材料和工程设备时,物价波动引起合同价款调整须遵循的原则:

(1) 如果发承包双方在合同中有约定可调材料、工程设备价格变化的范围或幅度,在这个幅度以内涨跌不调价,所产生的风险由承包人承担;超出这个幅度需调价,产生的风险由发包人承担。其原则如图6.8所示。

(2) 如果合同没有约定,则材料、工程设备单价变化超过5%,施工机具台班单价

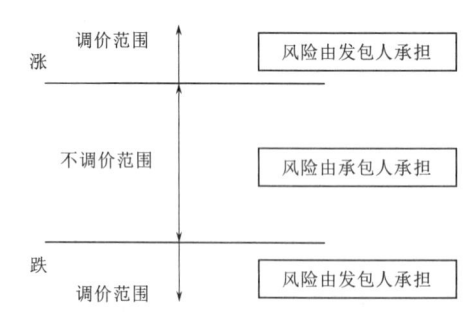

图6.8 物价波动引起合同价款调整须遵循的原则

变化超过10%，则超过部分的价格应按照价格指数调整法或价格差额调整法计算。

（3）发生合同工程工期延误的，应分清责任。工期延误期间物价变化引起的合同价款调整原则是有利于无过错方，按照如下办法调整价格或单价：

1）因发包人原因导致工期延误的，则计划进度日期后续工程的价格或单价，采用计划进度日期与实际进度日期两者的较高者。

2）因承包人原因导致工期延误的，则计划进度日期后续工程的价格或单价，采用计划进度日期与实际进度日期两者的较低者。

6.3.7.2　物价变化引起合同价款调整的方法

物价变化引起合同价款调整有两种方法：价格差额调整法调差和价格指数法调差。

1. 价格差额调整法调差

（1）材料、工程设备价格变化引起合同价款调整。需要进行价格调整的材料和工程设备，其新单价和采购数量应由发包人审批，发包人确认需要调整的材料和设备单价及数量，作为调整合同价格的依据。价格差额调整法主要适用于施工中所用的材料品种较多，而每种材料使用量较小的房屋建筑与装饰工程。根据《建设工程工程量清单计价规范》（GB 50500—2013）规定，材料费的价差调整是按照不利于承包人的原则进行调整。根据合同中双方约定的材料风险范围，结合材料基准单价、投标报价及实际市场价三者的关系，通常发承包双方以±5%为分担点，进行合同价款调整。可以分以下三种情况：

1）如果承包人投标报价中材料单价低于基准单价。即在投标时已经存在材料价差，这说明承包人愿意承担这部分材料价差的风险，所承担的风险为基准单价与投标报价的差额。这里的基准单价是指由发包人在招标文件或专用合同条款中给定的材料、工程设备的价格，该价格原则上按照省级或行业建设主管部门或其授权的工程造价管理机构发布的信息编制。此时双方约定的风险幅度计算表达式为

$$风险上限值 = 基准单价 \times (1 + 合同约定的风险幅度 5\%) \quad (6.15)$$

$$风险下限值 = 投标报价 \times (1 - 合同约定的风险幅度 5\%) \quad (6.16)$$

由上式可知，风险上下限值的计算基数不同，上限值是采用基准单价作为基数，下限值是用投标报价作为基数。因为投标报价低于基准单价，因此是不利于承包人的。施工过程中，当材料实际价格在风险上限和风险下限之间时，不调整材料价格差；当材料实际价格大于风险上限值时，材料调整额就等于材料实际价格减去风险上限值，正值调增，据实调整；当材料实际价格小于风险下限值时，材料调整额等于材料实际价格减风险下限，负值调减，据实调整。

2）如果承包人投标报价中材料单价高于基准单价。即投标时也已经存在材料价差，说明发包人愿意承担这部分价差风险。承担的风险为投标报价与基准单价的差额。此时双方约定的风险幅度计算表达式为

$$风险上限值 = 投标报价 \times (1 + 合同约定的风险幅度 5\%) \quad (6.17)$$

$$风险下限值 = 基准单价 \times (1 - 合同约定的风险幅度 5\%) \quad (6.18)$$

施工过程中，当材料实际价格在风险上限值和风险下限值之间时，不调整材料价

差。当材料实际价格大于风险上限时，材料调整额＝材料实际价格－风险上限值，正值调增；当材料实际价格小于风险下限值时，材料调整额＝材料实际价格－风险下限值，负值调减。

3）如果承包人投标报价的材料单价刚好等于基准单价，投标时不存在材料价差，即招投标时发承包双方都不承担材料价差的风险。此时双方合同约定的风险幅度计算表达式为

$$风险上限值＝基准单价×（1＋合同约定的风险幅度5\%）\qquad(6.19)$$

$$风险下限值＝基准单价×（1－合同约定的风险幅度5\%）\qquad(6.20)$$

如果施工中材料实际价格在风险上下限值之间时，不调整材料价差；如果实际价格大于风险上限时，材料调整额＝材料实际价格－风险上限值，正值调增；如果材料价格小于风险下限时，材料调整额＝材料实际价格－风险下限值，负值调减。

【例 6.9】 某工程在结算时发现，在招标时当地造价管理部门发布的钢筋单价为 4000 元/t，承包人投标报价时，钢筋单价为 3900 元/t，合同约定承包人承担 5% 的材料价格风险。施工过程中，经发承包双方考察后，确认钢筋市场价为 4400 元/t，结算时双方对钢筋价格该如何调差？

解 因为投标报价是 3900 元/t，基准价格是 4000 元/t，投标报价低于基准单价，因此属于第 1 种情况。

$$风险上限值＝4000×1.05＝4200（元/t）$$

因为材料实际价格 4400 元/t 大于风险上限值 4200 元/t，所以需要调整材料价差。

$$调整额＝4400－4200＝200（元）$$
$$调整后价格＝3900＋200＝4100（元/t）$$

须注意，调整后价格是在投标报价基础上加 200 元。因为投标时已存在的那部分价差，承包人在投标时已经默认，愿意承担这部分风险。

（2）施工机具台班单价变化引起合同价款调整。对于施工机具费，其调整方法和材料费的调整方法相同。

（3）人工费变化引起合同价款调整。根据现行《建设工程工程量清单计价规范》的规定，人工费是按照不利于发包人的原则进行调整：当承包人人工费报价小于新的人工价格信息时，需要调整；当人工费报价大于新的人工价格信息时，不做调整。

【例 6.10】 某项工程合同总价为 2000 万元，投标报价为 98 元/工日，当时工程造价管理机构发布的文件中人工单价是 110 元/工日。因为发包人原因造成开工延误。开工时当地造价管理机构发布文件，人工单价调整为 126 元/工日，发承包双方同意对人工费调价。承包人认为应该按 [126－98＝28（元/工日）] 调整，发包人认为应按 [126－110＝16（元/工日）] 调整，双方发生争议。试问人工费应该调整吗？如果调整，该如何调整？

分析：该工程人工费应该调整，因为发包人原因造成开工延误，开工时当地工程造价管理机构发布的人工费价格发生调整，因此，该部分费用由发包人承担。投标时

工程造价管理机构发布的人工单价是 110 元/工日，承包人报价是 98 元/工日，人工费存在差异，也表明承包人愿意承担这部分人工费价差的风险，承担的风险价格为[110－98＝12（元/工日）]，开工后承包人应继续承担这部分风险，不能因为物价变动而改变。开工时造价管理机构发布的人工单价为 126 元/工日，因此发包人应承担[126－110＝16（元/工日）]。

解 发包人的计算方法正确，人工费调整为
$$98 + (126 - 110) = 114(元 / 工日)$$

2. 价格指数法调差

价格指数法适用于施工中所用的材料品种较少，但每种材料使用量较大的土木工程，如公路、水坝等。

(1) 价格指数法调整公式。因人工、材料、工程设备和施工机具台班等价格波动影响合同价款时，根据投标函附录中的价格指数和权重表约定的数据，按价格调整公式计算差额并调整合同价款，价格指数法调整公式如下：

$$\Delta P = P_0 \left[A + \left(B_1 \times \frac{F_{t1}}{F_{01}} + B_2 \times \frac{F_{t2}}{F_{02}} + B_3 \times \frac{F_{t3}}{F_{03}} + \cdots + B_n \times \frac{F_{tn}}{F_{0n}} \right) - 1 \right]$$

(6.21)

式中　　　　　ΔP——需调整的价格差额；

P_0——约定的付款证书中承包人应得到的已完成工程量的金额；

A——定值权重（即不调部分的权重）；

$B_1, B_2, \cdots, B_n$——各可调因子的变值权重（即可调部分的权重）为各可调因子在投标函投标总报价中所占的比例；

$F_{t1}, F_{t2}, \cdots, F_{tn}$——各可调因子的现行价格指数，指约定的付款证书相关周期最后一天的前 42 天的各可调因子的价格指数；

$F_{01}, F_{02}, \cdots, F_{0n}$——各可调因子的基本价格指数，指基准日期（投标截止日期前 28 天）的各可调因子的价格指数。

式 (6.21) 中，承包人应得到的已完成工程量的金额不应包括价格调整，不计质量保证金的扣留和支付、预付款的支付和扣回；变更及其他金额已按现行价格计价的，也不计在内。价格指数应首先采用工程造价管理机构提供的价格指数，缺乏上述价格指数时，可采用工程造价管理机构提供的价格代替。

(2) 采用价格指数法调整的前提条件。首先，合同中需约定当发生物价波动时采用价格指数调整法。当双方约定采用价格指数法时，物价波动超出约定幅度时才能用此方法进行合同价款调整。其次，采用价格指数法调整时，在投标函附录中应含有指数和权重表，即合同中要约定 A、B_1、B_2、$\cdots$、B_n、F_{t1}、F_{t2}、$\cdots$、F_{tn}、F_{01}、F_{02}、$\cdots$、F_{0n} 的数值。价格指数和权重见表 6.3。

(3) 工期延误后的价格调整。由于发包人原因导致工期延误的，则对于计划进度日期（或竣工日期）后续施工的工程，在使用价格调整公式时，应采用计划进度日期（或竣工日期）与实际进度日期（或竣工日期）的两个价格指数中较高者作为现行

价格指数。

表 6.3　　　　　　　　　价格指数和权重表

名　称		基本价格指数		权　重			价格指数来源
		代号	指数值	代号	允许范围	投标人建议值	
定值部分				A			
变值部分	人工费	F_{01}		B_1	一至一		
	钢材	F_{02}		B_2	一至一		
	水泥	F_{03}		B_3	一至一		
	……	……		……			
合计						1.0	

由承包人原因导致工期延误的，则对于计划进度日期（或竣工日期）后续施工的工程，在使用价格调整公式时，应采用计划进度日期（或竣工日期）与实际进度日期（或竣工日期）的两个价格指数中较低者作为现行价格指数。

【例 6.11】　某扩建项目进行施工招标，投标截止日期为某年 8 月 1 日。通过评标确定中标人，签订的施工合同总价为 80000 万元，工程于当年 9 月 20 日开工。施工合同中约定内容如下：

1）预付款为合同总价的 5%，分 10 次按相同比例从每月应支付的工程进度款中扣回。

2）工程进度款按月支付，进度款包括：当月完成的清单子目合同价款，当月确认的变更、索赔金额，当月价格调整金额，扣除合同约定应当抵扣的预付款和扣留的质量保证金。

3）质量保证金从月进度款中按 5% 扣留，最高扣至合同总价的 5%。

4）工程价款结算时人工单价、钢材、水泥、沥青、砂石料及机具使用费采用价格指数法给承包商调价补偿，各项权重系数及价格指数见表 6.4。

表 6.4　　　　　　　　工程调价因子权重系数及价格指数

名　称	人工	钢材	水泥	沥青	砂石料	机具费	定值部分
权重系数	0.12	0.10	0.08	0.15	0.12	0.10	0.33
当年 7 月价格指数	91.7	78.95	106.97	99.92	114.57	115.18	—
当年 8 月价格指数	91.7	82.44	106.8	99.13	114.26	115.39	—
当年 9 月价格指数	91.7	86.53	108.11	99.09	114.03	115.41	—
当年 10 月价格指数	95.96	85.84	106.88	99.38	113.01	114.94	—
当年 11 月价格指数	95.96	86.75	107.27	99.66	116.08	114.91	—
当年 12 月价格指数	101.47	87.8	128.37	99.85	126.26	116.41	—

请根据表 6.5 所列前 4 个月的完成情况，计算 11 月应支付给承包人的实际工程款数额。

表 6.5　　　　　　　　　该工程前 4 个月的完成情况　　　　　　　　单位：万元

支　付　项　目	9月	10月	11月	12月
截至当月完成的清单子目价款	1200	3510	6950	9840
当月确认的变更金额（未调价）	0	60	−110	100
当月确认的索赔金额（未调价）	0	10	30	50

解　11 月应完成合同价款：6950−3510＝3440（万元）

11 月确认的变更和索赔金额均为调价前的，应当计算在调价基数内；如果基准日期为当年 7 月 3 日，所以应选取 7 月的价格指数作为各可调因子的基本价格指数。根据以上分析，11 月价格调整金额为

$$\Delta P = (3440-110+30) \times \left[0.33 + \left(0.12 \times \frac{95.96}{91.7} + 0.1 \times \frac{86.75}{78.95} + 0.08\right.\right.$$
$$\left.\left.\times \frac{107.27}{106.97} + 0.15 \times \frac{99.66}{99.92} + 0.12 \times \frac{116.08}{114.57} + 0.1 \times \frac{114.91}{115.18}\right) - 1\right]$$
$$= 3360 \times [0.33 + (0.1256 + 0.1099 + 0.0802 + 0.1496$$
$$+ 0.1216 + 0.0998) - 1]$$
$$= 56.11(万元)$$

11 月应扣预付款：80000×5%÷10＝400（万元）

11 月应扣质量保证金：(3440−110+30+56.11)×5%＝170.81（万元）

11 月应当实际支付的进度款金额：3440−110+30+56.11−400−170.81＝2845.3（万元）

6.3.8　暂估价引起的合同价款调整

暂估价是指招标人在工程量清单中提供的用于支付必然发生、但暂时不能确定价格的项目，一般包括材料暂估单价、工程设备暂估单价以及专业工程的暂估价。暂估价产生的根本原因是为了使中标价的确定更加科学合理。通常由于工程中有些材料、设备因技术复杂或不能确定详细规格，或不能确定具体要求，其价格难以一次性确定，因而在投标阶段，投标人往往在这些部分使用不平衡报价，调低价格而低价中标，损害发包人利益。如果在招投标阶段使用暂估价，可以避免投标人通过不平衡报价而低价中标，进而在同等水平上进行比价，更能反映出投标人的实际报价，使确定的中标价更加科学合理。

6.3.8.1　暂估价的特点

（1）是否适用暂估价，以及是否适用暂估价的材料、工程设备或专业工程的范围，决定权在发包人。

（2）发包人在工程量清单中对材料、工程设备或专业工程给定暂估价的，编制投标报价时，材料、工程设备暂估单价必须按照招标人提供的暂估单价计入分部分项工程费用中的综合单价；专业工程暂估价必须按照招标人提供的其他项目清单中所列金额填写。该暂估价构成合同价的组成部分。

（3）在合同履行过程中，发承包双方还需按照合同约定的程序和方式确定适用暂估价的材料、工程设备及专业工程的实际价格，并根据实际价格和暂估价之间的差

额（含与差额相对应的税金等其他费用）来确定和调整合同价格。

6.3.8.2 暂估价引起的合同价款调整方法

材料或工程设备暂估单价确定后，在综合单价中只应取代原暂估价，不应再在综合单价中涉及企业管理费和利润等其他费用的变动。暂估价引起合同价款调整方法见表6.6。

表6.6　　　　　　　　　　暂估价引起的合同价款调整方法

项　目	项　目　类　别	合　同　价　款　调　整　办　法	
给定暂估价的材料、工程设备	不属于依法必须招标的项目	由承包人按照合同约定采购，经发包人确认单价后取代暂估价，调整合同价格	
	属于依法必须招标的项目	由发承包双方以招标的方式选择供应商，确定中标价格后替代暂估价，调整合同价格	
给定暂估价的专业工程	不属于依法必须招标的项目	按工程变更的合同价款调整方法，确定专业工程价款后取代专业工程暂估价，调整合同价款	
	属于依法必须招标的项目	除合同另有约定外，承包人不参与投标的专业工程分包招标，应由承包人作为招标人，但招标文件评标工作、评标结果应报送发包人批准。与组织招标有关的费用应当被认为已包括在承包人的投标总报价中	以中标价为依据取代专业工程暂估价，并加上税金等费用，调整合同价款
		承包人参加投标的专业工程分包招标，应由发包人作为招标人，与组织招标有关的费用由发包人承担。同等条件下，应优先选择承包人中标	

6.3.8.3 暂估价的适用范围

材料暂估价适用于设计图纸和招标文件没有明确材料品牌、规格和型号；或虽然是同等质量、规格与型号，但市场上档次不一、价格悬殊，例如一些装饰装修材料；还有一些专业工程需要二次设计才能计算价格，例如桩基础等；另外，某些项目由于时间仓促，设计不到位等，都需要用到暂估价。具体可分为以下四种情况：

（1）材料价格有较大调整：主要指材料用量很大，如钢筋、混凝土等；材料价格波动较大，档次不一，价格差异大，如地砖、石材等装饰材料。

（2）材料性质有特殊要求：主要指用于工程关键部位、质量要求严格的材料，如钢材、防水材料、保温材料等；材料规格型号、质量标准及样式颜色有特殊要求的，如装饰装修用的面层材料、洁具等。

（3）工程设备价款有较大调整：主要指设计文件和招标文件不能明确规定价格、型号和质量的工程设备，如电梯等；同等质量、规格及型号，但市场价格悬殊、档次不一的工程设备。

（4）专业工程定价不明确：一种情况是施工招标阶段，施工图纸尚不完善，需要由专业单位对原图纸进行深化设计后，才能确定其规格、型号和价格的成套设备；另一种情况是某些总包单位无法单独自行完成，需要通过分包的方式委托专业公司完成的分包工程，如桩基工程、电梯安装、幕墙、外保温、消防、精装修、景观绿化等。

6.3.9 不可抗力引起的合同价款调整

6.3.9.1 不可抗力的概念

不可抗力是指合同当事人在签订合同时不可预见、在合同履行过程中一旦发生无法避免，并且不能克服的自然灾害和社会性突发事件等客观情况，如地震、海啸、瘟疫、骚乱、戒严、暴动、战争，以及当地气象、地震、卫生等部门规定的一些情形。因此，不可抗力事件具有明显的特征：不可预见、一旦发生不可避免、不能克服而且是客观事件。因此发承包双方应当在合同专用条款中明确约定不可抗力的范围，以及具体的判断标准，比如几级地震、几级大风以上属于不可抗力。

6.3.9.2 不可抗力所产生的风险分担

在施工中如果发生了不可抗力事件，其导致的结果包括工期损失和费用损失。

对于工期损失而言，工期应相应顺延，承包人不承担相应的工期延误责任。如果发包人要求赶工，发包人要承担相应的赶工费。

对于费用损失，可分为发包人承担和承包人承担。不可抗力事件的发生导致工程本身发生了损害，或者因工程损害导致第三方人员伤亡和财产损失，以及施工现场用于施工的材料和待安装设备的损害，这些均由发包人承担；如果发生了人员伤亡，那么这些人员的伤亡由其所在的单位负责，并承担相应的费用；对于承包人施工机具设备的损坏以及停工窝工的损失，由承包人承担；停工期间，承包人应发包人的要求，留在施工场地的必要管理人员以及保卫人员的费用，由发包人承担；工程所需要的清理、修复费用，由发包人承担。以上损失责任承担可概况为：谁的损失谁承担，工程本身和第三方损失由发包人承担。不可抗力造成的风险损失承担见表6.7。

表6.7　　　　　　　不可抗力造成的风险损失承担

风险损失类别	损失承担人	承担的损失内容
费用损失	发包人承担	合同工程本身的损害
		因工程损害导致第三方人员伤亡和财产损失
		运至施工现场用于施工的材料和待安装设备的损害
		发包方单位人员的伤亡
		工程所需要的清理、修复费用
		停工期间发包人要求留在施工场地的必要管理人员及保卫人员的费用
	承包人承担	承包方单位人员的伤亡
		承包方施工机具的损坏以及停工窝工损失
工期损失		工期顺延，承包人不承担相应的工期延误责任。如果发包人要求赶工，发包人承担相应赶工费

一般情况下，以上费用按照实际计算。但是承包人的施工机具损坏及停工损失计算需根据不同情况确定。当机具设备是自有时，按实际修理费计算设备损坏费；当机具设备是租赁时，需按照与出租方的合同约定计算损坏或赔偿费用。对于停工损失，

均按窝工考虑。

6.3.10 提前竣工（赶工补偿）产生的合同价款调整

6.3.10.1 提前竣工费的概念

提前竣工费是指承包人应发包人的要求，采取加快工程进度措施，使合同工程工期缩短，由此产生的应由发包人支付的费用。实践中，提前竣工的原因通常有以下两种情况：

（1）事实提前竣工。由于非承包商责任造成了工期拖延，业主仍要求按原工期竣工的情况。此情况迫使承包人采取加速施工措施完成工程，被动地改变合同约定的原施工进度计划，从而引起实质上的提前竣工。

（2）响应业主要求而发生的提前竣工。工程未拖延，在施工合同履行期间，由于市场原因，例如业主希望提前投产等原因，提出提前竣工的需求，与承包商协商并要求其将原计划的工作在计划竣工日期之前完成。

在以上情形下，提前竣工与赶工补偿是连为一体的，若没有提前竣工的事实则不存在赶工补偿的问题。赶工补偿费是发包人对承包人提前竣工的一种补偿。

6.3.10.2 赶工补偿费与赶工费

"赶工补偿费"和"赶工费"这两个词看起来差别不大，但事实上是不同的意思。

1. 赶工补偿费的概念

为了保证工程质量，承包人除了根据规范、施工图纸进行施工外，还应按照科学合理的施工组织设计，按部就班地进行施工生产。因为有些施工流程必须留足一定时间，比如现浇混凝土必须经过一定时间的养护后，才能进入下一道工序。因此《建设工程质量管理条例》规定："发包单位不得迫使承包方以低于成本的价格竞标，不得任意压缩合理工期。当发包人要求承包人提前竣工时，应该在征得承包人同意后，与承包人商定采取加快工程进度的措施，并支付由于赶工而产生的赶工补偿费，同时修订合同中的工程进度计划。"因此，发包人应承担因提前竣工而增加的费用，应按照合同约定，向承包人支付提前竣工费，也称为赶工补偿费。

2. 赶工补偿费与赶工费的区别

（1）赶工费。赶工费是在合同签订之前，招标人根据工程项目的工期定额合理计算工期，当合同工期小于定额工期的80%时，表明发包人提出了超出合理工期的要求。如果业主压缩工期的天数超过定额工期20%时，应在招标文件中明示出来，并增加赶工费。

（2）赶工补偿费。赶工补偿费是在开工之后，因发包人要求提前竣工，即要求承包人的实际竣工日期要早于计划竣工日期，承包人不得不投入更多的人力和施工机具，采用加班或倒班等措施来压缩工期，这些赶工措施都会造成承包人大量的额外花费，为此承包人有权获得赶工补偿费。发承包双方应在合同中约定，提前竣工每日历天应补偿的金额作为增加合同价款的费用。除了合同中另有约定之外，提前竣工补偿的最高额度是有限制的，它的最高限额为合同价款的5%，这项费用列入竣工结算文件中，与结算款一并支付。

（3）赶工费和赶工补偿费的区别。根据对赶工费和赶工补偿费的分析，二者之间的具体区别见表 6.8。

表 6.8 赶工费和赶工补偿费区别

项　目	确定的时间不同	确定的依据不同
赶工费	合同签订之前确定，在招标文件中明示	按定额工期与合同约定工期天数之差，判断压缩工期天数是否超过定额工期20%
赶工补偿费	开工之后，发包人提出提前竣工要求	在合同约定工期基础上，发包人又提出提前竣工要求，需增加提前竣工的赶工补偿费

6.3.11 误期赔偿引起的合同价款调整

如果承包人没有按照合同约定施工，导致实际进度迟于计划进度，发包人应要求承包人加快进度以实现合同工期。误期赔偿是对于承包人误期完工，造成发包人损失的一种补救措施。也是发包人对承包人的一种索赔，目的是保证合同目标的正常实现，保护业主的正当权利，实现合同双方的公平、公正，因此误期赔偿不是罚款。

如果合同工程发生了误期，承包人应赔偿发包人因此而造成的损失，并按照合同约定向发包人支付误期赔偿费用。发承包双方应该在合同中约定误期赔偿费，明确每日历天应赔偿的额度。在约定每日历天应赔偿的额度时，通常要考虑以下因素：

（1）由于该工程拖期竣工，造成业主不能按期使用，业主需要租赁其他建筑物而发生的租赁费用。

（2）继续使用原来的建筑物或租赁其他建筑物需要发生的维修费用。

（3）工期拖延所引起的投资款项和贷款资金的占用所产生的利息。

（4）工程拖期带来的监理费增加。

（5）如果工程按期竣工，能够按期使用，项目能够按期产生收益，但是由于工程误期导致收益落空，这部分收益也需要考虑进来。

误期赔偿和赶工补偿一样，除了合同另有约定外，误期赔偿费的最高限额只能为合同价款的 5%。误期赔偿费列入竣工结算文件中，在结算款中给予扣除。

当然，如果在工程竣工之前，合同工程内的某单位工程已通过了竣工验收，而且该单位工程接收证书中表明的竣工日期并没有延误，而是合同工程的其他部分产生了工期延误，则误期赔偿费应按照已颁发的工程接收证书的单位工程的造价占合同价款的比例幅度予以扣减。

6.3.12 施工索赔事项引起的合同价款调整

施工索赔是指在工程合同履行过程中，合同当事人一方因非己方的原因而遭受损失，按合同约定或法规规定应由对方承担责任，从而向对方提出补偿的要求。

施工索赔事项引起的合同价款调整将在第 6.4 节中详细阐述。

6.3.13 暂列金额引起的合同价款调整

暂列金额是指招标人在工程量清单中暂定并包括在合同价款中的一笔款项。用于施工合同签订时尚未确定或者不可预见的所需材料、设备、服务的采购，施工中可能发生的工程变更、合同约定调整因素出现时的工程价款调整以及发生的索赔、现场签证确认等的费用。

暂列金额由招标人在清单中"暂列金额明细表"中列出，投标人应将招标人列出的暂列金额计入投标总价中。暂列金额虽然被列入合同价款，但并不意味着会支付给承包人，也不必然发生。已签约合同价款中暂列金额由发包人掌握使用。只有按照合同约定实际发生后，才能纳入合同工程结算价款中，成为承包人的应得金额。

在施工阶段，发生合同价款调整事项，包括法律法规变化、工程变更、现场签证、项目特征描述不符、工程量清单缺项、工程量偏差、计日工、物价变化、暂估价、不可抗力、提前竣工（赶工补偿）、误期赔偿、索赔等，发包人将在上述调整合同价款支付后，暂列金额余额仍归发包人所有。

6.4 工 程 索 赔

6.4.1 工程索赔的概念、原因及分类

6.4.1.1 工程索赔的概念

工程索赔是在工程施工合同履行过程中，当事人一方因另外一方没有履行合同或没有正确履行合同规定的义务，或出现了应当由对方承担的风险而自己遭受了损失，此时可以向另外一方提出赔偿要求的行为。由于建设工程的复杂性，施工过程中索赔是必然且经常发生的，是合同管理的重要组成部分。

索赔是当事人的权利，是依据合同维护自身合法利益的手段。通过工期索赔和费用索赔，使自己的损失得到补偿，所以它的性质是经济补偿，而不是惩罚。索赔的特点是不"索"则不"赔"。对于干扰事件造成的损失，如果放弃了索赔机会，例如超过了合同规定的索赔有效期限，或放弃索赔的权利，那么另外一方就没有了赔偿责任，这些损失必然由自己来承担。因此必须要加强索赔管理，有效寻求可以索赔的事项。

6.4.1.2 工程索赔产生的原因

1. 当事人违约

当事人违约通常表现为没有按照合同约定履行自己的义务。例如发包人违约通常表现为：没有为承包人提供合同约定的施工条件，或者没有按照合同约定的期限和数额支付工程进度款。这些是发包人违约。承包人违约主要指没有按照合同约定的质量、期限完工，或者由于不当的行为给发包人造成了其他的损害等。

2. 不可抗力事件所致

不可抗力事件又分为自然事件和社会事件。自然事件主要是不利的自然条件和客观障碍，比如在施工过程中遇到一些经现场调查无法发现的，业主提供的资料也没有提到、无法事先预测的情况。较大的自然灾害影响施工进度，增加施工费用。社会事件包括国家的政策、法律、法规的变更，一些政治性突发事件，比如战争、罢工等。

3. 合同缺陷

合同缺陷表现在合同文件规定不严谨，甚至前后矛盾，合同中出现了遗漏或错误。在这种情况下工程师应给予解释。如果这种解释将导致成本增加或工期延长，发包人应给予补偿。

4. 合同变更

合同变更表现在设计变更、施工方法变更、提高工程标准、追加或者取消某些工作、合同规定的其他变更等。

5. 工程师指令

工程师指令有时也会产生索赔，比如工程师指令承包人加速施工、修改设计、额外进行某些工作、更换某些材料等。

6. 其他第三方原因

其他第三方原因常常表现为与工程有关的第三方的问题，引起对本工程的不利影响。

6.4.1.3 索赔的分类

从不同角度，按不同方法和不同标准，以及不同的原因，工程索赔有多种分类方法，具体如下。

1. 按照索赔当事人分类

索赔分为承包人与发包人之间的索赔和总包人与分包人之间的索赔。对于承包人与发包人之间的索赔，如果是承包人向发包人索赔，称为索赔；如果是发包人向承包人索赔，称为反索赔。

2. 按照索赔的目的分类

索赔分为工期索赔和费用索赔。

(1) 工期索赔是由于非承包人的责任导致施工进度延误，要求延长合同工期的索赔。工期索赔是为了避免在原定合同竣工日不能竣工而被发包人追究拖期违约责任。因此，工期索赔的提出是必要的。一旦获得批准，同意合同工期延长，承包人不仅可以免除承担拖期违约赔偿的严重风险，而且还可能提前交工获得奖励。

(2) 费用索赔的目的是要求经济补偿。当施工条件发生改变，导致承包人增加费用支出，承包人要求对超出计划成本的附加开支给予补偿，以挽回不应该由承包人承担的经济损失。因此，费用索赔不是惩罚，而是主张正常应得的费用。

3. 按照索赔事件的性质分类

索赔分为以下6类。这也是国际工程常用的一种分类方法。

(1) 工程延误索赔。工程延误索赔是指由于干扰事件的影响造成工程拖延或工程中断一段时间。例如发包人没有及时交付设计图纸，没有按时提供施工场地，发包人提供的材料、工程设备不合格或延迟提供等；工程延误索赔也指在施工过程中，建设单位发出停工指令，或因发生了不可抗力事件导致工期延误，承包方要求工期顺延，这也是工程实施中常见的一类索赔。

(2) 工程变更索赔。由于建设单位或工程师指令，增加工程量、修改设计、变更工程顺序等，造成工期延长和费用增加。工程变更既可能增加工程量，也可能延长工期。所以如果这些事件发生，承包商可以提出工期索赔和费用索赔。

(3) 合同被迫终止的索赔。如果工程由于非承包商原因，例如建设单位违约、不可抗力事件发生等造成工程非正常终止。承包商因此蒙受经济损失，应向建设单位提出索赔。

(4) 加速施工的索赔。由于发包人或监理要求承包人加快施工速度，缩短工期，引起承包单位的人、财、物的额外开支而提出的索赔。

(5) 意外风险和不可预见因素的索赔。在工程实施过程中，发生了不能预见的自然灾害、有经验的承包人也不能合理预见的、不利于施工的条件和外界障碍，例如地下水、地质断层、地下障碍物等引起的索赔。

(6) 其他索赔。由于物价上涨、汇率变化、政策法令变化等原因引起的索赔。

4．按处理方式分类

索赔分为单项索赔和综合索赔。单项索赔是指采取一事一索赔的方式，即在每一件索赔事项发生后递交索赔通知书，编写索赔报告，要求单项解决支付，不与其他的索赔事项混在一起，这也是施工索赔通常采用的方式，避免了多项索赔相互影响与制约，所以解决起来比较容易。

但有时施工过程中受到非常严重的干扰，以至于承包人的施工活动与原来的计划大不相同。合同规定的工作与变更后的工作相互混淆，无法分辨哪些费用是原定的，哪些费用是新增的，承包人也无法为索赔提供准确而详细的记录资料。在这种情况下，无法再采用单项索赔方式，只能采用综合索赔。综合索赔又称为总索赔，俗称"一揽子索赔"，即将整个工程所发生的多起索赔事项综合在一起，提出一份总索赔报告，在工程竣工前提出，双方进行最终谈判，以一个一揽子方案解决。这种索赔方式是在特定情况下被迫采用的一种索赔方法，其涉及的争论因素较多，一般很难成功，所以综合索赔的方式应尽量避免。

6.4.2 常见的索赔事件

索赔是双向的，既包括承包人向发包人的索赔，也包括发包人向承包人的索赔。但是在工程实践中，发包人索赔的数量较小，处理起来也比较方便，可以通过冲账、扣拨工程款、扣保证金等途径实现对承包人的索赔。工程的发承包双方虽然是处于平等地位，但由于发包人掌握工程款支付的主动权，通常情况下索赔是指承包人在合同实施过程中，对于非自身的原因，造成的工程延期、费用增加，要求发包人给予补偿损失的一种权利要求。

6.4.2.1 承包人对发包人提出的索赔

(1) 不利的自然条件与人为障碍引起的索赔。不利的自然条件是指施工过程中遇到了实际自然条件比招标文件中所描述的更为困难和恶劣，主要表现为地质条件与原勘察设计或招标文件提供的资料不符。在处理这类索赔时经常会引起争议，主要因为发承包双方在签订合同时往往写明承包商在提交投标书之前，已经对现场和周围环境进行了考察，包括地表以下的条件、水文和气候条件，承包商自己应该对这些资料的解释负责。但是在处理这类索赔时，一个主要原则是所发生的事件应该是一个有经验的承包商无法合理预见到的。如果监理人认为这类障碍是一个有经验的承包商无法合理预见到，在与业主和承包人协商之后应给予承包人延长工期和费用补偿。

另外，人为障碍引起的索赔主要指在施工过程中遇到了地下构筑物或文物，只要图纸上没有说明，并且与监理工程师共同确定的处理方案导致工程费用增加或工期延长，承包人即可以提出索赔。

因此，对于上述不利的自然条件或人为障碍，增加了施工难度，导致施工单位必须花费更多的时间和费用，由此施工单位可以提出索赔。

（2）工期延长和延误索赔。这里通常包括两个方面：一是承包人要求延长工期；二是承包人要求偿付由于非承包方原因导致工程延误而造成的损失。一般情况下，这两个方面的索赔报告要分别编制，因为工期索赔和费用索赔并不一定同时成立。关于工期延长的索赔，主要原因包括业主未按时提交可进行施工的现场；有记录可查的特殊反常的恶劣天气；工程师在规定时间内未能提供所需的图纸或指示；有关放线的资料不准确；现场发现了化石、古钱币或文物；工程变更或工程量增加，引起施工顺序变动；工程师对合格工程要求拆除，或剥露部分工程予以检查，造成工程进度被打乱，影响后续工程开展；工程现场中其他承包人的干扰；合同内容的错误或矛盾。这些原因要求延长工期，只要承包人给出合理证据，一般都可以得到工程师及业主的同意，有的还可以索赔费用损失。

由于工期延误所造成的费用索赔，需要注意两点：一是凡纯属业主和工程师方面的原因造成的工期延误，不仅应给承包人适当延长工期，还应给予相应的费用补偿；二是凡属于客观原因，既不是业主原因，也并非承包人原因造成的拖期，如特殊反常的天气、工人罢工、政府间经济制裁等，承包人可得到延长工期，但得不到费用补偿。

（3）加速施工的索赔。当工程的施工进度受到干扰，导致不能按期竣工。为避免过多的经济损失，业主和工程师发布加速施工指令，要求承包人投入更多的资源，加班赶工完成项目，这必然导致承包人工程成本的增加，引起承包人的索赔。当然这里所说的加速施工不是由于承包人的原因造成的。

（4）因施工临时中断和工效降低引起的索赔。由于业主和监理工程师的原因造成临时停工或施工中断，特别是业主和工程师的不合理指令，造成了工效大幅降低，从而导致费用增加，承包人可以提出索赔。

（5）业主不正当地终止工程。由于业主不正当地终止工程，承包人有权要求补偿损失，其数额是承包人在被终止工程中的人工、材料、机具设备的全部支出，以及各项管理费、保险费、贷款利息、保函费用的支出，减去已经结算过的工程款，并有权要求赔偿其盈利损失。

（6）应该由业主承担的风险和特殊风险引起的索赔。应该由业主承担的风险而导致承包人的费用损失，承包人可以提出索赔。另外一些特殊风险，例如发生了战争、叛乱、暴动、核燃料或核燃料燃烧后的核废物、放射性毒气爆炸等所产生的后果非常严重。许多合同规定，承包人不仅对由此造成的工程、业主或第三方的财产破坏和损失，以及人身伤亡不承担责任，而且业主还应该保护和保障承包人免受这些特殊风险后果的损害，并免于承担由此引起的索赔、诉讼责任及费用。同时，承包人应当得到由此损害引起的永久性工程及其材料的付款及合理利润，以及这些特殊风险导致的费用增加。如果由于特殊风险导致合同终止，承包人除可以获得应付的工程款和损失费用外，还可以获得施工机具设备的撤离费用和人员遣返费用等。

（7）物价上涨引起的索赔。由于物价上涨因素、汇率变化引起的人工费、材料费、施工机具费的不断增长,导致工程成本大幅度上升,承包人的利润受到严重影响,承包人也可以提出索赔要求。

(8) 拖欠支付工程款引起的索赔。拖欠支付工程款引起的索赔是争执最多也是较为常见的索赔。一般合同中都有支付工程款的时间限制和延期付款计息的利率要求。如果业主不按时支付工程进度款或最终工程款,承包人可以向业主索要拖欠的工程款并索赔利息,敦促业主迅速付款。对于严重拖欠工程款的情况,导致承包人资金周转困难,影响工程进度甚至引起合同中止的严重后果,承包人必须严肃提出索赔,申请进行诉讼。

(9) 法规变化引起的索赔。如果在投标截止日期前 28 天以后,工程所在国家或地方法规、规章等发生变更,导致承包人成本增加,承包人对于增加的开支可以提出索赔。

(10) 合同条文模糊不清,甚至错误引起的索赔。在合同签订时,对合同条款审查不认真,有的措辞不够严密,各处含义不一致,也可能导致索赔的发生。

6.4.2.2 发包人对承包人提出的反索赔

发包人对承包人在履约过程中的一些缺陷责任,例如部分工程质量达不到要求,或延期建成等。业主为了维护自身利益,也可以向承包人提出反索赔。施工过程中业主反索赔的主要内容有以下几个方面:

(1) 工期延误反索赔。在施工过程中往往由于多方面原因,致使竣工日期拖后,给业主带来经济损失,业主有权对承包人进行反索赔,即由承包人支付延期竣工的违约金。当然承包人支付违约金的前提是工期延误的责任属于承包人方面。

(2) 施工缺陷反索赔。当承包人的施工质量不符合施工技术规程的要求,或者在保修期未满以前,没有完成应该负责修补的工程,这时业主有权向承包人追究责任。

(3) 承包人不履行保险费用的反索赔。如果承包人没有按合同条款指定的项目投保,并保证保险有效,业主可以投保并保证保险有效,业主所支付的必要的保险费,可以在应付给承包人的款项中扣回。

(4) 对超额利润的索赔。如果工程在实施中,工程量比合同工程量增加很多,例如实际工程价款超过了有效合同价的 15%,使承包人预期的收入增大。但是工程量的增加并没有导致承包人增加任何的固定成本。这时,合同价应由双方讨论调整,发包方可以收回部分的超额利润。如果法规变化导致承包人在工程实施中降低了成本,也产生了超额利润,这时应重新调整合同价格,发包方也可以收回部分的超额利润。

(5) 对指定分包商的付款索赔。在承包人不能够提供已经向指定分包商付款的合理证明的时候,业主可以直接按照工程师的证明书,将承包人未付给指定分包商的所有款项,当然要扣除保留金,付给该分包商,并从应付给承包人的任何款项中如数扣回。

(6) 发包人合理终止合同或承包人不正当放弃工程的索赔。如果业主合理终止承包人的承包,或者承包人不合理放弃了工程,这时发包人有权从承包人手中收回由新的承包人完成工程所需的工程款与原合同未付部分的差额。

(7) 由于工伤事故给发包方人员和第三方人员造成的人身或财产损失的索赔,以及承包人运送建筑材料及施工机具时损坏了公路、桥梁或隧道等,路桥管理部门提出的索赔等。

除了上述反索赔的内容之外,业主反索赔的另一项工作就是认真核定索赔款项,肯定合理的索赔要求,反驳或修正不合理的索赔要求。在肯定承包人具有索赔权的前提下,业主和工程师要对承包人的索赔报告进行详细审核,对索赔款组成的各个部分,逐项审核、查对单据和证明文件,从而确定承包人提出的索赔款项,使其更加可靠和准确。

6.4.3 索赔的依据和程序

任何索赔事件的确立,必须要有正当的索赔理由、索赔事件发生时的有效证据,并符合合同约定。索赔的提出和处理都要有凭有据,没有证据或证据不足,索赔难以成功。因此当合同一方向另一方提出索赔时,须具备索赔的三要素:正当的索赔理由、有效的索赔证据、在合同约定的时限内提出。

6.4.3.1 索赔的依据

1. 对于索赔证据的要求

(1) 真实性。索赔证据必须是在合同履行过程中确定存在和发生过的,必须完全反映实际情况,可以经得住推敲。

(2) 全面性。所提供的证据能够说明事件的全过程。索赔报告涉及的索赔理由、事件过程、带来的影响、索赔数额等都应该有相应的证据,不能零乱,缺东少西的现象都不能发生。

(3) 关联性。索赔的证据要能够相互说明,相互具有关联性,不能相互矛盾。

(4) 及时性。证据的取得和提出应当及时,超出了合同约定的时限,就失去了索赔的权利。

(5) 具有法律证明效力。一般要求证据必须是书面文件,有关记录、协议、纪要等必须是双方签署的。工程中重大事件、特殊情况的记录、统计必须由合同约定的发包人现场代表或监理工程师签证认可。

2. 索赔证据的种类

提出索赔和处理索赔都要以文件和凭证作为依据,以下书面文件可作为工程索赔的证据(依据):

(1) 招标文件、施工合同文本及附件、发包人认可的施工组织设计、工程图纸、技术规范等。

(2) 工程各项有关的设计交底记录、变更图纸、变更施工指令等。

(3) 工程各项经发包人或合同中约定的发包人现场代表或监理工程师签认的签证。

(4) 工程各项往来信件、指令、信函、通知、答复等。

(5) 工程各项会议纪要。

(6) 施工计划及现场实施情况记录。

(7) 施工日志及工长工作日志、备忘录。

(8) 工程送电、送水、道路开通、封闭的日期及数量记录。

(9) 工程停电、停水和干扰事件影响的日期及恢复施工的日期。

(10) 工程预付款、进度款拨付的数额及日期记录。

(11) 工程图纸、图纸变更、交底记录的送达份数及日期记录。

(12) 工程有关施工部位的照片及录像等。

(13) 工程现场气候记录,有关天气的温度、风力、雨雪等。

(14) 工程验收报告及各项技术鉴定报告等。

(15) 工程材料采购、订货、运输、进场、验收、使用等方面的凭据。

(16) 工程会计核算材料。

(17) 国家法律法规,国家和省级或行业建设主管部门有关影响工程造价、工期的文件、规定等。

3. 索赔时效

索赔时效是指在合同履行过程中,索赔方在索赔事件发生后的约定期限内不行使索赔权利,即视为放弃索赔权利,其索赔权归于消灭的制度。索赔时效限制主要基于以下两个方面的考虑:

(1) 促使索赔权利人尽快行使权利。索赔时效是时效制度中的一种,类似于民法中的诉讼时效,即在法定时限内,权利人如果不主张自己的权利,那么超过法定时限诉讼权利就消灭了,法院不再对该权利强制进行保护。

(2) 为了平衡发包人和承包人之间的利益。有的索赔事件持续时间非常短暂,事后难以复原,例如异常的地下水位、隐蔽工程等,时过境迁后,发包人难以找到有力证据确认责任归属,或难以准确评估所需金额。如果不对时效加以限制,将对发包人不利。当然,也只有促使承包人及时提出索赔要求,才能警示发包人要充分履行合同义务,避免类似索赔事件再次发生,从而平衡发包人和承包人之间的利益。

6.4.3.2 索赔程序

当索赔事件发生时,当事人一方向另一方提出索赔,需按照以下相关程序进行索赔处理。

(1) 承包人提出索赔的程序。根据合同约定,承包人认为非承包人原因发生的事件造成了承包人损失,应按以下程序向发包人提出索赔:

1) 承包人应在索赔事件发生后28天内,向发包人提交索赔意向通知书,说明发生索赔事件的理由。如果承包人逾期没有发出索赔意向通知书,则丧失索赔的权利。

2) 承包人在发出索赔意向通知书后28天内,要向发包人正式递交索赔通知书。索赔通知书应详细说明索赔理由和要求追加的金额和延长的工期,并附上必要的记录和证明材料,具体过程如图6.9所示。

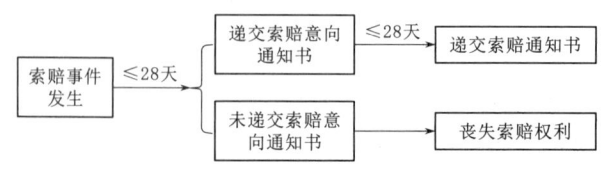

图 6.9 承包人的索赔程序

6.4 工 程 索 赔

如果索赔事件具有连续影响性，承包人应按合理时间间隔继续提交延续索赔通知书，说明持续影响的实际情况和记录，列出累计的追加付款金额和工期延长天数。在索赔事件影响结束后 28 天内，承包人应向发包人提交最终的索赔通知书，说明最终索赔要求，并附上必要的记录和证明材料。

（2）发包人对承包人索赔的处理程序。发包人对承包人索赔的处理须按照如下程序：

发包人收到承包人的索赔通知书后，应及时查验承包人的记录和证明材料。发包人在收到索赔通知书或有关索赔的进一步证明材料后的 28 天内，将索赔处理结果答复承包人。如果发包人逾期没有给出答复，视为承包人的索赔要求已被发包人认可。

如果承包人接受索赔处理结果，索赔款项将在当期进度款中进行支付；如果承包人不接受索赔的处理结果，则按照合同约定的争议解决方式来处理。具体程序如图 6.10 所示。

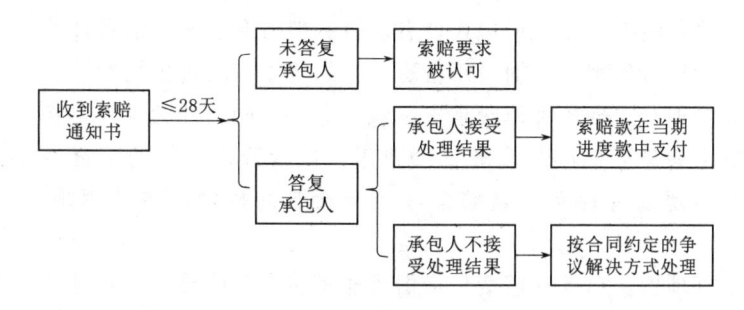

图 6.10 发包人处理索赔的程序

6.4.4 费用索赔

承包人要求赔偿时，除了工期索赔外，还可以选择以下一项或几项方式获得赔偿：要求发包人支付实际发生的额外费用；要求发包人支付合理的预期利润；要求发包人按合同的约定支付违约金。发包人应支付给承包人的索赔金额可以作为增加的合同价款，在当期进度款中支付。

发包人要求赔偿时，除了可以延长质量缺陷修复期限之外，还可以选择以下一项或两项方式获得赔偿：要求承包人支付实际发生的额外费用，要求承包人按合同的约定支付违约金。承包人应支付给发包人的索赔金额可以从拟支付承包人的合同价款中扣除，或由承包人以其他方式支付给发包人。

6.4.4.1 费用索赔的组成

引起索赔的原因不同，其费用索赔的具体内容也不同，但归纳起来，索赔费用的构成要素与工程造价的构成基本类似，包括人工费、材料和工程设备费、施工机具使用费、现场管理费、总部管理费、保险费、保函手续费、利息、利润、分包费等。

（1）人工费。索赔的人工费主要包括：承包人完成了合同范围之外的额外工作所额外花费的人工费；由于非承包人的原因导致工效降低，从而增加的人工费；超过法定工作时间加班的人工费；非承包人的责任导致了工程暂停和工程延期所产生的人员窝工费和工资上涨费等。在计算停工损失时，人工费通常按窝工考虑，以人工单价乘以折算系数,或直接以窝工的人工单价计算,双方在合同中约定。

(2) 材料和工程设备费。由于发生了索赔事件,造成材料和工程设备的实际用量超过计划用量而增加的材料费和工程设备费;由于客观原因致使材料和工程设备价格大幅上涨;由于非承包人原因导致工程延期,而在延期期间材料和工程设备价格上涨,以及材料和工程设备超期储存的费用。材料和工程设备费的索赔一般是按索赔的材料和工程设备用量与其单价上涨价差的乘积计算,还应包括运输费、仓储费、合理的损耗费用。如果是由于承包人管理不善造成材料损坏、失效,那么不能列入索赔款项内。

(3) 施工机具使用费。施工机具使用费主要包括由于完成合同之外的额外工作所额外增加的施工机具使用费;由于非承包人的原因导致工效降低,所增加的机具使用费;由于发包人或者工程师发出的指令错误或指令延迟,导致机具停工的台班窝工费。在计算台班窝工费时,不能按照机具台班费计算,因为台班费包括了施工机具的使用费。如果这台施工机械是承包人自有的,一般按台班的折旧费计算;如果是承包人租赁的,一般按台班租金,加上每台班分摊的施工机具进出场费计算。

(4) 现场管理费。现场管理费是指承包人完成合同之外的额外工作,以及由于发包人原因导致工期延期期间的现场管理费用,包括管理人员的工资、办公费、通信费、交通费等。现场管理费的索赔金额等于索赔的直接成本费用乘以现场管理费费率。

(5) 总部管理费。总部管理费是指由于非承包人原因导致工程延期,延期期间所增加的承包人向公司总部提交的管理费,包括总部职工的工资、办公大楼折旧、办公用品、财务管理、通信设施,以及总部人员赴工地检查指导工作等开支。总部管理费索赔金额的计算目前没有统一的方法。在国际工程施工索赔中,总部管理费的计算通常有以下三种方法:

1) 按照投标书中总部管理费的比例来计算,这个比例通常为 3%~8%。

$$\text{总部管理费} = \text{合同中总部管理费比率} \times (\text{人、材、机费用索赔额} + \text{现场管理费索赔额}) \quad (6.22)$$

2) 按照公司总部统一规定的管理费比率来计算。

$$\text{总部管理费} = \text{公司管理费比率} \times (\text{人、材、机费用索赔额} + \text{现场管理费索赔额}) \quad (6.23)$$

3) 以工程延期的总天数为基础计算。

首先,计算该项工程向总部上交的管理费:

$$\text{工程向总部上交的管理费} = \text{同期内公司的总管理费} \times \frac{\text{该工程的合同额}}{\text{同期内公司的总合同额}} \quad (6.24)$$

其次,计算该工程的每日管理费:

$$\text{该工程的每日管理费} = \frac{\text{该工程向总部上交的管理费}}{\text{合同实施天数}} \quad (6.25)$$

最后,计算总部管理费的索赔金额:

总部管理费索赔额＝该工程的每日管理费×工程延期的天数　　　(6.26)

【例 6.12】 某工程的合同价为 5000 万元，计划工期为 200 天，施工期间因为非承包人原因导致工期延误 10 天。如果同期这个公司承揽的所有工程合同总价为 2.5 亿元，计划总部管理费为 1250 万元，那么承包人可以索赔的总部管理费为多少？

解 首先，确定这项工程应分摊的总部管理费：$\frac{0.5}{2.5} \times 1250 = 250$（万元）

其次，确定这项工程的日平均总部管理费：$\frac{250}{200} = 1.25$（万元 / 天）

最后，确定延误 10 天需要索赔的总部管理费：$10 \times 1.25 = 12.5$（万元）

(6) 保险费。因发包人原因导致工程延期时，承包人将必须办理工程保险、施工人员意外伤害保险等各项保险的延期手续，对于由此增加的费用承包人可放到费用索赔中。

(7) 保函手续费。工程延期时，保函手续费相应增加；反之，取消部分工程且发包人与承包人达成提前竣工协议的，对承包人的保函金额相应折减，计入合同价内的保函手续费也应扣减。该费用需要承包人按时提供证据和票据，据实索赔。由于非承包人原因导致工程延期时，承包人须办理相关履约保函的延期手续，对于由此而增加的手续费，承包人可以提出费用索赔。

(8) 利息。利息包括发包人拖延支付工程款的利息；发包人延迟退还质量保证金的利息；承包人垫资施工的垫资利息；发包人错误扣款的利息等。具体利息标准由双方在合同中约定，未约定或约定不明的，按照中国人民银行发布的同期同类贷款利率计算。

(9) 利润。不同性质的索赔取得的利润索赔成功率是不同的。对于工程变更引起的工程量增加、发包人提供的文件有缺陷或错误、发包人没有及时提供施工现场、施工条件变化等引起的索赔，承包人是可以列入利润的；由于发包人违约导致合同终止或放弃合同，承包人都可以列入利润。索赔利润数额的计算通常与原报价单中的利润百分率保持一致。对于因业主原因终止或放弃合同的，承包人除有权获得已完成的工程款以外，还应得到原定比例的利润。但是应注意：由于工程量清单中的综合单价已经包括了利润，因此在索赔计算中应注意不能重复计算。

(10) 分包费。由于发包人原因导致分包工程费用增加时，分包人只能向总承包人提出索赔，但分包人的索赔款项应列入总承包人对发包人的索赔款项中。

施工索赔中以下几项费用不允许索赔：承包人对索赔事件的发生原因负有责任的有关费用；承包人对索赔事件未采取积极补救措施，造成损失扩大；承包人进行索赔工作的准备费用；索赔款在索赔处理期间的利息。

6.4.4.2　费用索赔的计算方法

费用索赔的计算应以赔偿实际损失为原则。常用的方法有实际费用法、总费用法、修正的总费用法。

(1) 实际费用法。又称分项法，是根据索赔事件造成的损失或成本增加，按费用项目逐项分析计算索赔金额的方法。这种方法比较复杂，但是它能客观反映施工单位的实际损失，比较合理，容易被当事人接受，所以在国际工程中被广泛采用。

【例 6.13】 某施工项目施工现场主导施工机械一台，由施工企业租赁。合同约定：台班单价为 600 元/台班，租赁费为 200 元/台班，人工单价为 200 元/工日，窝工补贴为 50 元/工日。合同履行第 30 天，因场外大面积停电造成停工 2 天，人员窝工 16 工日；合同履行第 50 天发包人指令增加一项新工作，完成该工作需要 5 天，机械台班为 5 台班，人工 20 个工日，材料费 5000 元。试计算施工单位可索赔直接工程费为多少？

解 因场外停电导致的直接工程费索赔额为

$$人工费 = 50 \times 16 = 800(元)$$
$$机械费 = 200 \times 2 = 400(元)$$

因发包人指令增加一项新工作导致的直接工程费索赔额为

$$人工费 = 20 \times 200 = 4000(元)$$
$$机械费 = 600 \times 5 = 3000(元)$$
$$材料费 = 5000(元)$$

$$直接工程费索赔额 = (800 + 400) + (4000 + 3000 + 5000) = 13200(元)$$

（2）总费用法。又称总成本法，当发生多次索赔事件之后，重新计算工程的实际总费用，再从该工程总费用中减去投标报价时的估算总费用，即为索赔金额。

总费用法的计算没有考虑实际费用可能包括由于承包人原因而增加的费用。同时，投标报价估算的总费用不一定准确。比如由于承包人为了谋取中标，而采用了过低的报价策略，因此总费用法并不十分科学。这种方法适用于施工过程中受到严重干扰，造成多个索赔事件混杂在一起，导致难以准确地进行分项记录和收集资料、证据，不容易分项计算出具体的损失费用，只好采用总费用法进行索赔。

（3）修正的总费用法。修正的总费用法是对总费用法的改进，即在总费用计算原则的基础上，去掉不合理的因素。修正的内容主要包括以下四个方面：

1) 把计算索赔款的时间段局限于受到外界影响的时间段，而不是整个施工期。

2) 只计算受影响时间段内的某项工作所受影响的损失，而不是计算该时间段内所有施工工作所受的损失。

3) 与该项工作无关的费用不列入总费用中。

4) 对投标报价费用重新核算，按受影响时间段内该项工作的实际单价进行核算，乘以实际完成该项工作的工作量，得出调整后的报价费用。

修正的总费用法与总费用法相比较而言，有了实质性改进，能够准确反映实际增加的费用。

6.4.5 工期索赔

工期索赔是指承包人依据合同对由于因非自身原因导致的工期延误向发包人提出的工期顺延要求。

6.4.5.1 工期拖延的类别

工程拖延可分为"可原谅的拖延"和"不可原谅的拖延"。"可原谅的拖延"是指由于非承包人原因造成的工程拖期；"不可原谅的拖延"一般是指承包人的原因造成的工程拖期。有时工程拖期的原因中可能包含甲乙双方责任,此时工程师应详细分析,分清责任比例。只有可原谅拖期部分,才能批准顺延合同工期。

可原谅拖延又细分为可原谅并给予费用补偿的拖期和可原谅但不给予费用补偿的拖期。后者是指非承包人责任造成拖期,而且没有导致施工成本的额外支出,大多属于发包人应承担风险责任事件的影响,如异常恶劣的气候影响导致停工等。

在实际施工过程中,工期拖延很少只是由一方造成,往往是多种原因同时发生而形成,也被称为"共同延误"。在共同延误的情况下,索赔原则为先确定"初始延误者"。判断最先造成拖期发生的责任方,即"初始延误者"。初始延误者应对工程拖期负责。在初始延误发生作用期间,其他并发的延误者不承担拖期责任。如果初始延误者是发包人,在发包人造成的延误期内,承包人既可得到工期延长,又可得到费用补偿;如果初始延误者是承包人,在承包人造成的延误期内,既得不到工期延长,也得不到费用补偿。如果初始延误者是客观原因,在客观因素发生影响的延误期内,承包人可以得到工期延长,但很难得到费用补偿。

当然被延误的工作只有位于关键线路上,才会影响到竣工日期。如果被延误的工作在非关键线路上,并且受干扰后仍然在非关键线路上,那么这个干扰事件对工期没有影响,不能提出工期索赔。但如果对非关键工作的影响时间太长,超过了该工作可用于自由支配的时间,也会导致进度计划中非关键线路转化为关键线路,其滞后将影响总工期的拖延。此时应充分考虑该工作的自由时间,给予相应的工期顺延。

6.4.5.2 工期索赔的计算

若发生了工期索赔事件,须计算索赔的工期。工期索赔的计算主要有网络图分析法、比例计算法等。

1. 网络图分析法

网络图分析法是利用进度计划网络图,分析关键线路。如果延误的工作为关键工作,则索赔工期等于延误时间。如果延误工作为非关键工作,此时分两种情况:一种是延误后变为关键工作,那么索赔工期等于延误时间减去自由时差;另一种是延误后仍为非关键工作,则不存在工期索赔问题。具体如图 6.11 所示。

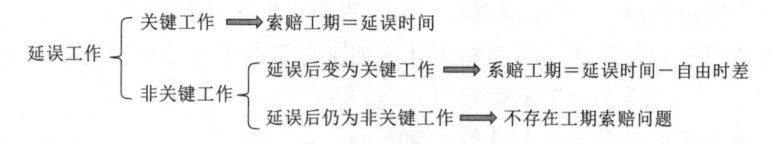

图 6.11 利用网络图分析工期索赔

【例 6.14】 假如某工程先后发生三个干扰事件。事件一:因业主对隐蔽工程复检,而导致关键工作停工两天,隐蔽工程复检合格;事件二:因为异常的恶劣天气导致工程全面停工 2 天;事件三:因季节性大雨导致工程全面停工 3 天,那么承包人可索赔的工期为多少天?

分析:因上述三个干扰事件均影响到了关键工作,但是季节性大雨属于承包人可以预料到的事件,不能获得工期补偿,因此承包人可索赔工期为 2+2=4(天)。

【例 6.15】 某工程项目的进度计划如图 6.12 所示（粗线为关键工作），总工期为 32 周。在实施过程中，工作②→④由原来的 6 周延至 7 周，工作③→⑤由原来的 4 周延至 5 周，工作④→⑥由原来的 5 周延至 9 周，其中工作②→④的延误是因承包人自身原因造成的，其余均由非承包人原因造成。试计算承包人工期索赔多长时间？

解 将延误后的持续时间代入图 6.12，即得到工程实际进度计划网络图，如图 6.13 所示。

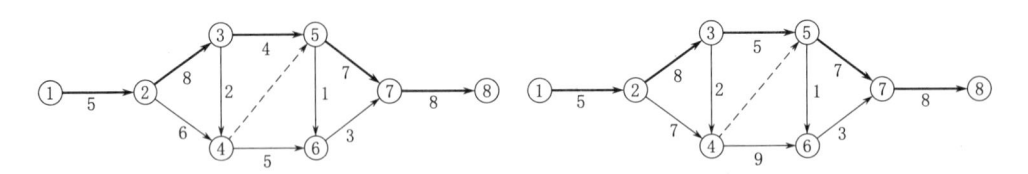

图 6.12 某工程项目进度计划网络图　　图 6.13 某工程项目实际进度计划网络图

发现关键线路未发生变化，但实际总工期由 32 周延至 35 周，与原进度计划图相比延误了 3 周，承包人责任造成的延误（1 周）不在关键线路上，因此，承包人可以向业主索赔工期 3 周。

2. 比例计算法

如果干扰事件仅影响某个单项、单位或分部分项工程的工期，要分析对总工期的影响，常采用比例计算法。在已知受干扰部分工程拖延时间的情况下，可以按照下述公式计算：

$$工期索赔值 = \frac{受干扰部分工程的合同价格}{原合同总价} \times 受干扰部分工期拖延的时间 \quad (6.27)$$

同样的，在已知额外增加工程量价格的情况下，可按照下述公式计算：

$$工期索赔值 = \frac{额外增加的工程量的价格}{原合同总价} \times 原合同总工期 \quad (6.28)$$

【例 6.16】 某工程合同总价为 350 万元，总工期为 14 个月，现发包人要增加附属工程，合同价格为 50 万元，那么承包人提出工期索赔是多少月？

分析：按照比例计算法，在已知额外增加工程量的价格的情况下：

$$工期索赔值 = 50/350 \times 14 = 2$$

因此，承包人可以提出 2 个月的工期索赔。

比例计算法简单方便，但有时不符合实际情况。例如，对于变更施工顺序、加速施工、删减工程量等事件的索赔，比例计算法是不适用的。

6.4.5.3 工期延误引起的费用索赔

工期延误索赔包括两方面：一是承包人要求延长工期，二是承包人要求偿付由于非承包人原因导致工期延误而造成的费用损失。这两方面的索赔报告要分别编制，因为工期索赔和费用索赔不一定同时成立。如果工期拖延的责任在承包人方面，承包人无权提出索赔。如果发包人未按施工合同的约定履行自己应负的责任，除竣工日期得以顺延外，还应赔偿承包方因此发生的实际费用损失。不同原因导致的工期延误所引

6.4 工程索赔

起的费用索赔不尽相同。主要包括如下情况：

（1）由于发包人原因造成整个工程停工。此时造成全部人工、施工机具停滞，分包人也受到影响，承包人还需支付管理费，但承包人因完成的合同工程量减少而减少管理费收入等。

（2）由于发包人原因造成非关键线路工作停工。此时总工期不延长，但如果这种干扰造成承包人人工和施工机具停工，则承包人有权对由于这种停工造成的费用提出索赔。在干扰发生时，工程师有权指令承包人，承包人也有责任在可能的情况下尽量将停滞的人工和施工机具用于他处，以减少损失。当然发包人应对由于这种安排而产生的费用损失（如工效降低、设备搬迁费用等）负责。如果工程的其他方面仍能顺利进行，承包人完成的工程量没有变化，则这些干扰一般不涉及管理费的赔偿。

（3）由于发包人原因对工程造成干扰，导致工程虽未停工但却在一种混乱的低效率状态下施工，例如发包人打乱施工次序，局部停工造成人工、施工机具的集中使用。由于等待变更指令、不断加班等情况，不仅使工期拖延，而且也造成费用损失，包括人工、施工机具低效率损失，现场管理费和总部管理费损失等。

因此，在工期延误引起费用索赔时，分析导致工期延误的原因，从而进一步确定其可索赔的费用构成。

【例 6.17】 某工程项目，发包人通过招标与甲建筑公司签订了土建工程施工合同，包括 A、B、C、D、E、F、G、H8 项工作，合同工期 36 周。发包人与乙安装公司签订了设备安装施工合同，包括设备安装与调试工作，合同工期 18 周。经过相互协调，编制了图 6.14 所示的项目进度计划。在施工过程中发生了以下事件：

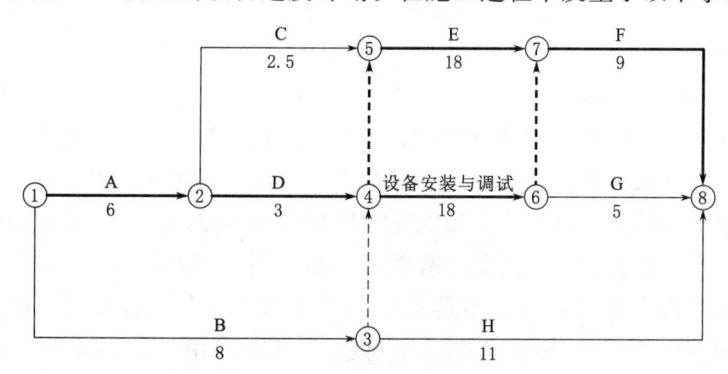

图 6.14 某工程项目进度计划网络图

事件一：基础工程施工时，发包人负责供应的钢筋混凝土预制桩供应不及时，使 A 工作延误 0.5 周。

事件二：B 工作施工完成后进行检查验收时，发现一预埋件埋置位置有误，经核查，是由于设计图纸中预埋件位置标注错误所致。甲建筑公司进行了返工处理，损失 5 万元，且使 B 工作延误 1.5 周。

事件三：甲建筑公司因人员与机械调配问题造成 C 工作增加工作时间 0.5 周，窝工损失 2 万元。

事件四：乙安装公司安装设备时，因接线错误造成设备损坏，使乙安装公司安装调试工作延误 0.5 周，损失 12 万元。

发生以上事件后，施工单位均及时向发包人提出了索赔要求。分析发包人是否应给予甲建筑公司和乙安装公司工期和费用补偿？

解 首先分析出图 6.14 的关键线路与相关参数（图中粗线）。

事件一：发包人钢筋混凝土预制桩供应不及时，造成 A 工作延误，因 A 工作是关键工作，业主应给甲建筑公司补偿工期和相应的费用。业主应顺延乙安装公司的开工时间和补偿相关费用。

事件二：因设计图纸错误导致甲公司返工处理，由于 B 工作是非关键工作，因为已经对 A 工作补偿工期，B 工作延误的 1.5 周在其总时差范围以内，故不给予甲建筑公司工期补偿，但应给甲建筑公司补偿相应的费用。因对乙安装公司不造成影响，故不应给乙安装公司工期和费用补偿。

事件三：由于甲建筑公司原因使 C 工作延长 0.5 周，不给予甲建筑公司工期和费用补偿。因未对乙安装公司造成影响，业主不对乙安装公司补偿。

事件四：由于乙安装公司的错误造成总工期延期与费用损失，发包人不给予工期和费用补偿。由此引起的对甲建筑公司的工期延误和费用损失，业主应给予补偿。

6.5　合同价款中期支付

6.5.1　预付款

6.5.1.1　预付款的支付

承包人在施工前期要做的准备工作非常多，如购置材料、工程设备，购置或租赁施工机具、修建临时设施以及组织施工人员进场等需要占用大量资金。发包人为帮助承包人顺利启动项目，帮助承包人解决施工前期资金短缺的问题，预先支付给承包人一部分款项即工程预付款。预付的工程款必须在合同中事先约定，并在工程进度款中进行抵扣。如果没有签订合同或不具备施工条件的工程，发包人是不能预付工程款的，也不能以预付款为名转移资金。预付款必须专门用于合同工程，而不能改为他用。

承包人在签订合同之后，或如果有预付款保函的，则在向发包人提供与预付款等额的预付款保函之后，向发包人提交预付款支付申请。发包人在收到支付申请的 7 天内，进行核实，并向承包人发出预付款支付证书，在签发支付证书后的 7 天以内，向承包人支付预付款。

如果发包人没有按时支付预付款，承包人可以催告发包人；发包人在付款期满后的 7 天以内仍然没有支付的，属于发包人违约，承包人可以在第 8 天起暂停施工。停工所造成的费用增加和工期延误，由发包人承担，同时还要向承包人支付停工期间的合理利润。具体流程如图 6.15 所示。

6.5.1.2 预付款的扣回

预付款是预支行为，随着工程逐步开展，所需主要材料和构配件的储备量逐步减少，承包人也取得了相应的合同价款，此时应考虑预付款的扣回问题。预付款的扣回是从每个支付期应支付给承包人的进度款中扣回，直到扣回的金额达到合同约定的预付款金额为止。

对于预付款保函，承包人的预付款保函的担保金额，随着预付款扣回其预付款数额也相应递减，但在预付款全部扣回之前一直保持有效。发包人应该在预付款扣完之后的 14 天内，将预付款保函退还给承包人。预付款的扣回，在这里涉及两个问题：①从什么时候开始扣回；②每次扣回多少。目前扣款方法主要有累计工作量法和双方在合同中约定两种。

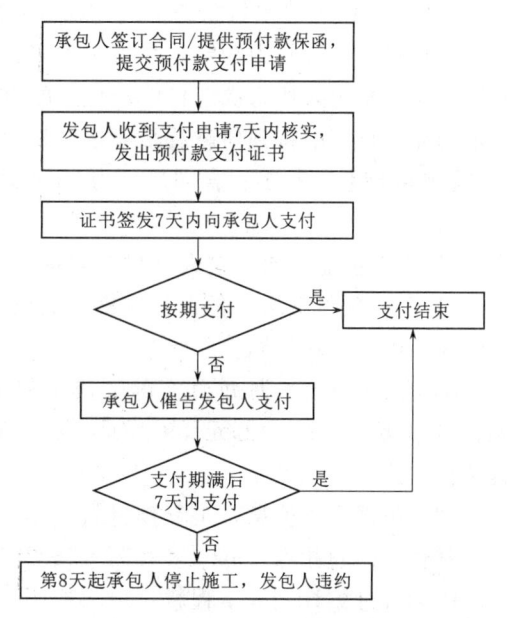

图 6.15 预付款支付流程图

（1）累计工作量法。这种方法是以未施工工程所需主要材料及构件的价值等于预付款数额的时候开始扣回，从每次结算工程价款中，按材料及构件比重抵扣工程价款，直到竣工之前全部扣清，因此起扣点的确定非常关键。起扣点即是累计完成工程量的金额达到多少时，开始扣回工程预付款。起扣点的公式为

$$T = P - \frac{M}{N} \tag{6.29}$$

式中　T——起扣点；

　　　M——工程预付款数额；

　　　N——主要材料及构件所占的比重；

　　　P——承包工程价款总额。

【例 6.18】　某工程计划完成年度建安工程工作量为 700 万元，合同规定工程预付款额度为 20%，材料比例为 60%。8 月累计完成工作量 500 万元，当月完成工作量 100 万元，若按 9 月当月完成工作量为 90 万元来计算，请确定累计工作量起扣点，以及 8 月和 9 月结算时，应扣回的工程预付款数额。

解　工程预付款的数额：$700 \times 20\% = 140$（万元）

累计工作量表示的起扣点：$700 - \dfrac{140}{60\%} = 466.7$（万元）

即在累计完成工程量金额达到 466.7 万元时开始扣回工程预付款。因为 8 月累计完成了 500 万元，因此 8 月开始扣回预付款。按照材料与构件的比重来抵扣工程款，那么 8 月应扣回工程预付款的数额：

$$(500 - 466.7) \times 60\% = 19.98（万元）$$

217

9月应扣回工程预付款的数额：90×60％＝54(万元)

（2）双方在合同中约定。在承包人完成工程金额累计达到合同总价的一定比例后开始起扣，发包人从每次应付给承包人的金额中按一定比例扣回，发包人至少在合同约定的完工日期前将预付款总金额逐次扣回。

【例 6.19】 某工程合同总价为 95.4 万元，合同工期为 6 个月，合同中有关付款的条款为：

1）开工前业主向承包人支付合同总价 20％的工程预付款。

2）工程预付款从承包人获得累计工程款超过合同价 30％以后的下一个月起至竣工的前一个月平均扣回。

承包人1月至6月每月实际完成工程价款分别为 14.4 万元、18 万元、21.6 万元、21.6 万元、21.6 万元、9 万元。那么工程预付款从哪个月起扣？每个月应扣工程预付款为多少呢？

解 根据上述信息，工程预付款：95.4×20％＝19.08（万元）

预付款的起扣点：95.4×30％＝28.26（万元）

因为2月累计完成工程款：14.4＋18＝32.4（万元）＞28.26（万元）

因此预付款从3月起扣，从3月、4月、5月平均扣回。

每月扣回预付款：19.08÷3＝6.36（万元）

6.5.2 进度款支付

施工合同是先由承包人完成工程，后由发包人支付合同价款的特殊的承揽合同。由于建设工程通常投资额大、工期长，合同价款的履行主要按照"阶段小结、最终结清"来实现。当承包人完成了一个阶段的工程量之后，发包人应按合同约定支付工程进度款。进度款的支付周期应该与合同约定的工程计量周期一致。

6.5.2.1 工程计量周期

招标工程量清单所列的工程量是根据施工图样计算出来的工程量，也是对合同工程的估计工程量。而工程实施过程中，通常实际完成的工程量与工程量清单所列工程量不一致。例如招标工程量清单缺项、项目特征描述与实际不符、工程变更、现场施工条件变化、现场签证等，因此在合同价款结算前，必须对承包人履行合同实际完成的工程量进行准确计量，即承包人履行合同义务实际完成的工程量，这一点非常重要。这里的工程计量不是实际完成的工程量，而是履行合同义务实际完成的工程量。原因如下：

（1）对于不符合合同文件要求的工程，不予计量，即工程必须满足图纸、技术规范等合同文件对工程质量的要求。

（2）工程计量必须要按合同文件规定的计量方法、范围、内容和单位来计量。

（3）因为承包人原因超出合同工程的范围进行施工，或工程不合格导致返工的工程量，发包人不予计量。例如，在某工程的基础施工中，施工方为了保证工程质量，擅自将施工范围的边缘扩大，原计划土方工程量为 500m³，而实际增加到 600m³，那么该工程应计量的土方工程量按 500m³ 计算。原因是承包人自行超出合同工程范围，发包人不予计量。

当然对于工程计量，承包人提交一个计量周期的已完工程量报告，发包人审核无异议，将会出具核实信。

6.5.2.2 工程进度款的支付

承包人在每个计量周期到期后的 7 天内，向发包人提交已完工的工程进度款支付申请，详细说明在本周期自己认为有权得到的款额。支付申请的内容包括两个累计情况和本周期情况：两个累计情况包括累计已完工程的工程价款和累计已实际支付的工程价款；本周期情况包括本周期已完工程的工程价款、本周期完成的计日工价款、本周期应增加和扣减的变更金额、本周期应增加和扣减的索赔金额、本周期应抵扣的预付款、本周期应扣减的质量保证金、本周期应增加和扣减的其他金额、本周期实际应支付的工程价款。因此本周期进度款的计算如下：

$$本周期进度款 = 已完工程合同价款 + 合同价款的调整 \tag{6.30}$$

式（6.30）可展开为

$$\begin{aligned}本周期进度款 =\ & 已计量工程量 \times 清单原单价 + 已计量工程量 \\ & \times 新单价 + 索赔金额 + 签证金额 + 其他应增加的金额 \\ & - 甲供材料 - 预付款扣回 - 质保金扣回 - 其他应减金额\end{aligned} \tag{6.31}$$

发包人在收到承包人进度款支付申请后的 14 天内，根据计量结果和合同约定对申请内容予以核实，确认后向承包人出具进度款支付证书。发包人应该在签发进度款支付证书后的 14 天内，按照支付证书列明的金额向承包人支付进度款。

如果发包人逾期未签发进度款支付证书，则视为承包人提交的进度款支付申请已被发包人认可，承包人可以向发包人发出催告付款的通知，发包人应在收到通知后的 14 天内，按照承包人支付申请的金额，向承包人支付进度款。

如果发包人未按规定支付进度款，承包人可以催告发包人支付，并有权获得延迟支付的利息，发包人在付款期满后的 7 天内仍未支付的，承包人可在付款期满后的第 8 天起暂停施工，发包人应承担由此增加的费用和延误的工期，向承包人支付合理利润，并承担违约责任。具体支付流程如图 6.16 所示。

当然，如果发现已经签发的任何支付证书有错、漏或重复的数额，发包人有权予以修正，承包人也有权提出修正申请，经发承包双方复核同意修正的，应在本次到期的进度款中支付或扣除。

6.5.2.3 安全文明施工费的支付

安全文明施工费的内容和范围应以国家和工程所在地省级建设行政主管部门的规定为准，发包人应该在工程开工后的 28 天内，预付安全文明施工费总额的 50%，其余部分按提前安排的原则进行分解，与进度款同期支付。发包人没有按时支付安全文明施工费的，承包人可催告发包人支付；发包人在付款期满后的 7 天内仍然没有支付的，如果发生了安全事故，发包人应承担连带责任。

当然承包人应该对安全文明施工费专款专用，在财务账目中单独列项备查，不得挪作他用，否则发包人有权要求承包人限期改正。逾期未改正的，造成的损失或工期延误，由承包人承担。

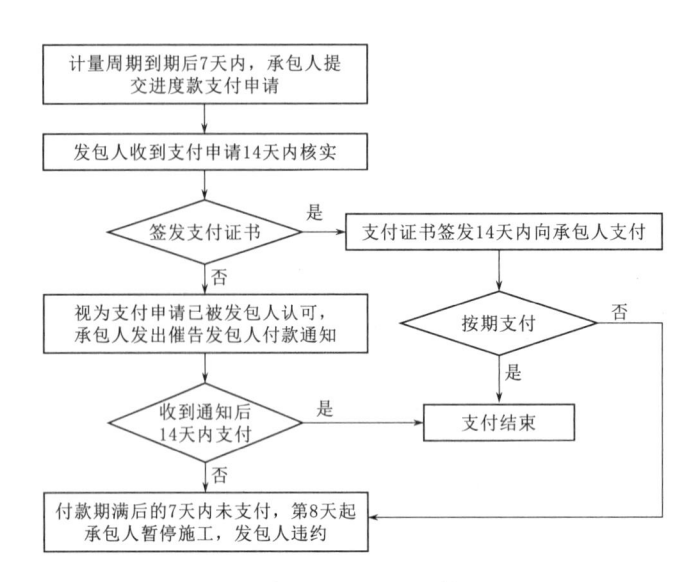

图 6.16 工程进度款支付流程

6.5.2.4 总承包服务费的支付

发包人应在工程开工后的 28 天内向承包人预付总承包服务费的 20%，分包人进场后，其余部分与进度款同期支付。发包人未按合同约定给承包人支付总承包服务费，承包人可不履行总包服务义务，由此造成的损失（如有）由发包人承担。

6.6 建设工程费用和进度的动态控制

在施工过程中，由于受各种随机因素与风险因素的影响，建设单位和施工单位均需要进行实际费用与计划费用之间、实际进度与计划进度之间的动态比较，分析费用偏差和进度偏差产生的原因，并及时采取有效措施控制费用偏差和进度偏差。偏差分析是施工过程中控制造价的有效方法。

6.6.1 费用偏差与进度偏差分析

6.6.1.1 建设工程的费用偏差

费用偏差是指费用计划值与实际值之间存在的差异。费用偏差（cost variance，CV）的计算公式如下：

$$费用偏差(CV)=已完工程的计划费用(BCWP)-已完工程的实际费用(ACWP) \tag{6.32}$$

上式中，已完工程的实际费用（actual cost for work performed，ACWP），又称实耗值，是指到某一时刻为止，已完成工程实际花费的总金额。表达式如下：

$$已完工程的实际费用=已完工程量×实际单价 \tag{6.33}$$

已完工程的计划费用（budgeted cost for work performed，BCWP），由于已完工程的实际费用和拟完工程的计划费用，既存在费用偏差又存在进度偏差。而 BCWP 正是为了更好地分析这两种偏差而引入的参数。表示在某一确定时间内，实际完成的工程量与单位工程量计划单价的乘积。表达式如下：

$$已完工程的计划费用(BCWP) = 已完工程量 \times 计划单价 \quad (6.34)$$

已完工程的计划费用是指根据进度计划在某一时间内已经完成的工程量，按照批准认可的预算为标准所需的资金总额。因为发包人是根据这个值为承包人完成的工程量支付相应的费用，也即承包人获得的金额，所以称为赢得值或挣值。

$$\begin{aligned}费用偏差 &= 已完工程量 \times 计划单价 - 已完工程量 \times 实际单价 \\ &= 已完工程量 \times (计划单价 - 实际单价) \end{aligned} \quad (6.35)$$

从式（6.35）可看出，计划单价与实际单价之间有一个价差，这就是费用偏差产生的原因。

费用偏差 CV>0，表示计划价比实际价高，即用低于计划价就可以完成工作，因此节约了费用。而费用偏差 CV<0，实际价高于计划价，说明费用超支。

6.6.1.2 建设工程的进度偏差

进度偏差（schedule variance，SV），其计算表达式如下所示：

$$进度偏差(SV) = 已完工程实际时间 - 已完工程计划时间 \quad (6.36)$$

进度偏差与费用偏差密切相关，为了与费用偏差联系在一起，进度偏差也可以表示为

$$进度偏差(SV) = 已完工程计划费用(BCWP) - 拟完工程计划费用(BCWS) \quad (6.37)$$

式（6.37）中，拟完工程计划费用（budgeted cost for work scheduled，BCWS）是指根据进度计划在某一时间内应完成的工程量的计划费用。

$$拟完工程的计划费用 = 拟完工程量 \times 计划单价 \quad (6.38)$$

因此，进度偏差表达式可以进一步表达为

$$\begin{aligned}进度偏差(SV) &= 已完工程量 \times 计划单价 - 计划工程量 \times 计划单价 \\ &= 计划单价 \times (已完工程量 - 计划工程量) \end{aligned} \quad (6.39)$$

式（6.39）产生了工程量偏差，这个量差可以解释为进度偏差SV。

当进度偏差 SV>0 时，即量差>0，表示实际工程量大于计划工程量，说明实际完成的工程量多了，代表进度超前；如果 SV<0，表示实际完成的工程量小于计划工程量，说明实际完成的工程量少了，代表进度拖后。

6.6.1.3 偏差参数

在对偏差参数分析时，可从三个方面分析，分别是局部偏差和累积偏差、绝对偏差和相对偏差、绩效指数。

1. 局部偏差和累积偏差

局部偏差有两层意思：一是相对于项目的总造价而言，是指各单项工程、单位工程和分部分项工程的偏差；二是相对于项目实施的时间而言，是指每一控制周期所发生的偏差。

累积偏差则是在项目已经实施的时间内累计发生的偏差。在进行费用偏差分析的时候，对局部偏差和累积偏差都要进行分析。在每一个控制周期内，发生局部偏差的工程内容及其原因一般都比较明确，分析结果也比较可靠。而累积偏差所涉及的工程

内容较多，范围较大，原因也较为复杂，因此累积偏差的分析必须以局部偏差分析作为基础，但是累积偏差的分析并不是对于局部偏差分析的简单汇总，而需要对局部偏差分析的结果进行综合分析，对造价控制在较大范围内具有指导作用。

2. 绝对偏差和相对偏差

绝对偏差是指费用实际值与造价计划值比较所得的差额；相对偏差是指偏差的相对数或比例数，通常用绝对偏差与费用计划值的比值来表示。计算公式表示为

$$费用相对偏差=\frac{绝对偏差}{费用计划值}=\frac{费用实际值-费用计划值}{费用计划值} \tag{6.40}$$

与绝对偏差一样，相对偏差可正可负，而且二者的符号是相同的，正值表示费用超支，负值表示费用节约。

在对费用偏差分析时，绝对偏差和相对偏差均须计算。绝对偏差的结果比较直观，它的作用主要是了解项目造价偏差的绝对数额，用来指导调整资金的支出计划和资金筹措计划。但是由于项目规模、性质、内容不同，造价的总额会有很大差异，因此绝对偏差的局限性就显现出来；而相对偏差则比较客观地反映造价偏差的严重程度和合理程度。从造价控制工作的要求来看，相对偏差比绝对偏差更有意义。

3. 绩效指数

对于偏差的分析也可以采用绩效指数的形式表达。绩效指数包括费用绩效指数和进度绩效指数。

（1）费用绩效指数（cost performance index，CPI），其表达式如下：

$$CPI=\frac{已完工程计划费用(BCWP)}{已完工程实际费用(ACWP)}=\frac{已完工程量\times 计划单价}{已完工程量\times 实际单价}=\frac{计划单价}{实际单价} \tag{6.41}$$

当 CPI<1 时，表示实际费用高于计划费用，即超支；

当 CPI>1 时，表示实际费用低于计划费用，即节支。

（2）进度绩效指数。进度绩效指数（schedule performance index，SPI），其表达式如下：

$$SPI=\frac{已完工程计划费用(BCWP)}{计划工程计划费用(BCWS)}=\frac{已完工程量\times 计划单价}{计划工程量\times 计划单价}=\frac{已完工程量}{计划工程量} \tag{6.42}$$

当 SPI<1 时，即已完工程量小于计划工程量，进度延误，表示实际进度比计划进度拖后；

当 SPI>1 时，即已完工程量大于计划工程量，进度提前，表示实际进度比计划进度快。

6.6.2 常用的偏差分析方法

常用的偏差分析方法有横道图法、表格法、曲线法、时标网络图法等。

6.6.2.1 横道图法

采用横道图进行费用偏差分析，是指采用不同的横道标识已完工程的实际费用、拟完工程的计划费用和已完工程的计划费用，横道的长度与它们的数值成正比。例如

6.6 建设工程费用和进度的动态控制

根据横道图中的三个参数，见表 6.9，可以计算出它的费用偏差和进度偏差。

表 6.9　　　　某工程分部分项工程费用偏差和进度偏差计算

项目编码	项目名称	费用参数数额/万元	费用偏差/万元	进度偏差/万元
011	土方工程	70 / 50 / 60	10	10
012	边坡支护	80 / 66 / 100	−20	34
013	桩基工程	80 / 80 / 60	20	−20
合计		230 / 196 / 220	10	24
图例		已完工程实际费用　拟完工程计划费用　已完工程计划费用		

横道图的优点是形象直观，能够准确表达出投资的绝对偏差，而且能一眼感受到偏差的严重性。但是这种方法反映的信息量比较少，主要反映累计偏差和局部偏差，因此它的应用具有一定的局限性。

6.6.2.2 表格法

表格法是进行偏差分析最常用的一种方法，可根据项目的具体情况、数据来源、费用控制工作的要求等条件来设计表格，因而实用性较强。见表 6.10，将项目的编码、名称、各个费用参数以及费用偏差值等综合纳入一张表格中，可直接在表格中进行偏差的比较和分析。

表 6.10　　　　费用偏差和进度偏差计算

项目编码	(1)	011	012	013	…
项目名称	(2)	土方工程	边坡支护	桩基工程	…
单位	(3)	m³	m	m³	…
计划单价	(4)	5	6	8	…
拟完工程量	(5)	10	11	10	…
拟完工程计划费用	(6) = (4)×(5)	50	66	80	…
已完工程量	(7)	12	16.67	7.5	…
已完工程计划费用	(8) = (4)×(7)	60	100	60	…
实际单价	(9)	5.83	4.8	10.67	…
其他款项	(10)	…	…	…	…

续表

项目编码	(1)	011	012	013	…
已完工程实际费用	(11) = (7) × (9) + (10)	70	80	80	…
费用绝对偏差	(12) = (11) − (8)	10	−20	20	…
费用相对偏差	(13) = (12) ÷ (8)	0.167	−0.2	−0.33	…
进度绝对偏差	(14) = (6) − (8)	−10	−34	20	…
进度相对偏差	(15) = (14) ÷ (8)	−0.2	−0.52	0.25	…

表格法具有灵活、适用性强的优点，可以根据实际需要设计表格，信息量也较大，可以反映偏差分析所需要的资料，从而有利于管理人员及时采取针对性的措施，加强进度控制。

6.6.2.3 曲线法

曲线法是用费用-时间累计曲线（又称"S 形曲线"）来分析费用偏差和进度偏差的一种方法，用曲线法进行偏差分析时，通常有三条曲线，即已完工程实际费用曲线 a，已完工程计划费用曲线 b 和拟完工程计划费用曲线 p（图 6.17）。在某一检查时点画一条竖向辅助线，分别交曲线 a、b、p 于点 A、B、M，则曲线 a 和曲线 b 的竖向距离表示费用偏差，因为 B 点的费用小于 A 点的费用，因此费用增加；曲线 b 和曲线 p 的竖向距离表示进度偏差，因为 B 点的费用小于 M 点的费用，因此进度拖延。图 6.17 所反映的是累计偏差，并且是绝对偏差。从点 B 画水平辅助线交曲线 p 于点 P，则从时间坐标轴上可以看出，PB 长度在时间轴上的投影表示进度拖延的时间。

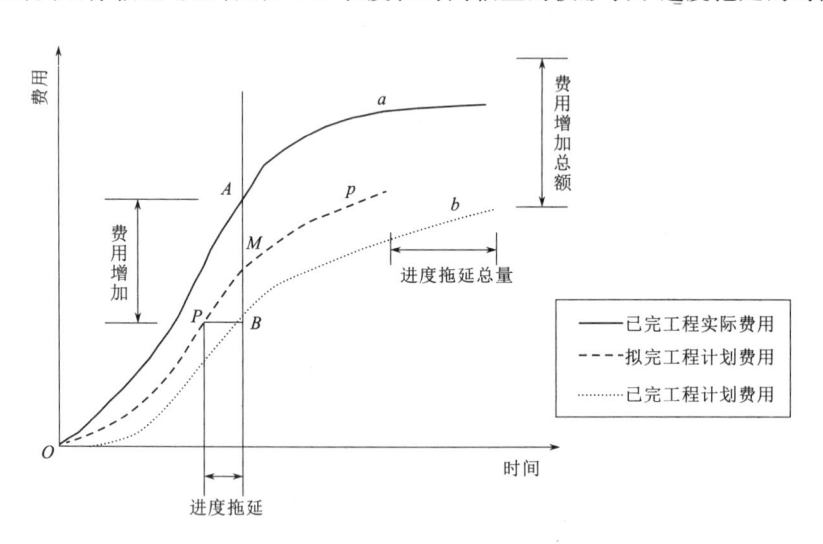

图 6.17 偏差分析曲线图

曲线法具有形象直观的优点，但是不能直接用于定量分析，如果能与表格结合起来，则会取得更好的效果。

6.6.2.4 时标网络图法

时标网络图是在确定进度计划网络图的基础上，将施工的实施进度与日历工期相

6.6 建设工程费用和进度的动态控制

结合而形成的网络图。双代号时标网络图以水平时间坐标尺度表示工作时间，时标的时间单位根据需要可以是天、周、月等。应用时标网络图法进行费用偏差分析时，是根据时标网络图得到每一时间段拟完工程的计划费用，再根据实际工作完成情况测得已完工程的实际费用，并通过分析时标网络图中的实际进度前锋线，得出每一时间段已完工程的计划费用。这样可以分析费用偏差和进度偏差。

施工检查日用"▲"表示，代表施工的实际进度，将某一确定时点下时标网络图中各个工序的实际进度点相连就可以得到实际进度前锋线，实际进度前锋线表示整个项目目前实际完成的工作面情况。如图 6.18 中①→②工作上的 2 万元表示该工作每周计划投资 2 万元；图中对应第 2 周有①→③、②→⑥、①→④三项工作列入计划，由图 6.18 所列数字可以确定第 2 周拟完工程计划投资为 2 万元＋3 万元＋2 万元＝7 万元。表 6.11 中第三行数字为拟完工程计划投资累计值，例如第 3 周周末为 6 万元＋7 万元＋9 万元＝22 万元。

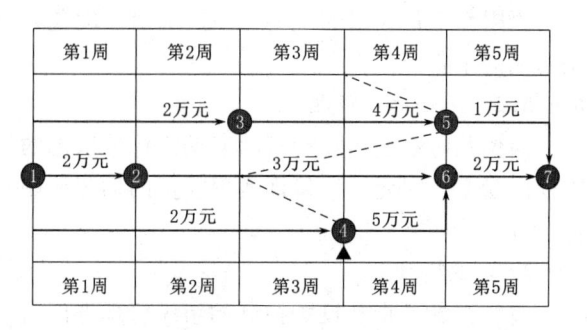

图 6.18 某工程时标网络图

如果考虑实际进度前锋线，可以得到每周的已完工程计划投资值。例如，第 3 周周末已完工程计划投资累计值＝6＋7＋8＋2＝23（万元）。表 6.11 第五行数字为已完工程实际投资累计值，其数值是根据实际工程开支单独给出的。

表 6.11　　　　　　某工程进度投资数据表

计算期/周	第1周	第2周	第3周	第4周	第5周
每周拟完工程计划投资值/万元	6	7	9	12	3
拟完工程计划投资累计值/万元	6	13	22	34	37
已完工程计划投资累计值/万元	6	13	23		
已完工程实际投资累计值/万元	6	15	25		

由表 6.11 可知，第 3 周周末已完工程计划投资累计值为 23 万元，投资偏差为 23－25＝－2 万元，投资须增加 2 万元；进度偏差为 22－23＝－1 万元，进度超期 1 万元。

6.6.3 偏差产生的原因分析及纠偏有效措施

6.6.3.1 偏差产生的原因有效分析

偏差分析的一个重要目的是找出偏差产生的原因，从而采取有针对性的控制措施。一般来说，产生费用偏差的原因主要有四个方面：客观原因、发包人原因、设计原因和施工原因等。

（1）客观原因。包括人工、材料、施工机具三大生产要素的费用涨价、利率及汇率变化、自然灾害、地质水文、交通、社会因素、法规变化等。

(2) 发包人原因。包括投资规划不当、组织落实不够、增加工程内容、建设手续不健全、未能及时付款、协调不佳等。

(3) 设计原因。设计错误或缺陷、设计变更、图纸供应不及时、结构变更等。

(4) 施工原因。包括施工组织设计不合理、质量事故、进度安排不当等。

从以上列举的四类费用偏差原因中，客观原因一般是无法避免的，需要各方重视，采取适当的措施规避；施工原因所导致的损失通常由承包人自己承担。这两类偏差的原因都不是纠偏的主要对象。而对于发包人原因和设计原因所造成的投资偏差则是纠偏的主要对象。

6.6.3.2 纠偏的有效措施

纠偏是对系统实际运行状态偏离标准状态的纠正，以使实际运行状态恢复或保持在标准状态。因此，纠偏即实现投资的动态控制和主动控制。通常纠偏措施包括以下四个方面。

1. 组织措施

组织措施是指从投资控制的组织管理方面采取的措施，包括明确投资控制的组织机构和人员，落实各级投资控制人员的任务、职能分工、权利和责任，改善各级投资控制工作流程等。组织措施是其他措施的前提和保障。

2. 经济措施

经济措施最易被人们接受，但运用过程中须特别注意不可将经济措施简单理解为审核工程量和签发支付证书，应从全局出发考虑问题，如检查投资目标分解是否合理，资金使用计划有无保障，是否与施工进度计划发生冲突，工程变更有无必要，工程变更是否超标等。解决这些问题往往是标本兼治、事半功倍。另外，通过偏差分析和未完工程预测还可以发现潜在的问题，及时采取预防措施，从而取得投资控制的主动权。

3. 技术措施

技术措施主要指对工程施工方案进行技术经济分析，包括制定合理的技术方案进行技术分析，针对偏差进行技术改造等。从造价控制的要求来看，技术措施并不都是因为发生了技术问题才加以考虑，也可以因为出现了较大的投资偏差而加以利用。不同的技术措施会有不同的经济效果，因此运用技术措施纠偏时，要对不同的技术方案进行技术经济分析后加以选择。

4. 合同措施

合同措施在纠偏方面主要指索赔管理。在施工过程中，索赔事件的发生是难以避免的，在索赔事件发生后，要认真审查有关索赔依据是否符合合同规定，索赔计算是否合理等，从主动控制的思想出发，加强日常的合同管理，落实合同规定的责任。

在施工中，应根据偏差发生的频率和影响程度，明确纠偏的主要对象，在偏差的纠正与控制中，应遵循经济性、全面性与全过程原则、责权利相结合原则、政策性原则、开源与节约相结合原则、全员参与原则；要注意采用动态控制、系统控制、信息反馈控制、弹性控制和网络技术控制的原理，注意控制目标、运用手段方法的应用。各类人员通过共同配合，借助科学、合理、可行的措施，实现由分项工程、分部工程、单位工程及整体项目纠正资金使用偏差，以实现施工阶段工程造价有效控制的目标。

本 章 回 顾

施工阶段建设工程造价管理的主要任务是工程变更、现场签证、物价变化、不可抗力等引起合同价款调整、索赔管理和承包人的成本控制。从承包合同履行的角度，工程款预付、进度款支付、工程费用与进度的动态控制也是重点内容。

工程量的计量与调整和工程合同价款调整是施工阶段工程造价确定的两个关键因素。管理控制的重点在于确定计划值与实际值之间产生的偏差。同时，施工过程中施工条件与环境不确定性事件的发生，使得索赔事件的发生在所难免。针对索赔产生的原因，对索赔进行分类和归纳，给出索赔的处理程序。

最后，在施工过程中，由于各种随机因素与风险因素的影响，建设单位和施工单位均需要进行实际费用与计划费用之间、实际工期与计划工期之间的动态比较，分析偏差产生的原因，及时采取有效措施控制偏差。

拓 展 阅 读

港珠澳大桥　融入生命的事业

党的二十大报告指出："坚持发扬斗争精神。增强全党全国各族人民的志气、骨气、底气，不信邪、不怕鬼、不怕压，知难而进、迎难而上，统筹发展和安全，全力战胜前进道路上各种困难和挑战，依靠顽强斗争打开事业发展新天地。"港珠澳大桥是目前世界上最长的跨海大桥，它施工环境恶劣，技术标准极高，堪称桥梁界的珠穆朗玛峰。整个工程中建设难度最大，技术最复杂的部分就是要在海底用 33 节沉管建设一条 6.7km 长的隧道，此前全世界最长的海底隧道只有 3km，长度不到它的一半。一次建设这么长的隧道，只要出现一次失误，就得全部推倒重来，面对国外公司的漫天要价，岛隧项目总工程师林鸣带领 4000 多人的团队，七年磨一剑，终于登上了世界工程的技术高峰。

2010 年，林鸣率领团队来到伶仃洋。他们的任务是建造一条世界上最长的沉管隧道。但在此之前，中国还没有任何沉管隧道的建设经验。当时，沉管技术在世界上只有少数几个国家能够掌握，林鸣和团队找到一家荷兰公司寻求合作。然而，谈判进行得非常艰难，对方开出高达 15 亿元的天价，大大超出了林鸣团队的预算。林鸣原以为 3 个亿对方肯定会接受，但出乎意料的是对方拒绝了，而且以"我给你唱首歌，唱首祈祷歌"这种方式拒绝的。

经历一系列的碰壁之后，林鸣下定决心，在没有外力支持的情况下，一切从零起步，依靠自己的技术和力量，建成这座大桥。林鸣说："我们的过程就是一个担当的过程，你不来，谁来，国家有这个工程的时候，碰到这个挑战的时候，我们责无旁贷。"

经过三年不断的试验论证，林鸣团队终于研发出一整套沉管生产、运输和安装的方法。而接下来的沉管安装，是整个岛隧工程风险最大的部分。林鸣和团队不仅要将33节沉管安装到变幻莫测、暗流涌动的海底，还要将每节沉管的对接精度控制在毫米级。在此之前，他们还没有任何沉管安装的施工经验。

第1节沉管安装的任务，林鸣和团队进行得非常艰难。仅仅将沉管浮运到预定位置就占用24个小时，而当沉管着床的那一刻，意外发生了。由于泥沙回淤，沉管怎么也放不下去。林鸣回忆说："那时候我们的人已经疲劳到了极限，所有的人已经连续奋战了80个小时，一个操作失误会让我们后悔莫及。买速溶咖啡回来，要求大家喝，红参切成片，要求大家吃，恨不得当饭吃。西洋参泡水，只要能够提神的通通都来。最后顶住，一定要顶住把它弄下去。"距离任务开始96个小时后，沉管终于安装在了预定位置，港珠澳大桥岛隧工程第1节沉管安装成功。

随着一节节沉管不断向海底延伸，沉管安装工作渐入佳境，林鸣和团队创造了一年完成10节沉管安装的世界纪录，圆满完成了33节沉管的安装任务。林鸣说："我们整个团队，几千人走钢丝，在海中任何一个细节都会让你颠覆，所以我们这个团队真的是很了不起，很了不起。"

大桥建成后不久，林鸣再次到当初那家荷兰公司进行技术经验交流，荷兰那家公司升起了中国国旗，奏响中国国歌，以示敬重与欢迎。

思考题与习题

思考题与习题	答案

第7章 竣工阶段建设工程造价管理

● **知识目标**
1. 掌握竣工验收的概念、范围、内容、依据和程序
2. 熟悉竣工结算的编制与审核、竣工结算的支付和竣工结算款纠纷处理
3. 掌握质量保证金的概念、工程保修期限及其费用的处理
4. 掌握竣工决算的概念、内容和编制
5. 熟悉竣工决算和竣工结算的区别
6. 掌握新增资产价值的确定
7. 竣工决算审计的意义和内容

● **能力目标**
1. 熟悉竣工验收的流程，基本能够组织竣工验收
2. 基本能够进行竣工结算的支付和竣工结算款纠纷的处理
3. 能够进行竣工结算的编制和审核
4. 熟悉质量保证金的概念、能够处理工程保修期限及其相关费用
5. 基本能够编制竣工决算和审计
6. 熟悉新增资产价值的确定

● **育人目标**
1. 培养学生精益求精的大国工匠精神，激发学生科技报国的家国情怀和使命担当
2. 培养学生勤俭节约、艰苦奋斗的优良品质
3. 培养学生严谨求实的工作态度，增强职业责任感
4. 培养学生爱国精神、历史责任感、坚定文化自信、增强使命担当

案例1：深中通道管理中心房建工程通过竣工验收

2022年7月19日，深中通道管理中心房建工程顺利通过竣工验收，后续将成为深中通道项目建设及运营期的智能化、信息化管理中心。验收通过后，该中心将正式投入使用，为项目2024年如期通车奠定坚实基础。

广东省交通集团牵头组织建设、勘察设计、监理、检测单位组成竣工验收组，先后听取各参建单位的工作汇报，查阅了各项工程技术资料，并深入查看深中通道管理中心房建工程现场。竣工验收组认为，深中通道管理中心房建工程在工程质量、安全生产、使用功能等方面均满足要求。工程质量等级为优良，同意通过验收并交付

使用。

深中通道房建工程是集项目营运、管理、养护、拯救于一体的高速公路附属工程，整体设计借鉴岭南传统园林的风格，秉持"人与自然和谐相处、建筑与景观相互交融"的理念，注重建筑景观的层次感、轴线通廊的秩序感和移步换景的丰富感。

案例 2：港珠澳大桥主体工程通过国家竣工验收

2023 年 4 月 19 日，港珠澳大桥主体工程通过交通运输部、国家发展改革委、国务院港澳办组织的竣工验收。竣工验收委员会评价：大桥主体工程创下多项世界之最，工程质量等级和综合评价等级均为优良，打造了一座"精品工程、样板工程、平安工程、廉洁工程"，为超大型跨海通道工程建设积累了宝贵经验。

港珠澳大桥是跨越伶仃洋海域，连接珠江口东西岸的关键性工程。2018 年 10 月 24 日大桥正式通车运营，实现了珠海、澳门与香港的陆路连接，极大提升了香港与珠三角西部地区之间的通行效率。其中，珠海至香港国际机场的车程由约 4 小时缩短至约 45 分钟，珠海至香港葵涌货柜码头的车程由约 3.5 小时缩短至约 75 分钟，极大便利了三地人员交流和经贸往来，对促进粤港澳大湾区发展，全面推进内地与香港、澳门互利合作，具有重大意义。大桥开通至今，已成为粤港澳大湾区重要的人员往来和贸易通道。截至 2022 年年底，经大桥珠海口岸进出口总值超 5000 亿元，涉及全球超过 230 个国家（地区）。疫情后 2023 年 2 月 6 日内地与港澳全面恢复人员往来后，经大桥珠海口岸出入境客流、车流持续增长，周末出入境旅客最高峰时达 10 万人次，刷新了近三年以来的最高纪录。未来，粤港澳三方将加强合作，努力推动通行政策优化创新，为三地车辆、人员利用大桥通行提供便利。

7.1 竣 工 验 收

工程建好后需要全面检验建设工程是否符合设计要求，是否达到了工程质量预期标准，投资的使用是否合理得当等。竣工验收是建设工程的最后阶段，也是投资成果转入生产或使用的标志。只有竣工验收通过后，建设项目才能由承包人管理过渡到发包人管理，才能投入生产或使用，发挥投资效益。

7.1.1 竣工验收的概念及范围

7.1.1.1 竣工验收的概念

竣工验收是指由建设单位、施工单位和项目验收委员会，以项目批准的设计任务书、设计文件、国家或相关部门颁发的施工验收规范和质量检验标准为依据，按照一定的验收程序和手续，在项目建成并试生产合格后（工业生产性项目），对工程项目的总体进行检验、认证、综合评价和鉴定的活动。

对于非工业生产项目，能够正常使用，就可以进行验收；对于工业生产项目，需要试生产（投料试车）合格，具有生产能力，能够正常生产产品之后，才能进行验收。

7.1 竣 工 验 收

建设项目竣工验收，按被验收的对象划分可分为单位工程验收（又称中间验收）、单项工程验收（又称交工验收）和工程整体验收（又称动用验收）。通常所说的建设工程项目竣工验收是指动用验收，即建设单位在建设项目按批准的设计文件所规定的内容全部建成后，向使用单位交工的过程。

7.1.1.2　竣工验收的作用

（1）竣工验收是全面考核建设成果，确保项目按设计要求的各项技术经济指标正常使用，保证合同任务完成的最后关口。

（2）建设项目竣工验收是项目施工阶段的最后一个程序，是建设成果转入生产使用的标志，是审查投资使用是否合理的重要环节，也是促进建设项目及时投产，对发挥经济效益和积累总结投资经验具有重要作用。

（3）施工项目的竣工验收，标志着项目经理部此项施工任务的完成，可以接受新的项目施工任务。

（4）通过竣工验收整理档案资料。这些资料既可对建设过程进行总结，以提供经验，提高管理水平，又可以为使用单位提供使用、维修和扩建的依据。

7.1.1.3　竣工验收的范围

凡列入固定资产投资计划的基本建设项目或单项工程，不论新建、改建、扩建和迁建的项目，按照上级主管部门批准的设计文件规定的工程内容全部建成，生产性建设项目经联动试车运转或试生产考核，具备连续生产条件，能够生产合格产品；非生产性建设项目符合设计要求，能够正常使用，都要及时组织验收。验收合格后，才能办理移交固定资产手续，交付生产或使用。如果工程未经竣工验收或竣工验收未通过，发包人不得使用。发包人强行使用的，由此发生质量问题或其他问题，由发包人承担责任。

但是对于某些特殊情况，虽未全部按设计要求完成也应进行验收，这些特殊情况主要包括以下几种：

（1）有的建设项目由于有少数非主要设备或某些特殊材料短期内不能解决，或某单项工程未按设计文件规定的工程内容建完，但不影响生产，也应及时组织验收，办理移交固定资产手续。在验收时将所缺设备、材料和未竣工工程列出清单。对遗留问题，由验收委员会或验收小组确定具体解决办法。

（2）建设项目已按批准的设计文件规定的工程内容建成，但由于受流动资金不足，原料、电力、燃料等外部条件的制约，一时不能满足全部投产的需要，也应及时组织竣工验收，办理移交固定资产手续。

（3）从国外引进新技术或成套设备的建设项目，在考核生产能力和产品质量前，视需要可以安排3~6个月的试生产期，事前需报请主管部门批准，考核结果达到合同规定要求，并经外商确认后，应及时组织验收，交付生产，办理移交固定资产手续。

（4）分期建设、分期受益的建设项目，凡具备单独生产合格产品的单项工程，工厂的基建部门和生产部门应分期、分批组织内部验收，交付生产、办理移交固定资产手续。

(5) 有的建设项目单台设备运转即可形成部分生产能力，或实际上已使用，近期又不能按原批准的设计规模续建，应从实际情况出发，经主管部门批准后，可缩小规模对已完成的工程和设备组织验收，移交固定资产，并核定新增生产能力。

7.1.2 竣工验收内容

不同建设项目竣工验收的内容不同，但一般都包括工程资料验收和工程内容验收两个方面。

7.1.2.1 工程资料验收

工程资料验收是从工程技术资料、工程综合资料和工程财务资料三个方面进行验收。

1. 工程技术资料验收内容

（1）工程地质、水文、气象、地形、地貌，建筑物、构筑物以及重要设备安装位置、勘察报告、记录。

（2）初步设计、技术设计或扩大初步设计、关键的技术试验、总体规划设计的资料。

（3）土质实验报告、基础处理情况。

（4）建筑工程施工记录、单位工程质量检验记录、管线强度与密封性试验报告、设备及管线安装施工记录及质量检查、仪表安装施工记录。

（5）设备试车、验收运转、维修记录。

（6）产品的技术参数、性能、图纸、工艺说明、技术总结、产品检验、包装、工艺图。

（7）设备图纸、说明书。

（8）涉外合同、谈判协议和意向书。

（9）各单项工程及全部管网竣工图等资料。

2. 工程综合资料验收内容

（1）项目建议书及批件、可行性研究报告及批件、项目评估报告、环境影响评估报告书。

（2）设计任务书、土地征用审报及批件。

（3）招投标文件、承包合同。

（4）建设项目竣工验收报告、验收鉴定书等。

3. 工程财务资料验收内容

（1）历年建设资金供应（包括拨款和贷款）情况和使用情况。

（2）历年批准的年度财务决算。

（3）年度投资计划和财务收支计划。

（4）建设成本资料。

（5）设计概算及预算资料，竣工决算资料等。

7.1.2.2 工程内容验收

工程内容验收包括建筑工程验收和安装工程验收两部分：

（1）建筑工程验收主要涉及建筑物的位置、标高、轴线是否符合设计要求，对基础工程中的土石方工程、垫层工程、砌筑工程等资料的审查验收,对结构工程的砖木结构、砖混结构、内浇外砌结构、钢筋混凝土结构的审查验收,对屋面工程的保温层、防水层等的审查验收,对门窗工程的审查验收,对装饰装修工程的审查验收。

(2) 安装工程验收又包括建筑设备安装工程、工艺设备安装工程和动力设备安装工程的验收。

7.1.3 竣工验收的依据、方式和程序

7.1.3.1 竣工验收的依据

建设项目竣工验收的依据除了必须符合国家规定的竣工标准或地方政府主管机构规定的具体标准外,在竣工验收或办理移交手续时,还应以下列文件作为验收依据:

(1) 上级主管部门对该项目批准的各种文件。
(2) 可行性研究报告。
(3) 施工图设计文件以及设计变更的洽商记录。
(4) 国家颁布的各种标准和现行的施工验收规范。
(5) 工程承包合同。
(6) 设备说明书。
(7) 主管部门对工程竣工的规定。
(8) 如果有从国外引进的新技术、成套设备以及中外合资建设的项目,验收要按照签订的合同和进口国提供的设计文件等进行验收;如果是利用世界银行等国际金融机构贷款的建设项目,应按照世界银行的规定按时编制项目完成报告。

7.1.3.2 竣工验收方式

竣工验收须按照建设项目总体计划的要求以及施工进展的实际情况分阶段进行。达到验收条件的验收方式可分为单位工程验收、单项工程验收和工程整体验收三类。对于规模较小,施工内容简单的建设项目,也可以一次进行全部工程验收,其验收条件和验收组织见表7.1。

表 7.1　　　　　　　　竣工验收条件及验收组织

验收方式	竣工验收条件	竣工验收组织
单位工程验收（中间验收）	按照施工承包合同的约定,完成某单位工程后进行中间验收	由监理单位组织,建设单位、施工单位、设计单位参加,该部位的验收资料将作为最终验收的依据
	主要工程部位施工已完成了隐蔽前的准备工作,该工程部位将置于无法查看的状态	
单项工程验收（交工验收）	建设项目中的某个合同工程已全部完成	由业主组织,会同施工单位、监理单位、设计单位及工程质量监管部门等有关部门共同参加
	合同内约定有分部分项移交的工程已达到竣工标准,可移交给业主投入试运行	
工程整体验收（动用验收）	建设项目按设计规定全部建成,达到竣工验收条件	大中型和限额以上项目由国家发展改革委或由其委托项目主管部门或地方政府部门组织验收;小型和限额以下项目由项目主管部门组织验收。业主、监理单位、施工单位及设计单位和使用单位参加验收工作
	初验结果全部合格	
	竣工验收所需资料已准备齐全	

虽然中间验收也是工程验收的一个组成部分，但它属于施工过程中的管理内容。因此本章仅就竣工验收（单项工程验收和工程整体验收）的有关问题进行介绍。

7.1.3.3 竣工验收程序

为了保证竣工验收能够顺利进行，验收过程必须遵循一定程序，并按照建设项目总体计划的要求以及施工进展的实际情况分阶段进行。

只有单位工程验收全部通过后，才能进行单项工程验收。全部单项工程验收通过后，才能进行建设项目整体验收。

1. 承包人申请交工验收

承包人在完成合同约定的工程内容后，或按照合同约定可分步移交工程的，可申请交工验收。交工验收一般为单项工程，但在某些特殊情况下也可以是分部分项工程的施工内容，例如特殊基础工程处理后的移交。承包人施工的工程达到竣工条件后，应先进行预检验。一般由基层施工单位先进行自验、项目经理自验、公司级预验三个层次进行竣工验收预验收，也称为竣工预验。竣工预验主要检查工程质量、隐蔽工程验收资料、关键部位施工记录、按图施工情况、有无漏项等。对于不符合要求的部位和项目，确定修补措施和修补标准，对有缺陷的工程部位进行修补；对于设备安装工程，要与发包人和监理单位共同进行无负荷的单机和联动试车，为正式竣工验收做好准备。承包人在完成了上述工作和准备好竣工资料后，即可向发包人提交工程竣工报验单，明确提出交工要求。

2. 监理工程师到场初步验收

监理人收到工程竣工报验单后，由监理工程师组成验收组，根据竣工报验单，对竣工工程项目的竣工资料和施工现场内容进行初验。在初验中发现的质量问题，要提供整改意见，并及时以书面形式通知施工单位，责令其整改，施工单位进行修理甚至返工。经整改合格后，监理工程师签署工程竣工报验单，并向发包人提出质量评估报告，这一步即完成了现场初步验收工作。

3. 单项工程验收

单项工程验收即交工验收，也就是验收合格后发包人就可以投入使用。交工验收由发包人组织，会同施工单位、监理单位、设计单位及工程质量监管部门等参加。验收合格后，建设单位和施工单位共同签署"交工验收证书"。然后，由发包人将相关的技术资料和试车记录、试车报告及交工验收报告，一并上报主管部门，经批准后，该部分工程即可投入使用。验收合格的单项工程在工程整体验收时，原则上不需要再办理验收手续。

4. 工程整体验收

我们通常所说的竣工验收就是指工程整体验收，即动用验收，是建设项目按批准的设计文件所规定的内容全部建成后，向使用单位交工的过程。对于大中型或限额以上的项目，由国家发展改革委或委托项目主管部门组织验收。对于小型和限额以下的项目，由项目主管部门组织验收。

在竣工验收时对于已经验收通过的单项工程，可以不再办理验收手续，但应将单项工程交工验收证书，作为最终验收的附件加以说明。发包人在竣工验收过程中，如果发现不符合竣工条件的，应责令承包人进行返修，并重新组织竣工验收，直到通过验收。整个建设项目竣工验收后，发包人应该及时办理固定资产交付的使用手续。

7.2 竣 工 结 算

7.2.1 竣工结算的编制

竣工结算是由施工单位按照合同规定的内容全部完成所承包的工程，经建设单位及相关单位验收合格后，在交付生产或使用前，由施工单位根据合同价格和实际发生费用的增减变化（变更、签证、洽商等）情况进行编制，并经发包方或委托方签字确认，正确反映该项工程最终实际造价，并作为向发包单位进行最终结算工程款的经济文件。竣工结算分为单位工程竣工结算、单项工程竣工结算、建设项目竣工总结算。

单位工程竣工结算由承包人编制，发包人审核；对于实行总承包的工程，由具体承包人编制，在总承包人审查的基础上，发包人审查。单项工程竣工结算或建设项目竣工总结算由总承包人编制，发包人可直接审查，也可委托具有相应资质的工程造价咨询机构审查。政府投资项目由同级财政部门审查。经审查同意后，发承包双方签字盖章后生效，并通过相关银行办理工程价款的最后结算。

承包人应在合同约定期限内完成竣工结算编制工作，未在规定期限内完成的，并且提不出正当理由延期的，责任自负。工程竣工结算的编制与审核见表7.2。

表 7.2 工程竣工结算的编制与审核

类　　别	编 制 人	审　　核
总包工程	具体承包人	在总承包人审核的基础上，发包人审核
单位工程	承包人	发包人
单项工程或建设项目竣工总结算	总（承）包人	发包人或委托造价咨询机构审查政府投资项目由同级财政部门审查，经发承包双方签字盖章后有效
时限要求：在合同约定期限内完成竣工结算编制工作，未完成的且提不出正当理由延期的，责任自负		

7.2.1.1 竣工结算的编制依据

工程竣工结算由承包人或受其委托具有相应资质的工程造价咨询人编制，由发包人或受其委托具有相应资质的工程造价咨询人审核。工程竣工结算编制的主要依据如下：

（1）工程竣工报告、工程竣工验收证明、图纸会审记录、设计变更通知单及竣工图。

（2）经审批的施工图预算、购料凭证、材料代用价差、施工合同。

（3）发承包双方施工过程中已确认的工程量及其结算的合同价款、发承包双方实施过程中已确认调整后追加或追减的合同价款。

（4）各种技术资料包括技术核定单、隐蔽工程记录、停复工报告等，以及现场签证记录。

(5) 不可抗力、不可预见费用的记录及其他有关文件规定。

7.2.1.2 竣工结算的计价原则

如果采用工程量清单计价方式，竣工结算的编制应遵照如下计价原则：

(1) 对于分部分项工程和措施项目中的单价项目，应根据发承包双方已确认的工程量和已标价工程量清单的综合单价计算；如果发生调整的，以发承包双方确认调整的综合单价计算。

(2) 对于措施项目中的总价项目，应依据合同约定的项目和金额计算。如果实际发生了调整，以发承包双方确认的调整金额计算。其中绿色施工安全文明措施费必须按照国家或省级行业建设主管部门的规定计算。

(3) 其他项目应按下列规定计价。其他项目包括暂估价、暂列金额、计日工、总承包服务费、索赔费用以及现场签证费用等。

1) 暂估价中的材料、设备单价，应按照发承包双方最终的确认价在综合单价中调整；对于专业工程的暂估价应按中标价，或发包人、承包人与分包人最终的确认价计算。

2) 暂列金额应按减去工程价款调整、索赔、现场签证金额等计算，如果还有余额，应归发包人所有。

3) 计日工按照发包人实际签证确认的事项和金额计算。

4) 总承包服务费按照合同约定的金额计算。如果实际发生了调整，以发承包双方确认调整的金额计算。

5) 索赔费用，依据发承包双方确认的索赔事项和金额计算。

6) 现场签证费用，依据发承包双方签证资料确认的金额计算。

(4) 税金按国家或省级建设主管部门的规定计算。

以上是关于工程量清单计价时竣工结算的内容。如果采用定额计价，竣工结算的内容应该与施工图预算的内容基本相同，由直接费、间接费、利润和税金四部分组成。

7.2.1.3 竣工结算的内容

竣工结算的内容与施工图预算的内容基本相同。竣工结算以竣工结算书形式表现，包括单位工程竣工结算书、单项工程竣工结算书和竣工结算说明等。

不管采用清单计价还是定额计价，竣工结算书主要应体现出"量差"和"价差"的基本内容。"量差"是指原计价文件所列工程量与实际完成的工程量不符而产生的差额，"价差"是指签订合同时的计价或取费标准与实际情况不符而产生的差额。调整的部分必须经过双方确认。发承包双方在合同工程实施过程中已确认的工程计量结果和合同价款，在竣工结算办理中应直接进入结算。

7.2.1.4 竣工结算的编制方法

(1) 合同价格包干法。在考虑工程造价动态变化的因素后，合同价格一次包死，项目的合同价就是竣工结算价，即

$$结算工程造价 = 经发包方审定后确定的施工图预算造价 \times (1 + 包干系数) \tag{7.1}$$

（2）合同价增减法。在签订合同时商定的合同价格没有包死，结算时以合同价为基础，按实际情况增减结算。

（3）预算签证法。按双方审定的施工图预算签订合同，凡在施工过程中经双方签字同意的签证都可作为结算依据，结算时以预算价为基础按签订的凭证内容调整。

（4）竣工图计算法。结算时根据竣工图、竣工技术资料、预算定额，按照施工图预算编制方法，全部重新计算得出结算工程价。

（5）平方米造价包干法。双方根据一定的工程资料，事先协商好每平方米造价指标，结算时以平方米造价指标乘以建筑面积确定应付的工程价款。即

$$结算工程造价 = 建筑面积 \times 每平方米造价指标 \qquad (7.2)$$

（6）工程量清单计价法。以发承包双方之间的工程量清单报价为依据，进行工程结算。办理工程价款竣工结算的公式为

$$竣工结算工程价款 = 预算或合同价款 + 施工过程中预算或合同价款调整数额$$
$$- 预付及已结算的工程价款 - 未扣的保修金 \qquad (7.3)$$

7.2.2 竣工结算的审核

竣工结算审核应采用全面审核法，除委托咨询合同另有约定外，不得采用重点审核法、抽样审核法或类比审核法等其他方法。

7.2.2.1 竣工结算的审核流程

竣工结算编制好之后，需要进行竣工结算的审核，对于国有资金和非国有资金投资的工程竣工结算审核流程见表 7.3。

表 7.3　　　国有资金投资和非国有资金投资项目竣工结算的审核流程

类　　别	审　核　程　序
国有资金投资项目的发包人	委托具有相应资质的工程造价咨询企业对竣工结算文件审核； 在约定期限内向承包人提出审核意见； 逾期未答复的，按合同约定处理；合同没有约定的，竣工结算文件视为已被认可
非国有资金投资项目的发包人	发包人应在收到竣工结算文件的约定期限内予以答复； 逾期未答复的，按合同约定处理；合同没有约定的，竣工结算文件视为已被认可； 发包人对竣工结算文件有异议的，应在答复期内向承包人提出，并在约定期限内与承包人协商； 发包人在协商期间未与承包人协商或经协商未能达成协议的，应委托工程造价咨询机构进行竣工结算审核，并在协商期满后的约定期限内向承包人提出由工程造价咨询企业出具的竣工结算文件审核意见

发包人委托工程造价咨询机构核查竣工结算的，工程造价咨询机构应在规定期限内核对完毕。如果核对结果与承包人竣工结算文件不一致，应提交承包人复核。承包人应在规定期限内将同意或不同意核对意见的说明，提交工程造价咨询机构。工程造价咨询机构收到承包人异议后，应再次复核，复核无异议的，发承包双方应在规定期限内在竣工结算文件上签字确认，竣工结算办理完毕。复核后仍有异议，对于无异议部分，可以先办理不完全竣工结算；有异议部分由发承包双方协商解决。但如果协商不成，按合同约定的争议解决方式处理。承包人逾期未提出书面异议的，视为造价咨

询机构核对的竣工结算文件已被承包人认可,其具体审核流程如图 7.1 所示。

```
┌─────────────────┐
│ 发包人委托工程造 │
│ 价咨询机构核对   │
└────────┬────────┘
         │ 不一致
┌────────▼────────┐  逾期未提出   ┌──────────────────┐
│  承包人复核     ├─ 书面异议 ──→│ 造价咨询机构审核结果已│
│                 │              │ 被承包人认可      │
└────────┬────────┘              └──────────────────┘
         │
┌────────▼────────┐   无异议     ┌──────────────────┐
│ 造价咨询机构收到异├────────────→│ 签字确认结算完毕 │
│ 议,再次复核     │              └──────────────────┘
└────────┬────────┘
         │ 有异议
┌────────▼───────────────────────────────────────────┐
│ ● 无异议部分可先办理个完全竣工结算                  │
│ ● 有异议部分双方协商解决。如协商不成,按合同约定的争议解决方式处理 │
└────────────────────────────────────────────────────┘
```

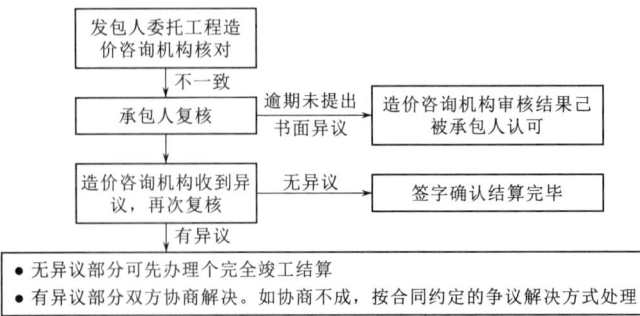

图 7.1 发包人委托工程造价咨询机构审核竣工结算流程图

7.2.2.2 竣工结算审查的时限要求

发包人收到承包人的竣工结算报告及完整的竣工资料后,应在规定的期限(合同约定有期限的,从其约定期限)内进行核实,给予确认或提出修改意见。根据工程竣工结算书的金额,其审查时限见表 7.4。

建设项目竣工总结算在最后一个单项工程竣工结算审查确认 15 天内汇总,送建设单位后 30 天内审查完成。

7.2.3 质量争议工程的竣工结算

发包人对工程质量有异议,拒绝办理竣工结算时,可采取以下方式进行处理:

表 7.4 竣工结算报告金额审查时限

序号	工程竣工结算金额	审 查 时 限
1	500 万元以下	从接到竣工结算书之日起 20 天
2	500 万~2000 万元	从接到竣工结算书之日起 30 天
3	2000 万~5000 万元	从接到竣工结算书之日起 45 天
4	5000 万元以上	从接到竣工结算书之日起 60 天

(1)已经竣工验收或已竣工未验收但实际投入使用的工程,其质量争议按该工程保修合同执行,竣工结算按合同约定办理。

(2)已经竣工未验收且未实际投入使用的工程以及停工、停建工程的质量争议,双方应就有争议的部分委托有资质的检测鉴定机构进行检测,根据检测结果确定解决方案,或按工程质量监督机构的处理决定执行后办理竣工结算,无争议部分的竣工结算按合同约定办理。

7.2.4 竣工结算的支付流程

工程竣工结算文件经发承包双方签字确认后,应作为工程结算的依据。未经对方同意,不得将已生效的竣工结算文件委托工程造价咨询企业重复审核。发包方应按照竣工结算文件及时支付竣工结算款。工程结算的支付流程如下:

(1)承包人提交竣工结算款支付申请。承包人根据办理好的竣工结算文件,向发包人提交竣工结算款支付申请,该支付申请应该包括以下内容:

1)竣工结算合同价款总额。

2)发包人累计已实际支付的合同价款。

3)应扣留的质量保证金。

4) 发包人实际应支付承包人的竣工结算款金额，具体公式为

实际应支付的竣工结算款金额＝合同价款＋施工过程中合同价款调整数额
－预付及已结算工程价款－质量保证金 (7.4)

（2）发包人签发竣工结算支付证书。发包人在收到承包人提交的竣工结算款支付申请后，应在规定时间内予以核实，向承包人签发竣工结算支付证书。

（3）发包人支付竣工结算款。发包人签发竣工结算支付证书以后，在规定时间内，按照支付证书列明的金额向承包人支付结算款。

以上流程的具体时限为：竣工验收合格后承包人28天内向发包人和监理人提交竣工结算申请单，监理人14天内完成审核并报送发包人，发包人14天内完成审批。

如果发包人没有异议，发包人应签发竣工结算支付证书。如果发包人提出异议，需要按照专用条款约定的方式和程序复核。承包人7天内也可以提出异议，如果7天内无异议，那么发包人14天内完成付款，竣工结算完成。如果承包人提出异议，同样按照专用条款约定的方式和程序复核。

如果发包人14天内没有完成付款，而是在56天内完成付款，将按照同期同类贷款基准利率支付违约金；如果发包人56天内还没有付款，那么按照同期同类贷款基准利率的2倍支付违约金。竣工结算支付流程如图7.2所示。

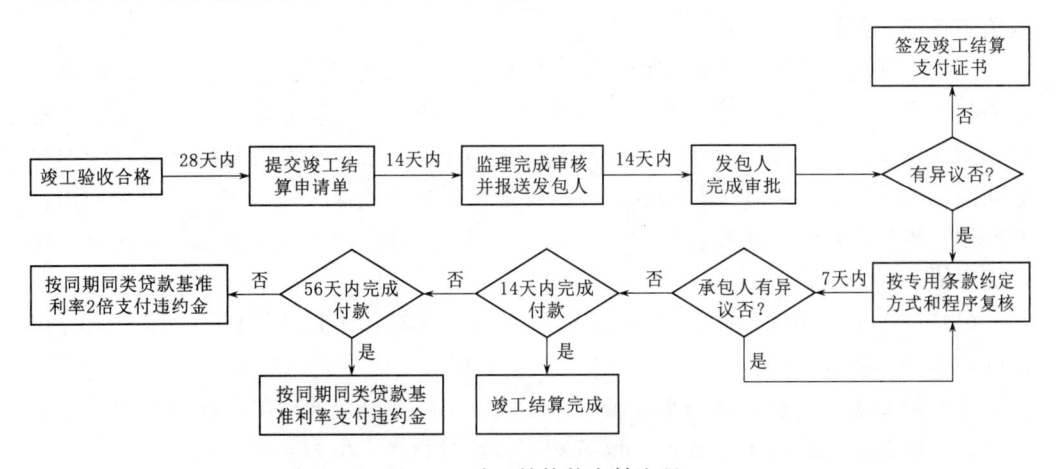

图7.2 竣工结算款支付流程

以上是关于竣工结算款的支付流程，发承包双方都分别给出了响应。但如果发包人在收到承包人提交的竣工结算款支付申请后，在规定的时间内不响应，不予核实，不向承包人签发竣工结算支付证书，此时将视为承包人的竣工结算支付申请已被发包人认可，发包人应当在收到承包人提交的竣工结算支付申请后，在规定的时间内，按照承包人提交的竣工结算支付申请列明的金额，向承包人支付结算款。

如果发包人未按照规定的程序支付竣工结算款，承包人可以催告发包人，并有权获得延迟支付的利息。发包人在竣工结算支付证书签发后规定时间内，仍未支付的，除法律另有规定外，承包人可以与发包人协商将工程折价，也可以直接向人民法院申请将该工程依法拍卖，承包人就该工程折价或拍卖的价款优先受偿。

7.2.5 工程质量保证金的预留与返还

7.2.5.1 工程质量保证金的含义

工程质量保证金是指建设单位与施工单位在工程承包合同中约定的,从应付工程款中预留出来,用于保证承包单位在"缺陷责任期"内,对建设工程出现的"缺陷"进行维修的资金。

这里的"缺陷"是指建设工程质量不符合工程建设强制性标准、设计文件以及承包合同的约定。而"缺陷责任期"是指承包单位对已经交付使用的合同工程,承担合同约定的缺陷修复责任的期限。它实质上是预留质量保证金的一个期限。缺陷责任期一般为1年,最长不超过2年,具体由发承包双方在合同中约定。

缺陷责任期从工程通过竣(交)工验收之日起开始计算。对于那些无法按规定期限进行竣工验收的,如果是承包人的原因导致,缺陷责任期从实际通过竣(交)工验收之日起开始计算;如果是由于发包人的原因,应该在承包人提交竣(交)工验收报告90天后,工程自动进入缺陷责任期。对于有一个以上交工日期的工程,缺陷责任期应分别从各自不同的交工日期算起。根据《中华人民共和国标准施工招标文件》(2017年版),如果由于承包单位的原因造成某项缺陷或损坏时,工程不能按照原定的目标使用,而需要再次检查、检验和修复的,发包人有权要求承包人相应延长缺陷责任期,但缺陷责任期最长不超过2年。

缺陷责任期与工程保修期是两个不同的概念,它们之间有区别也有联系:缺陷责任期实质是预留工程质量保证金的一个期限,具体由发承包双方在合同中约定;工程保修期是发承包双方按照《建设工程质量管理条例》,在工程质量保修书中约定的保修期限。保修期自实际竣工日期起计算。保修期限应按照保证建筑物合理寿命期内正常使用,维护使用者合法权益的原则确定。按照《建设工程质量管理条例》规定,保修期限如下:

(1) 在正常的使用条件下,地基基础工程和主体结构工程的保修期为设计文件规定的合理使用年限。

(2) 地面防水工程、有防水要求的卫生间、房间和外墙面的防渗漏为5年。

(3) 电气管线、给排水管道、设备安装和装饰装修工程为2年。

通过上述分析,显然缺陷责任期不能等同于工程保修期。

7.2.5.2 缺陷责任期内的维修及费用承担

1. 保修责任

在缺陷责任期内,属于保修范围、保修内容的项目,承包人应当在接到报修通知之日起7天内派人保修。发生紧急抢修事故的,承包人在接到事故通知后,应立即到达事故现场抢修。对于设计结构安全的质量问题,应当按照《房屋建筑工程质量报修办法》规定,立即向当地建设行政主管部门报告,采取安全防范措施,由原建设单位或有相应资质等级的设计单位提出保修方案,承包人实施保修。质量保修完成后,由发包人组织验收。

2. 费用承担

(1) 缺陷责任期内由承包人造成的缺陷,承包人应负责维修,并承担鉴定及维修费用。如果承包人不维修，也不承担费用，发包人可以按照合同约定从保证金或银行保函中扣除。如果费用超出了保证金，发包人可以按照合同约定向承包人进行索赔。如果承包人维修并承担相应费用的，不免除对工程的损失赔偿责任。

（2）如果是由第三方原因导致的缺陷，由发包人负责维修，承包人不承担费用，发包人也不得从保证金中扣除费用。如果发包人委托承包人维修的，发包人应支付承包人相应的修复和查验费用。

（3）发承包双方就缺陷责任有争议时，可以请有资质的单位进行鉴定，责任方承担鉴定费用，并承担维修费用。

7.2.5.3 质量保证金的预留、管理及返还

1. 质量保证金的预留

根据住房和城乡建设部、财政部发布的《建设工程质量保证金管理办法》（建质〔2017〕138号），发包人应在招标文件中明确质量保证金的预留、返还等事项，并与承包人在合同条款中对涉及质量保证金的事项进行约定。发包人应按照合同约定的方式预留质量保证金，质量保证金的总预留比例不得高于工程价款结算总额的3%。

根据银行保函制度，承包人可以银行保函替代预留保证金。如果合同约定由承包人以银行保函替代预留保证金的，保函金额不得高于工程价款结算总额的3%。另外，在工程项目竣工之前已经缴纳履约保证金的，发包人不得同时预留工程质量保证金。在采用了工程质量保证担保、工程质量保险等其他保证方式的，发包人也不得再预留保证金，并按照有关规定执行。

2. 质量保证金的管理

在缺陷责任期内，对于实行国库集中支付的政府投资项目，保证金的管理应按国库集中支付的有关规定执行；其他政府投资项目，保证金可以预留在财政部门或发包方。在缺陷责任期内，如果发包方被撤销，保证金随交付使用资产一并移交给使用单位，由使用单位代行发包人职责；社会投资项目采用预留保证金方式的，发承包双方可以约定将保证金交由第三方金融机构托管。

3. 质量保证金的返还

根据《中华人民共和国标准施工招标文件》（2017年版）中的通用合同条款，项目监理机构应从第1个付款周期开始，在工程进度款支付中，按承包合同的约定，预留工程质量保证金，直到预留的工程质量保证金总额达到工程承包合同约定的金额或比例为止。工程质量保证金的计算额度不包括预付款的支付、扣回、以及价格调整的金额。

在缺陷责任期内，承包人认真履行合同约定的责任。缺陷责任期满时，承包人要向发包人申请返还工程质量保证金。发包人在接到承包人返还质量保证金的申请之后，应于14天内会同承包人按照合同约定的内容进行核实。如果没有异议，发包人应当按照约定将保证金返还给承包人；对返还期限没有约定或约定不明确的，发包人应该在核实14天内将保证金返还给承包人，逾期未返还的依法承担违约责任。

发包人在接到承包人返还保证金申请后14天内不予答复，经催告后14天内仍不予答复的，视同认可承包人返还保证金的申请。缺陷责任期满时，承包人没有完成缺

陷责任的，发包人有权扣留与未履行责任剩余工作所需金额相应的工程质量保证金，并有权根据合同约定要求延长缺陷责任期，直到完成剩余工作为止。

7.3 竣 工 决 算

7.3.1 竣工决算的概念及作用

7.3.1.1 竣工决算的概念

竣工决算是建设项目竣工后，由建设单位编制，向国家报告财务状况和建设成果的总结性文件。它是以实物数量和货币指标作为计量单位，综合反映竣工项目从筹建开始到竣工交付使用为止的全部建设费用、投资效果和财务情况的总结性文件，是竣工验收报告的重要组成部分。竣工决算是正确核定新增固定资产价值，反映建设工程的实际造价和投资结果，又可通过竣工决算与概算、预算的对比分析，考核投资控制的工作成效，为工程建设提供重要的技术经济基础资料，提高未来工程建设投资效益。

根据《关于进一步加强中央基本建设项目竣工财务决算工作的通知》（财办建〔2008〕91号），项目建设单位应在项目竣工后3个月内完成竣工财务决算的编制工作，报主管部门审核。主管部门收到竣工财务决算报告后，对于按规定由主管部门审批的项目，应及时审核批复，并报财政部备案；对于按规定报财政部审批的项目，一般应在收到决算报告后1个月内完成审核工作，并将其审核后的决算报告报财政部审批。

对于中央级大中型项目，国家确定的重点小型项目竣工财务决算的审批实行"先审核、后审批"，即先委托财政投资评审机构或经财政部认可的有资质的中介机构对建设单位编制的竣工财务决算进行审核，对审核中审减的概算内投资，经财政部审核确认后，按投资来源比例归还投资方。

7.3.1.2 竣工决算的作用

（1）竣工决算是综合全面地反映竣工项目建设成果及财务情况的总结性文件。竣工决算采用货币指标、实物数量、建设工期和各技术经济指标，综合全面地反映建设项目从筹建到竣工为止的全部建设成果和财务状况。

（2）竣工决算是竣工验收报告的重要组成部分，也是办理交付使用资产的依据。建设单位与使用单位在办理交付资产的验收交接手续时，通过竣工决算反映了交付使用资产的全部价值，包括固定资产、流动资产、无形资产和其他资产的价值，同时还详细提供了交付使用资产的名称、规格、数量、型号和价值等明细资料，是使用单位确定各项新增资产价值并登记入账的依据。

（3）竣工决算是分析、检查设计概算的执行情况以及考核投资效果的依据。通过竣工决算可分析工程的实际成本与概预算成本之间的差异，可考核建设项目的投资效果，为有关部门制定类似项目的建设计划和修订概预算定额提供资料参考。

7.3.2 竣工决算的内容

竣工决算由四个部分组成，分别是竣工财务决算说明书、竣工财务决算报表、建设工程竣工图和工程造价对比分析。其中,竣工财务决算说明书和竣工财务决算报表这两部分又称为建设项目竣工财务决算,是竣工决算的核心内容。

7.3.2.1 竣工财务决算说明书

竣工财务决算说明书主要反映竣工工程的建设成果和经验,是对竣工决算报表进行分析和补充说明的文件,是全面考核工程投资与造价的书面总结,是竣工决算报告的重要组成部分。其内容主要包括以下几方面:

(1) 建设项目概况。建设项目概况是对工程总的评价,一般从进度、质量、安全、造价4个方面进行分析说明。进度方面主要说明开工和竣工时间,对照合理工期和要求工期分析是提前还是延期;质量方面主要根据竣工验收委员会出具的验收评定等级、合格率和优良品率;安全方面主要是对有无设备和人身事故进行说明;造价方面主要对照概算造价,说明是节约还是超支,用金额和百分率进行分析说明。

(2) 会计账务的处理、财产物资情况及债权债务的清偿情况等财务分析。

(3) 基本建设收入、投资包干结余、竣工结余资金的上交分配情况。通过对基本建设投资包干情况的分析,说明投资包干额、实际支用额和节约额、投资包干结余的有机构成和包干结余的分配情况。

(4) 主要技术经济指标的分析。概算执行情况分析,根据实际投资完成额与概算进行对比分析;新增生产能力的效益分析,说明支付使用财产占总投资额的比例、不增加固定资产的造价占投资总额的比例,分析其有机构成。

(5) 工程建设的项目管理和财务管理以及竣工决算中存在的问题、建议。

(6) 决算和概算的差异和原因分析。

(7) 需说明的其他事项。

7.3.2.2 竣工财务决算报表

竣工财务决算报表是竣工决算内容的核心部分,要根据大中型建设项目和小型建设项目分别制定。大中型建设项目竣工决算报表包括建设项目竣工财务决算审批表、大中型建设项目概况表、大中型建设项目竣工财务决算表、大中型建设项目交付使用资产总表、建设项目交付使用资产明细表。对于小型建设项目,竣工财务决算报表包括建设项目竣工财务决算审批表、竣工财务决算总表、建设项目交付使用资产明细表等,具体见表7.5。

表7.5 建设项目竣工财务决算报表构成

项目类别	竣工财务决算报表构成	适用范围
大中型建设项目	建设项目竣工财务决算审批表、大中型建设项目概况表、大中型建设项目竣工财务决算表、大中型建设项目交付使用资产总表、建设项目交付使用资产明细表	经营性项目投资额在5000万元以上、非经营性项目投资额在3000万元以上的建设项目
小型建设项目	建设项目竣工财务决算审批表、竣工财务决算总表、建设项目交付使用资产明细表	其他

7.3.2.3 建设工程竣工图

建设工程竣工图是真实记录各种地上、地下建筑物及构筑物等情况的技术文件,是工程进行交工验收、维护、改建和扩建的依据,也是国家的重要技术档案。国家规定各项新建、扩建、改建的基本建设工程,特别是隐蔽部位,在施工过程中及时做好隐蔽工程检查记录,整理好设计变更文件,编制竣工图。编制竣工图应根据不同情况区别对待:

(1) 凡是按图竣工没有变动的,由施工单位在原施工图上加盖"竣工图"标志以后,即可作为竣工图。

(2) 凡在施工过程中,虽然有一般性设计变更,但能够将原施工图加以修改补充作为竣工图的,可以不用重新绘制,由施工单位负责在原施工图上注明修改部分,并附上设计变更通知单和施工说明,加盖"竣工图"标志后,作为竣工图。

(3) 如果结构形式发生了改变,施工工艺、平面布置等发生了重大改变,不宜在原施工图上修改、补充,应重新绘制改变后的竣工图。如果是由设计原因造成的,由设计单位负责重新绘图;如果是由施工原因造成的,由施工单位负责重新绘制;如果由其他原因造成的,由建设单位自行绘制或委托设计单位绘制。施工单位负责在新图上加盖"竣工图"标志,并附上有关的记录和说明,作为竣工图。

7.3.2.4 工程造价对比分析

工程造价对比分析是将决算报表中提供的实际数据与批准的概预算指标进行对比。首先对比整个项目的总概算,然后将建筑安装工程费、设备工器具费和其他工程费用逐一与竣工决算表所提供的实际数据进行对比分析,以确定竣工项目总造价是节支还是超支。并在对比的基础上总结先进经验,找出节支或超支的内容和原因,给出改进措施。在实际工作中应主要对比:主要实物工程量、主要材料消耗量、建设单位管理费等,确定其节约或超支的数额,并查明原因。

(1) 考核主要实物工程量。对于实物工程量出入比较大的情况,必须查明原因。

(2) 考核主要材料消耗量。根据主要材料实际超概算的消耗量,查明是在工程的哪个环节超出量最大,再进一步查明超耗的原因。

(3) 考核建设单位管理费。建设单位管理费的取费标准要按照国家的有关规定,将竣工决算报表中所列的建设单位管理费与概预算所列的建设单位管理费数额进行比较,依据规定查明是否存在多列或少列的费用项目,确定其节约超支的数额,并查明原因。

7.3.3 竣工决算和竣工结算的区别

"竣工决算"和"竣工结算"之间只差一个字,但是它们之间却有很大差异。现从编制与审核单位、编制范围、编制内容、各自作用等4个方面加以区分。

(1) 竣工结算的编制单位为承包方预算部门,而竣工决算的编制单位为建设单位的财务部门。竣工结算的审核单位为政府审计或社会审计。

(2) 竣工结算的范围主要是针对单位工程进行竣工结算,而竣工决算是针对建设项目,必须是整个建设项目竣工后,进行竣工决算的编制。

(3) 在内容方面,竣工结算工程价款等于合同价款加上施工过程中合同价款调整数额,再减去预付款及已结算的工程价款,还要减去保修金。竣工决算的内容为工程从筹建到竣工交付使用为止的全部建设费用。

(4) 竣工结算的作用体现在：①发承包双方办理工程价款最终结算的依据；②双方签订的建安工程合同终结的凭证；③业主编制竣工决算的主要资料。而竣工决算的作用则体现在：①业主办理交付、验收、动用新增各类资产的依据；②竣工验收报告的重要组成部分。

7.4 新增资产价值的确定

建设项目竣工投产后，建设项目所花费的总投资就形成了相应的资产。按照新的财务制度和企业会计准则，新增资产按资产性质可分为固定资产、流动资产、无形资产、递增资产和其他资产4大类，分别进行入账，即将建设总投资分门别类地记录到以上4类资产中。建设项目总投资由建设投资、建设期利息和铺底的流动资金组成，而建设投资又包括工程费用、工程建设其他费和预备费三项内容。

7.4.1 新增固定资产价值的确定

7.4.1.1 新增固定资产价值的内容

固定资产是指使用期限超过1年，单位价值在规定标准以上，并且在使用过程中保持原有实物形态的资产；比如房屋、施工机械、运输工具等。不同时具备以上条件的资产，称之为低值易耗品，应列入流动资产的范围，比如企业使用过的工具、器具等。

新增固定资产又称为交付使用的固定资产。它是建设项目竣工投产后所增加的固定资产的价值，是以价值的形态表示固定资产投资最终成果的综合性指标。新增固定资产价值包括以下内容：

(1) 已投入生产或交付使用的建筑、安装工程的造价。

(2) 达到固定资产标准的设备、工具、器具的购置费用。

(3) 增加固定资产价值的其他费用。

7.4.1.2 新增固定资产价值的计算

新增固定资产价值是以独立发挥生产能力的单项工程为对象。单项工程建成之后，经验收鉴定合格，正式移交，投入生产或使用，即应计算新增固定资产价值。一次性交付生产或使用的工程，应一次计算新增固定资产价值；分期分批交付生产或使用的工程，应分期分批计算新增固定资产价值。计算时应注意以下几种情况：

(1) 对于为了提高产品质量、改善劳动条件、节约材料消耗、保护环境而建设的附属辅助工程，只要全部建设完成，正式验收交付使用后，就应计入新增固定资产价值。

(2) 对于单项工程中不构成生产系统，但能独立发挥效益的非生产性项目，如住宅、食堂、医务所、托儿所、生活服务设施等，在建成并交付使用后，也应计入新增固定资产价值。

(3) 凡购置达到固定资产标准、不需要安装的设备、工具、器具，均应在交付使用后计入新增固定资产价值。

(4) 属于新增固定资产价值的其他投资，如果与建设项目配套的专用铁路线、专用公路、专用通信设施、送变电站、地下管道、专用码头等由本项目投资,其产权归属本项目所在单位的,应随同受益工程交付使用的同时,一并计入固定资产价值。

7.4.1.3 共同费用的分摊方法

建设投资包括工程费用、工程建设其他费和预备费三项内容。其中的工程费用和预备费基本是作为固定资产入账的,建设期利息也作为固定资产入账。而工程建设其他费比较复杂,需要分情况处理。工程建设其他费中的专利权、专有技术使用权、商标权、土地使用权将作为无形资产入账;工程建设其他费中的与未来生产经营有关的开办费,以及租入固定资产改良的支出,将作为其他资产入账。工程建设其他费剩余部分均作为固定资产入账,而这部分费用我们称之为共同费用,主要包括建设单位管理费、土地征用费、勘察费、建筑工程设计费、生产工艺流程设计费等多项,要把这部分属于整个建设项目的费用按比例分摊到每个单项工程中。

在计算新增固定资产价值的时候,一般情况下,建设单位管理费按建筑工程费、安装工程费、需安装设备费等总额按比例分摊;而土地征用费、勘察设计费和工艺设计费等费用,则按建筑工程造价比例分摊;生产工艺流程系统设计费按安装工程造价比例分摊。下面来举例说明共同费用分摊的计算。

【例 7.1】 某工业建设项目及其生产车间的建筑工程费、安装工程费、需安装设备费以及应摊入费用见表 7.6,试计算生产车间新增固定资产价值。

表 7.6 共同费用分摊计算表 单位:万元

项目名称	建筑工程	安装工程	需安装设备费	建设单位管理费	土地征用费	勘察设计费	工艺设计费
建设项目竣工决算	3000	600	900	70	80	40	20
生产车间竣工决算	600	300	450				

解 需要把建设单位管理费、土地征用费、勘察设计费和工艺设计费等这些共同费用分别进行分摊。应分摊的建设单位管理费按建筑工程费、安装工程费、需安装设备费价值总额按比例分摊,因此

$$应分摊的建设单位管理费 = \frac{600+300+450}{3000+600+900} \times 70 = 21(万元)$$

应分摊的土地征用费按建筑工程造价比例分摊,因此

$$应分摊的土地征用费 = \frac{600}{3000} \times 80 = 16(万元)$$

应分摊的勘察设计费也按建筑工程造价比例分摊,因此

$$应分摊的勘察设计费 = \frac{600}{3000} \times 40 = 8(万元)$$

应分摊的工艺设计费按安装工程造价比例分摊,因此

$$应分摊的工艺设计费 = \frac{300}{600} \times 20 = 10(万元)$$

那么，生产车间新增固定资产价值＝（600＋300＋4500）＋（21＋16＋8＋10）＝1405（万元）

7.4.2 新增流动资产价值的确定

流动资产是指可以在一年内，或超过一年的一个营业周期内变现或运用的资产，包括货币性资金、应收账款及预付账款、短期投资、存货等。

（1）货币性资金。货币性资金是指现金、各种银行存款及其他货币资金。其中现金是指企业的库存现金，包括企业内部各部门用于周转使用的备用金；各种银行存款是指企业的各种不同类型的银行存款；其他货币资金是指除现金和银行存款以外的其他货币资金，根据实际入账价值核定。

（2）应收账款及预付账款。应收账款是指企业因销售商品、提供劳务等应向购货单位或收益单位收取的款项。预付账款是指企业按照购货合同预付给供货单位的购货定金或部分货款。应收账款及预付账款包括应收票据、应收款项、其他应收款、预付货款和待摊费用。一般情况下，应收和预付款项按企业销售商品、产品或提供劳务时的成交金额核算。

（3）短期投资。包括股票、债券、基金，股票和债券根据是否可以上市流通分别采用市场法和收益法确定其价格。

（4）存货。各种存货应按照取得时的实际成本计价。存货的形成主要有外购和自制两种途径。外购存货的成本包括购买价格、运输费、装卸费、保险费、途中合理损耗、入库加工、整理及挑选费用、缴纳的税金等；自制存货根据制造过程中的各项支出计价。

因此，在建设总投资中的铺底流动资金将作为流动资产入账。

7.4.3 新增无形资产价值的确定

无形资产是特定主体所拥有或控制的，不具有实物形态但是对生产经营长期发挥作用，而且能带来经济利益的可辨认的非货币性资产，包括专利权、专有技术、商标权、著作权、土地使用权、商誉等。因此，工程建设其他费中的专利权、非专利技术使用权、商标权、土地使用权等将作为无形资产入账。

（1）专利权的计价。专利权分为自创和外购两类。自创专利权的价值为开发过程中的实际支出，主要包括专利的研究开发费、专利登记费、专利年费和法律诉讼费等费用；外购专利权的费用主要包括转让价格和手续费。

由于专利权是具有独占性并能带来超额利润的生产要素，因此其转让价格不按成本估价，而是按其带来的超额收益计价。

（2）非专利技术的计价。非专利技术具有使用价值和价值。使用价值是非专利技术本身应具有的，非专利技术的价值在于非专利技术的使用能产生的超额获利能力，应在研究分析其直接和间接获利能力的基础上，准确计算出其价值。如果非专利技术是自创的，一般不作为无形资产入账，而是按照当期费用处理；对于外购的非专利技术，应该由法定的评估机构确认后再进行估价，其方法往往通过能产生的收益来采用收益法进行估价。

（3）商标权的计价。如果商标权是自创的，一般不作为无形资产入账，而将商标设计、制作、注册、广告宣传等发生的费用直接作为销售费用计入当期损益。只有当企业购入或转入商标时，才需要对商标权计价。商标权的计价一般根据被许可方新增的收益确定。

(4) 土地使用权的计价。根据取得土地使用权的方式不同，土地使用权有以下几种计价方式：当建设单位向土地管理部门申请土地使用权，并为之支付一笔出让金时，土地使用权作为无形资产核算；当建设单位获得土地使用权是通过行政划拨的，这时土地使用权就不能作为无形资产核算；在将土地使用权有偿转让、出租、抵押、作价入股和投资，按规定补交土地出让价款时，才作为无形资产核算。

7.4.4 递延资产和其他资产价值的确定

递延资产是指本身没有交换价值，不可转让，一经发生就已消耗，但能为企业创造未来收益，并能从未来收益的会计期间抵补的各项支出。递延资产又指不能全部计入当年损益，应在以后年度内较长时期摊销的除固定资产和无形资产以外的其他费用支出、租入固定资产改良支出，以及摊销期在1年以上的长期待摊费用等。

(1) 递延资产中的开办费。开办费是指企业在筹建期间实际发生的各项费用，包括筹建期间人员的工资、差旅费、办公费、职工培训费、印刷费、注册登记费、调研费、律师费用、会计师费用、证券的承销费用、法律咨询费及其他开办费等。但在筹建期间为取得流动资产、无形资产或购进固定资产所发生的费用不能作为开办费，而应相应确认各项资产。开办费应当自公司开始生产经营当月起，分期摊销，摊销期不得少于5年。

(2) 递延资产中以经营租赁方式租入的固定资产改良工程支出。企业从其他单位或个人租入的固定资产所有权属于出租人，但企业依合同享有使用权。通常双方在协议中规定，租入企业应按照规定的用途使用，并承担对租入固定资产进行修理和改良的责任，即发生的修理和改良支出全部由承租方负担。对租入固定资产的大修支出，不构成固定资产价值，其会计处理与自有固定资产的大修支出无区别。对租入固定资产实施改良，因有助于提高固定资产的效用和功能，应当另外确认为一项资产。由于租入固定资产的所有权不属于租入企业，不宜增加租入固定资产的价值而作为递延资产处理。租入固定资产改良及大修理支出应当在租赁期内分期平均摊销。

(3) 长期待摊费用。长期待摊费用是指开办费和租入固定资产改良支出以外的其他递延资产，包括一次性预付的经营租赁款、向金融机构一次性支付的债券发行费用，以及摊销期在一年以上的固定资产大修理支出等。长期待摊费用的摊销期限均在1年以上，这与待摊费用不同，后者的摊销期限不超过1年，所以列在流动资产项目下。

(4) 其他资产。包括特种储备物资等，按实际入账价值核算。

本 章 回 顾

竣工验收是投资成果转入生产或使用的标志。只有通过竣工验收，建设项目才能由承包人管理过渡到发包人管理。竣工验收阶段工程造价管理的内容包括竣工验收的概念与范围、内容、依据和程序，竣工结算及竣工决算的编制，质量保证金的预留与返还，新增资产价值的确定。

竣工结算由承包人编制，发包人审核；竣工结算主要针对单位工程进行竣工结算，而竣工决算是针对建设项目；竣工结算体现了多退少补的思想，而竣工决算是从筹建到竣工交付使用为止的全部建设费用。

在竣工结算中需考虑工程质量保证金，从应付工程款中预留出来，用于保证承包单位在"缺陷责任期"内，对建设工程出现的"缺陷"进行维修的资金。缺陷责任期满时，承包人要向发包人申请返还工程质量保证金。

竣工决算由四个部分组成，包括竣工财务决算说明书、竣工财务决算报表、建设工程竣工图和工程造价对比分析。其中，竣工财务决算说明书和竣工财务决算报表，这两部分又称为建设项目竣工财务决算，是竣工决算的核心内容。

建设项目竣工投产后，建设项目总投资就分门别类形成了相应的资产。新增资产按资产性质可以分为固定资产、流动资产、无形资产和其他资产4大类，分别进行入账。

拓 展 阅 读

凤凰县沱江大桥垮塌事件

2007年8月13日，位于湖南省凤凰县沱江大桥突然坍塌，此次事故造成人员严重伤亡。沱江大桥是一座大型四跨石拱桥，长328m，每跨65m，高42m，计划投资1200万元，由湖南省路桥建设集团公司建造。该桥作为湘西自治州五十周年州庆献礼工程，原本定于8月底竣工通车。

(1) 经过。2007年8月13日16时45分许，大桥正进入最后的拆除脚手架阶段，突然大桥的四个桥拱横向次第倒塌。当地政府急调一批潜孔钻机、挖掘机、装卸机等及2000多人进行现场搜救和清理工作。经过123小时艰苦奋战，到8月18日晚，现场清理工作结束，152名涉险人员中88人生还，其中22人受伤，64人遇难。直接经济损失3974.7万元。

(2) 事故调查。国务院事故调查组认定这是一起严重的责任事故。由于施工、建设单位严重违反桥梁建设标准和法规，现场管理混乱，盲目赶工期，监理单位、质量监督部门严重失职，勘察设计单位服务和设计交底不到位，湘西自治州和凤凰县两级政府及湖南省交通厅、公路局等有关部门监管不力，致使大桥主拱圈砌筑材料未满足规范和设计要求，拱桥上部构造施工工序不合理，主拱圈砌筑质量差，降低了拱圈砌体的整体性和强度，随着拱上施工荷载的不断增加，造成1号孔主拱圈靠近0号桥台一侧3~4m宽范围内，砌体强度达到破坏极限而坍塌，受连拱效应影响，整个大桥迅速坍塌。

(3) 垮塌原因。有桥梁专家称，垮桥可能是以下三种原因导致：一是桥垮塌时，多名工人正同时拆除支架。这表明可能没有按照规范的拆卸方法来拆支架。这种石拱桥一般采用的是满堂支架,在拆卸时要按照"对称分段"的原则进行,先拆两边拱脚,再拆中间拱顶,不能同时拆。二是砂浆或者混凝土龄期强度没达到规范要求就拆卸支架。还有一种原因,建造中使用的原材料不合格。前两种原因均是由于赶工期而忽视质量所造成的。

根据国务院常务会议决定,湖南省有关部门对事故负有直接责任,涉嫌犯罪的湘西自治州公路局局长兼凤大公司董事长胡东升、总工程师兼凤大公司总经理游兴富和湘西自治州交通局副局长王伟波等24人移送司法机关依法追究刑事责任。对事故发生负有责任的湖南省交通厅、湘西自治州政府相关负责人,省、州公路局和省路桥集团公司,以及设计、监理、质监等单位的32名责任人给予相应的政纪、党纪处分。

思考题与习题

思考题与习题　　答案

参 考 文 献

[1] 汪和平，王付宇，李艳. 工程造价管理 [M]. 北京：机械工业出版社，2019.
[2] 刘元芳. 工程造价管理 [M]. 北京：中国电力出版社，2014.
[3] 赵春红，贾松林. 建设工程造价管理 [M]. 北京：北京理工大学出版社，2018.
[4] 曾浩，李茂英. 建筑工程造价管理 [M]. 2版. 北京：北京大学出版社，2017.
[5] 丰艳萍，邹坦，冯羽生. 工程造价管理 [M]. 2版. 北京：机械工业出版社，2015.
[6] 程鸿群，姬晓辉，陆菊春. 工程造价管理 [M]. 3版. 武汉：武汉大学出版社，2015.
[7] 周国恩. 工程造价管理 [M]. 2版. 武汉：武汉大学出版社，2016.
[8] 全国造价工程师职业资格考试培训教材编审委员会. 建设工程造价管理 [M]. 北京：中国计划出版社，2020.
[9] 丁佳佳. 建设工程造价管理 [M]. 6版. 北京：机械工业出版社，2019.
[10] 张明媚. 建筑工程经济 [M]. 2版. 北京：机械工业出版社，2022.
[11] 环球网校造价工程师考试研究院. 建设工程造价管理 [M]. 北京：中国石化出版社，2019.
[12] 马楠，卫赵斌，张明. 建设工程造价管理 [M]. 3版. 北京：清华大学出版社，2021.
[13] 李伟听，翟博文，包晓佳，等. 红色文化在工程造价管理课程的融入策略探析 [J]. 安徽建筑，2022（4）：95-97.
[14] 包晓佳，翟博文，吴露莹，等. 浅谈红旗渠工程中造价管理的红色思政元素的挖掘 [J]. 房地产世界，2022（7）：95-97.
[15] 李开容. 青藏铁路工程投资控制合理性分析 [J]. 四川建筑，2010，30（2）：262-263.
[16] 拉有玉. 青藏铁路建设的生态环境保护 [J]. 中国铁路，2006（5）：19-22.
[17] 杨印海，熊治文，唐渭. 青藏铁路建设期和运营期环保措施 [C] //全国水土保持生态修复学术研讨会论文集. 西安：中国水土保持学会，2009：269-274.
[18] 侯学良，郭玉，王毅. 系统科学视角下大型应急工程项目的管理模式与应对策略——以武汉火神山医院工程为例 [J]. 系统科学学报，2022，30（4）：69-72.
[19] 尹家波，杨光. "新工科"背景下土木水利拔尖创新人才培养模式研究 [J]. 江苏科技信息，2022，39（29）：20-22，40.
[20] 董政. 工程"技术+管理"循环提升实现建设高品质工程目标 [J]. 中国港湾建设，2022，42（5）：76-80.
[21] 富海鹰，杨成，李丹妮，等. "三全育人"视角下工科课程思政实践探究 [J]. 高等工程教育研究，2021（5）：94-99，165.
[22] 叶志明，汪德江，赵慧玲. 课程、教书、育人——理工类学科与专业类课程思政之建设与实践 [J]. 力学与实践，2020，42（2）：214-218.
[23] 徐蓉，王旭峰. 工程造价管理 [M]. 上海：同济大学出版社，2014.
[24] 贺广华，汪晓东，侯琳良，等. 他们创造了火神山雷神山建设的奇迹！ [N/OL]. 人民日报，2020-04-21 [2024-04-25]. http://www.qstheory.cn/zdwz/2020-04/21/c_1125883992.htm.
[25] 林鸣. 港珠澳大桥融入生命的事业 [EB/OL]. (2022-01-07) [2024-04-25]. http//news.

cctv. com/2018/10/24/ARTILH0j3YpeQt7TZ74gKfLJ181024. shtml.

[26] 360百科. 凤凰县大桥倒塌事件[EB/OL]. (2017-10-25)[2023-12-31] https://baike. so. com/doc/682834-722749. html.

[27] 李高扬,闫恩诚,刘明广. 在线课程《工程造价管理》[EB/OL]. (2022-01-07)[2024-05-30]. https://coursehome. zhihuishu. com/courseHome/1000012901#teachTeam.